U0134012

SolidWorks® 公司原版系列培训教程
CSWP 全球专业认证考试培训教程

SolidWorks® Enterprise PDM 管理教程

（美）SolidWorks®公司 著
叶修梓 陈超祥 主编
杭州新迪数字工程系统有限公司 编译

机械工业出版社
CHINA MACHINE PRESS

《SolidWorks® Enterprise PDM管理教程》(2009版)是根据SolidWorks公司发布的《SolidWorks® Enterprise PDM 2009 Training Manuals：Administering SolidWorks Enterprise PDM》编译而成的，着重介绍了SolidWorks® Enterprise PDM管理工具的使用方法，包括用户和组管理、工作流程配置、模板使用、数据输入输出和变量映射等内容，指导管理员用户通过管理工具配置和管理PDM系统。

本套教程在保留了原版英文教程精华和风格的基础上，按照中国读者的阅读习惯进行编译，配套教学资料齐全，适合企业工程设计人员和大专院校、职业技术院校相关专业师生使用。

图书在版编目(CIP)数据

SolidWorks® Enterprise PDM管理教程：2009版/(美)SolidWorks®公司著；杭州新迪数字工程系统有限公司编译. —北京：机械工业出版社，2009.9

(SolidWorks®公司原版系列培训教程)

CSWP全球专业认证考试培训教程

ISBN 978-7-111-28114-6

Ⅰ.S… Ⅱ.①S…②杭… Ⅲ.计算机辅助设计—应用软件，SolidWorks—技术培训—教材 Ⅳ.TP391.72

中国版本图书馆CIP数据核字(2009)第148465号

机械工业出版社(北京市百万庄大街22号 邮政编码100037)

策划编辑：徐 彤 郎 峰 责任编辑：王晓洁

责任校对：陈立辉 封面设计：饶 薇 责任印制：李 妍

北京铭成印刷有限公司印刷

2009年10月第1版第1次印刷

210mm×285mm · 13.75印张 · 407千字

0001—4000册

标准书号：ISBN 978-7-111-28114-6

ISBN 978-7-89451-189-8(光盘)

定价：42.00元

凡购本书，如有缺页、倒页、脱页，由本社发行部调换

电话服务

社服务中心：(010)88361066

销 售 一 部：(010)68326294

销 售 二 部：(010)88379649

读者服务部：(010)68993821

网络服务

门户网：http://www.cmpbook.com

教材网：http://www.cmpedu.com

封面无防伪标均为盗版

序

尊敬的中国SolidWorks用户：

SolidWorks®公司很高兴为您提供这套最新的SolidWorks®公司中文原版系列培训教程。我们对中国市场有着长期的承诺，自从1996年以来，我们就一直保持与北美地区同步发布SolidWorks3D设计软件的每一个中文版本。

我们感觉到SolidWorks®公司与中国用户之间有着一种特殊的关系，因此也有着一份特殊的责任。这种关系是基于我们共同的价值观—— 创造性、创新性、卓越的技术，以及世界级的竞争能力。这些价值观一部分是由公司的共同创始人之一李向荣（Tommy Li）所建立的。李向荣是一位华裔工程师，他在定义并实施我们公司的关键性突破技术以及在指导我们的组织开发方面起到了很大的作用。

作为一家软件公司，SolidWorks®致力于带给用户世界一流水平的3D CAD工具（包括设计、分析、产品数据管理），以帮助设计师和工程师开发出更好的产品。我们很荣幸地看到中国用户的数量在不断增长，大量杰出的工程师每天使用我们的软件来开发高质量、有竞争力的产品。

目前，中国正在经历一个迅猛发展的时期，从制造服务型经济转向创新驱动型经济。为了继续取得成功，中国需要最佳的软件工具。

SolidWorks2009是我们最新版本的软件，它在产品设计过程自动化及改进产品质量方面又提高了一步，该版本提供了许多新的功能和更多提高生产效率的工具，可帮助机械设计师和工程师开发出更好的产品。

现在，我们提供了这套中文原版培训教程，体现出我们对中国用户长期持续的承诺。这些教程可以有效地帮助您把SolidWorks2009软件在驱动设计创新和工程技术应用方面的强大威力全部释放出来。

我们为SolidWorks能够帮助提升中国的产品设计和开发水平而感到自豪。现在您拥有了最好的软件工具以及配套教程，我们期待看到您用这些工具开发出创新的产品。

此致

敬礼！

Jeff Ray

SolidWorks®公司首席执行官

2009年3月

SolidWorks

陈超祥　博士

SolidWorks®公司亚太地区技术总监

SolidWorks

叶修梓　博士

SolidWorks®公司首席科学家

中国研发中心负责人

前言

SolidWorks®公司是一家专业从事三维机械设计、工程分析、产品数据管理软件研发和销售的国际性公司。SolidWorks软件以其优异的性能、易用性和创新性，极大地提高了机械设计工程师的设计效率和质量，目前已成为主流3D CAD软件市场的标准，在全球拥有超过50万的用户。SolidWorks®公司的宗旨是：To help customers design better products and be more successful——让您的设计更精彩。

“SolidWorks®公司原版系列培训教程”是根据SolidWorks®公司最新发布的SolidWorks2009软件的配套英文版培训教程编译而成的，也是CSWP全球专业认证考试培训教程。本套教程是SolidWorks®公司唯一正式授权在中国大陆出版的原版培训教程，也是迄今为止出版的最为完整的SolidWorks®系列培训教程，共计13种，其中“Enterprise PDM系列教程”是第一次在中国出版发行。

本套教程详细介绍了SolidWorks2009软件、SolidWorks Enterprise PDM软件和Simulation软件的功能，以及使用该软件进行三维产品设计、工程分析的方法、思路、技巧和步骤。值得一提的是，SolidWorks2009不仅在功能上进行了250多项改进，更加突出的是它在技术上的巨大进步与创新。推出的SpeedPak技术加强了对大型装配体的处理能力，可以更好地满足工程师的设计需求，带给新老用户更大的实惠！

SolidWorks®2009版软件对部分产品进行了更名，以前的COSMOS软件更名为Simulation软件，COSMOSMotion更名为SolidWorks Motion，这些软件功能都将在本套教程中详细阐述。

《SolidWorks®Enterprise PDM 管理教程》(2009版)是根据SolidWorks公司发布的《SolidWorks® Enterprise PDM 2009 Training Manuals：Administering SolidWorks Enterprise PDM 》编译而成的，着重介绍了SolidWorks® Enterprise PDM 管理工具的使用方法，包括用户和组管理、工作流程配置、模板使用、数据输入输出和变量映射等内容，指导管理员用户通过管理工具配置和管理PDM系统。

本套教程在保留了原版教程精华和风格的基础上，按照中国读者的阅读习惯进行编译，使其变得直观、通俗，让初学者易上手，让高手的设计效率和质量更上一层楼！

本套教程由SolidWorks®公司首席科学家叶修梓博士和亚太地区技术总监陈超祥博士担任主编，由杭州新迪数字工程系统有限公司彭维、曹光明负责审校。承担编译、校对和录入工作的是杭州新迪数字工程系统有限公司的技术人员，他们是李浩然、翁海平、周瑜、吴鹃、邱小平、刘红政、林华、姚倩、林相华等。杭州新迪数字工程系统有限公司是SolidWorks®公司的密切合作伙伴，拥有一支完整的软件研发队伍和技术支持队伍，长期承担着SolidWorks核心软件研发、客户技术支持、培训教程编译等方面的工作。在此，对参与本书编译工作人员的辛勤工作表示诚挚的感谢。

机械工业出版社技能教育分社的社长、编辑和SolidWorks®公司大中国区技术经理胡其登等为本套教程的出版提出了很好的建议和意见，付出了大量的劳动，在此一并表达深深的谢意！

由于时间仓促，书中难免存在着疏漏和不足，恳请读者和专家批评指正。

本书编译者的联系方式是：yexz@newdimchina.com，pengw@newdimchina.com。

叶修梓　陈超祥

2009年3月

本书使用说明

关于本书

本书是为 SolidWorks Enterprise PDM 管理员提供一个为期两天的培训课程，其编写目的是让读者学会如何使用 SolidWorks® Enterprise PDM 软件的管理功能。

本教程着重于 SolidWorks® Enterprise PDM 的基础性内容及使用技巧的介绍，以便读者可以有效使用 SolidWorks® Enterprise PDM 软件。本教程应作为软件使用手册的一个辅助性教材，它不能代替系统文档和在线帮助。在对软件有了较好的认识和掌握了基本的使用技能后，用户可以通过在线帮助来获取那些不经常使用的命令选项的有关信息。

前提条件

读者在学习本教程之前，应该具备以下经验：

- 完成“SolidWorks® Enterprise PDM 使用教程”课程的学习。
- 使用 Windows™操作系统的经验。

本书编写原则

本书是基于过程或任务的方法而设计的培训教程，并不是专注于介绍单项特征和软件功能。本书强调的是完成一项特定任务所应遵循的过程和步骤。通过对每一个应用实例的学习来演示这些过程和步骤，读者将学会为了完成一项特定的设计任务应采取的方法，以及所需要的命令、选项和菜单。

完成“SolidWorks® Enterprise PDM 使用教程”课程的学习是学习本课程的一个先决条件，在用户使用手册内用到的材料和概念，将不在本课程中赘述。

本书使用方法

本书专为读者在有经验的老师指导下，在培训课中进行学习而设计，它不是一个自学读本，示例和实例练习需要在导师的现场指导下完成。

关于配套光盘

本书的配套光盘中收录了课程所有需要用到的各种文件，读者也可以从 SolidWorks®公司的官方网站 www. solidworks. com 中下载。进入网站后单击“Training & Support”，然后单击“Training”，再选择“Training Files”，打开“SolidWorks PDM Training Files”，选择所需要的文件集链接进行下载，每个文件集可能提供有多个可用的版本。

这些练习文件都是可以自解压的文件包。

文件按课程顺序放置，每章内以“Case Study”命名的文件夹包括了老师所需要用到的文件，在“Exercises”文件夹内则是习题文件。

本书的格式约定

本书使用以下的格式约定：

约　定	含　义
【工具】/【插件】	表示 SolidWorks Enterprise PDM 软件命令和选项。例如："【工具】/【插件】表示从下拉菜单【工具】中选择【插件】选项
提示	要点提示
技巧	软件使用技巧
注意	软件使用时应注意的问题
操作步骤 步骤 1 步骤 2 步骤 3	表示课程中实例设计过程的各个步骤

Windows® XP

本书所用的屏幕图片是 SolidWorks 2009 和 SolidWorks Enterprise PDM 2009 运行在 Windows® XP 环境下截取的。如果读者使用不同版本的 Windows 系统，菜单和窗口的显示可能有所不同，但这并不影响软件的正常使用。

关于色彩的问题

SolidWorks 2009 原版英文教程是彩色印刷的，而本套中文教程则采用黑白印刷，所以书中对原版英文教程中出现的颜色信息做了一定的调整，尽可能地方便读者理解书中的内容。

目　录

SolidWorks

第1章 安装规划

学习目标

- 了解安装 SolidWorks Enterprise PDM 所需的必要知识
- 学会本教程中的场景设定

1.1 规划 SolidWorks Enterprise PDM

本教程及其他相关的 SolidWorks Enterprise PDM 培训教程旨在帮助机械工程师们学习使用该软件。本章节包含一些与软件相关的基础背景知识，这些知识虽然与工程师们平日的工作可能没有太多关系，但了解这些知识还是非常必要的。

需要强调的是学习的目的是如何行之有效地管理数据，而 SolidWorks Enterprise PDM 只是管理数据的一个工具软件。

当首次接触到 SolidWorks Enterprise PDM 软件时，可能会问这样一个问题：

- 为什么不直接安装 SolidWorks Enterprise PDM，将文件全部导入到库内，然后在有需要的时候才去做相应的配置设定工作呢，这样不是更方便更直接吗？

当然，在 SolidWorks Enterprise PDM 内更改系统参数是很容易的，但问题在于数据流之间的引用关系，库内已有文件的更新或者工作流程的变更等引起的问题都可能会对最终用户造成混淆。

我们的目标是通过事先的规划和测试，对业务有更好的把握，这样当真正决定全面实施 SolidWorks Enterprise PDM，可以得到所预期的结果。

希望做到：尽可能一次性把事情做好。

1.2 规划流程

规划主要体现为两个方面的工作：数据管理规划及实施规划。规划的难易繁简程度取决于公司的规模。

1.2.1 数据管理规划

数据管理规划需要取决于公司希望用什么样的方式在一定的时间内如何行之有效地管理他们的数据文件。

在数据管理规划阶段，需要制订文件在 SolidWorks Enterprise PDM 内的处理及管理流程。通过制订这样一个规划可以清楚了解实施 SolidWorks Enterprise PDM 的目标及如何更有效地运行。这个规划同时也是 PDM 软件的设计意图。

规划应涵盖 SolidWorks Enterprise PDM 内包含的所有工作流程及规则，根据公司规模的不同，可能需要做一些流程图及相应的文字说明等辅助性的工作。

1. 文件类型和元数据 根据文件类型的不同，进行文件的管理和元数据的存储。元数据以文件属性或参数的形式保存，可以在库内通过搜索元数据来检索文件。对元数据的需求限定了数据卡的输入。

2. 工作流程 工作流程用于控制文件在库中的处理过程。工作流程与版本管理息息相关，在做数据管理规划时，这两部分通常作为一个整体来考虑。

在进行流程规划时，首先需要考虑清楚如何处理不同状态的不同类型文件，在状态之间进行文件提交时对文件进行何种动作，以及这些动作如何与修订版策略或其他元数据进行正确关联。另外还需要考虑谁有权在状态之间进行提交以及采用什么形式的自动处理(通知或输出 XML 文件等)。流程图是一个很有用的工具，可以使流程规划变得非常方便。

3. 修订版方案 修订版方案与工作流程的关系非常紧密。另一需要考虑的地方就是：文件应该采用何种形式的修订版号和递增方案。

4. 用户、组和权限 在 SolidWorks Enterprise PDM 中有四种不同类型的用户。

(1) 系统管理员：可以设置和维护库。

(2) SolidWorks 用户(Editors)：可以通过 SolidWorks(或其他 CAD 软件)，或者通过 Windows 资源管理器访问库，可以检入检出任何类型的文件。

(3) Contributors：可以创建、检入和检出各类文件，但无法使用 CAD 集成插件。

(4) Viewers：对库只能进行只读访问。

对于规模较小的企业，可以只添加用户而无需添加组，但随着用户数量的不断增加，通过组的形式来管理用户可以提高管理效率。新添加的用户只需要归入到一个或几个组内，就可以被赋予相应的预先设定的权限。

5. 文件夹结构 文件夹结构决定文件在库中的组织形式，可以根据企业的内部标准，制订相应的文件模板及项目文件夹结构模板。

除了普通文件夹，一些特殊的文件夹也需要考虑，如：

(1) 标准件库文件夹：标准件库文件夹用于存放标准件，该文件夹可由专门的某个用户或组来管理，但可被所有用户使用。

(2) 用户或组工作区：每个用户可以建一个工作区，用于存放尚未移动到任何一个正式文件夹的文件。

6. 标准件和 Toolbox 需要考虑是否对 Toolbox 和标准件进行修订版管理，以及是否需要将之检入到库。

1.2.2 实施规划

当制订了一份数据管理计划后，需要制订一份实施计划，以确定数据管理流程转变的实现步骤(从当前数据管理流程转变到新的数据管理计划中所定义的数据管理流程)。

需要重点考虑以下几个方面：承载数据库、存档服务器以及可选的 Web 和索引服务器的软硬件环境。

1. SolidWorks Enterprise PDM 服务器 SolidWorks Enterprise PDM 服务器放在哪？服务器有多大的存储空间及内存是多少？磁盘需要保证有足够的空间存放所有的文件，包含文件的所有的一个预期的合理的版本数量。

当前软件版本的软硬件需求可以在以下链接中找到：“http://www.solidworks.com/sw/support/PDMSystemRequirements.html”。

2. 软件安装 如何安装 SolidWorks Enterprise PDM？在导入数据之前，如何测试网络连接和安装？

3. 库管理员 谁将被指定为 PDM 系统管理员？需要根据相应的规章制度，明确相关责任人的工作

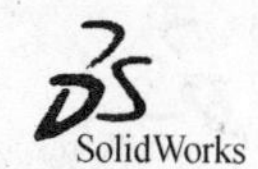

职责及安全制度。可以指定一位管理员负责整个系统的运作及维护，其他管理员只负责某一部分的工作，如添加或删除用户等。

考虑到主管理员可能有事需要离开的情况，至少要指定另一位管理员可以临时接替他的工作。

4. 备份和还原计划 谁来负责库的日常维护工作(包括但不限于数据库和文件存档的备份、升级以及新客户端安装等)?

5. 培训 谁负责为用户及管理员提供培训?如何对新员工进行这方面的使用及技能培训?

6. 数据清理 如何有效地对同名文件，或者文件名含版本号的版本号的文件进行移除?是否需要修改文件属性值或者如何在SolidWorks Enterprise PDM内映射属性值?

7. 数据导入 什么类型的数据需要导入?以什么顺序导入到库?是否所有原有文件都需要导入到库?如果需要，是一次性导入还是需要的时候分批次导入?

8. 项目交接 何时进行库测试和上线准备，分阶段实施计划是什么?

9. 约束 一旦完成文件的导入，文件库实施完成并正常运作，如何确保用户不会再回退到原有的工作模式?

1.3 练习纲要

在开始安装SolidWorks Enterprise PDM之前，对整个安装过程进行全面的考虑是非常有必要的。在决定安装之前，需要明确客户公司的一些基本情况及想要采用什么样的数据管理制度。

在正式安装软件之前，最好预先准备好相关的信息并在纸上写下相应的安装步骤。接下来讲述的如何安装SolidWorks Enterprise PDM系统中所提及到的相关信息是完全虚构的，只是基于课程编写的需要。

1. 公司信息 ACME公司是一家专注于设计和制造户外烤架的公司，他们主要使用SolidWorks软件，但也有一些AutoCAD图纸[⊖]格式。

公司所面临的最大问题如下：

(1) 控制文件访问。

(2) 保持设计版本跟踪。

(3) 监控设计流程中的文件的状态。

公司希望通过项目编号、项目名称以及客户名称等信息快速准确地找到特定项目相关的文件。

2. 项目文件夹 ACME公司想用如图1-1所示的文件夹结构来管理文件，每个项目采用同样的方式组织文件。主项目文件夹包含项目编号和客户名称，在每个项目包含的子文件夹中放入项目相关的文件。

3. 文件类型 ACME公司管理的文件类型如下：

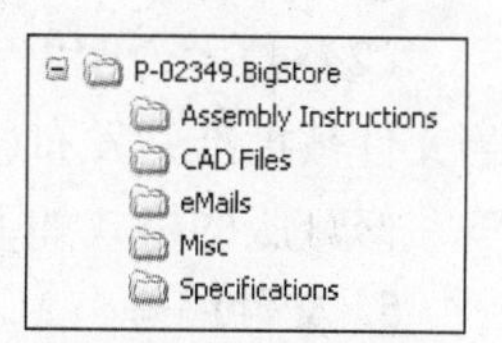

图1-1 文件夹结构

(1) CAD文件：SolidWorks零件(.sldprt)、装配体(.sldasm)、工程图(.slddrw)以及AutoCAD(.dwg)文件。

(2) 装配指导：3DVIA Composer(.smg)文件。

(3) 技术说明书：Microsoft Office Word(.doc)文件，文件名称用前缀“SPEC”标志。

(4) 电子邮件函件：Microsoft Exchange email(.msg)消息。

(5) 其他档案：除技术说明书之外的Microsoft Office Word(.doc)文件以及Excel(.xls)和Powerpoint(.ppt)文件。

4. 文件审批和修订版策略 ACME公司专门针对CAD文件和技术说明书制订了审批流程和修订

⊖ 为与SolidWorks软件保持一致，本书中的“图纸”和“图样”统一称为“图纸”。

版方案，没有(或者是不想)针对装配体结构、电子邮件消息或其他档案等制订审批流程和修订版方案。

(1) CAD 文件审批流程(CAD Files)：ACME 公司对 CAD 文件采用一种字母、数字相结合的修订版号。如图 1-2 所示，当文件被批准并发布(如 Approved 状态)时，递增字母部分；而当文件由于修改导致版本变更(如 Waiting for Approval 和 Change Pending Approval 状态)时，递增数字部分。

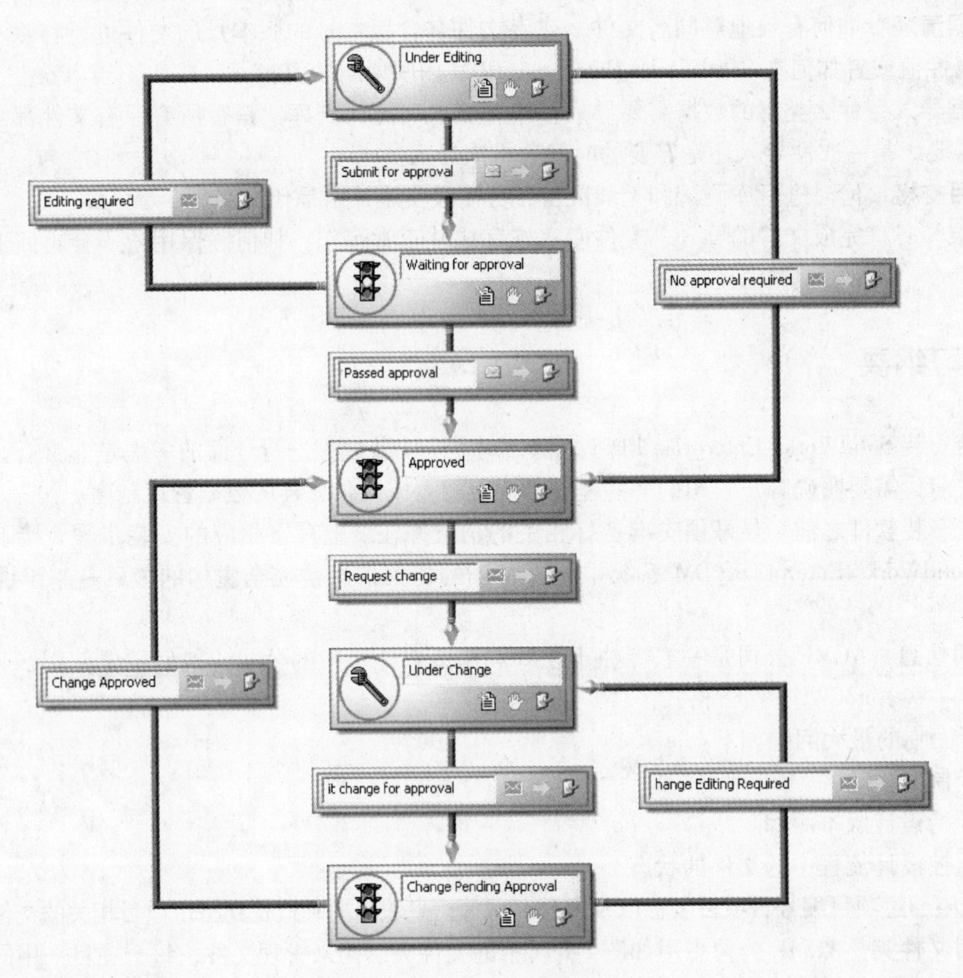

图 1-2 CAD 文件审批流程

修订版的格式如下：A. 01、A. 02、A. 03、…、B. 01、B. 02、B. 03、…

(2) 技术说明书审批流程(Specifications)：ACME 公司对技术说明书采用一种纯数字的修订版号，当文件被批准并发布(如 Approved 状态)时，递增数字，如图 1-3 所示。

修订版的格式如下：01、02、03、04、…

5. 文件编号 ACME 公司希望在对每个文件进行修订版管理时，系统自动产生唯一的文件编号。文件编号采用前缀“DOC-”加上 8 位数字的格式。另外，ACME 公司希望针对以下文件自动产生唯一的编号：

(1) SolidWorks 零件、SolidWorks 装配体、SolidWorks 工程图以及 AutoCAD 工程图 采用前缀“CAD-”加上一个唯一的 8 位数字的格式。

(2) 技术说明书(Word 文档) 采用前缀“SPEC-”加上一个唯一的 8 位数字的格式。所有的技术说明书文件必须放置在项目的 Specification 文件夹中。

6. 文件夹属性 ACME 公司需要用特定的属性字段记录项目的相关信息，见表 1-1。

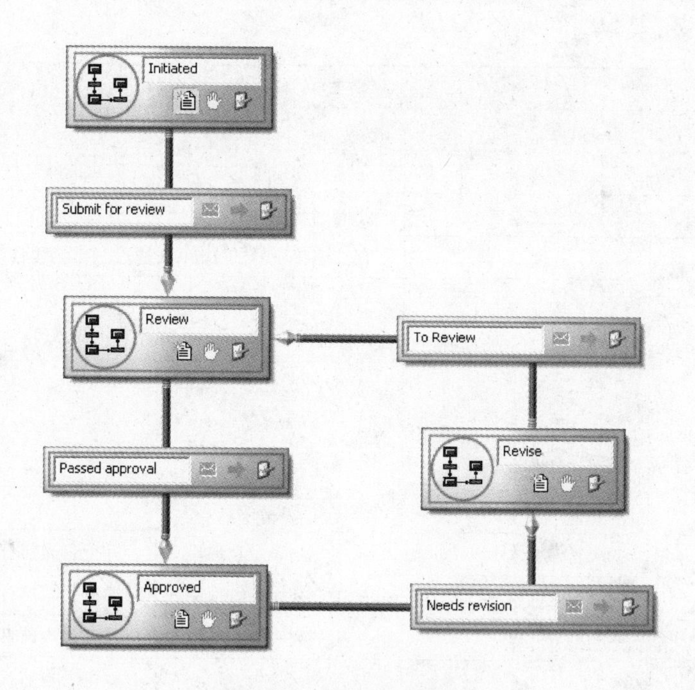

图 1-3 技术说明书审批流程

表 1-1 项目文件夹

项目文件夹		
属　性	类　型	说　明
Project Number	文本	唯一的项目编号，采用前缀"P-"加上5位数字的格式
Customer Name	文本	客户名称，采用可编辑下拉式列表控件
Project Manager	文本	项目经理，从用户列表中选取
Grill Type	文本	Grill 类型，从预定义列表中选取
Grill Size	文本	Grill 大小，从 Grill 类型关联的预定义列表中选取
Start Date	日期	项目开始日期
Target Date	日期	项目结束日期
OEM Unit	是/否	采用复选框标志
Comment	文本	评论区

7. 文件属性 ACME 公司需要为每个文件指定特定的属性，为 CAD 文件添加附加属性。记录文件属性，见表 1-2。

表 1-2 所有文件类型

所有文件类型		
属　性	类　型	说　明
Document Number	文本	唯一的文件编号，采用前缀"DOC-"加上8位数字的格式
Comments	文本	评论区
CAD 文件		
属　性	类　型	说　明
Project Number	文本	从项目文件夹中继承的值
Grill Type	文本	从项目文件夹中继承的值
Drawing Number	文本	唯一的项目编号，采用前缀"CAD-"加上8位数字的格式
Description	文本	存储描述信息的文本属性，有可能从文件中提取

（续）

CAD 文件		
属　性	类　型	说　明
Material	文本	存储材料信息的文本属性，有可能从文件中提取
Finish	文本	存储完成信息的文本属性，有可能从文件中提取
Revision	文本	存储修订版号的文本域(通过工作流程自动产生)
File Type	文本	选择文件类型：Manufactured、Build to Print、Reference、Purchased 等(如果选择 Purchased，会显示 Vendor 属性，并可以从列表中选取供应商)
Drawing Type	文本	选择文件类型：Assembly、Layout、Weldment、Weldment Detail、Detail、Schematic 等
Proprietary	是/否	采用复选框标志
RoHS Compliant	是/否	采用复选框标志
Drawn By	文本	从用户列表中选取用户名，并记录当前日期
Engineer	文本	从用户列表中选取用户名，并记录当前日期
Checked By	文本	从用户列表中选取用户名，并记录当前日期
Approved By	文本	从用户列表中选取用户名，并记录当前日期
技术说明书文件		
属　性	类　型	说　明
Specification Number	文本	唯一的技术说明书编号，采用前缀“SPEC-”加上 8 位数字的格式
Revision	文本	存储修订版号的文本域(通过工作流程自动产生)
Title	文本	存储标题的文本属性，有可能从文件中提取
Subject	文本	存储主题的文本属性，有可能从文件中提取
Keywords	文本	从用户列表中选取用户名，并记录当前日期
Author	文本	存储作者姓名的文本属性，有可能从文件中提取

8. 用户和组　在部门组的权限控制下，对 ACME 公司的文件库进行访问。

ACME 公司包括以下组：

(1) Management。

(2) Document Control。

(3) Engineering。

(4) Manufacturing。

(5) Purchasing。

9. 通知　在 ACME 公司的工作流程中，当文件到达特定的工作流程状态时，某些组或用户必须被通知，见表 1-3。

表 1-3　通知

通　知		
工作流程	状　态	组或用户
CAD Files	Waiting for approval	Management 组 从 Document Control 组中选取一个用户
	Approved	Management 组 Engineering 组 Manufacturing 组 Purchasing 组

（续）

通知		
工作流程	状态	组或用户
CAD Files	Under Change	Management 组 从 Engineering 组中选取一个用户
	Change pending approval	Management 组 从 Document Control 组中选取一个用户
Specifications	Review	Management 组 从 Document Control 组中选取一个用户
	Approved	Management 组 Engineering 组 Manufacturing 组 Purchasing 组
	Revise	Management 组 从 Engineering 组中选取一个用户

1.4 安装流程

为了有效地实施 SolidWorks Enterprise PDM，如图 1-4 所示，将安装任务按逻辑顺序分为几个步骤来进行，具体内容如下：

（1）安装 SQL Server。

（2）安装存档服务器和数据库服务器。

（3）安装 SolidWorks Enterprise PDM 客户端软件。

（4）定义所需要的元数据。

（5）建立所需要的工作流程模板。

（6）设置管理功能。

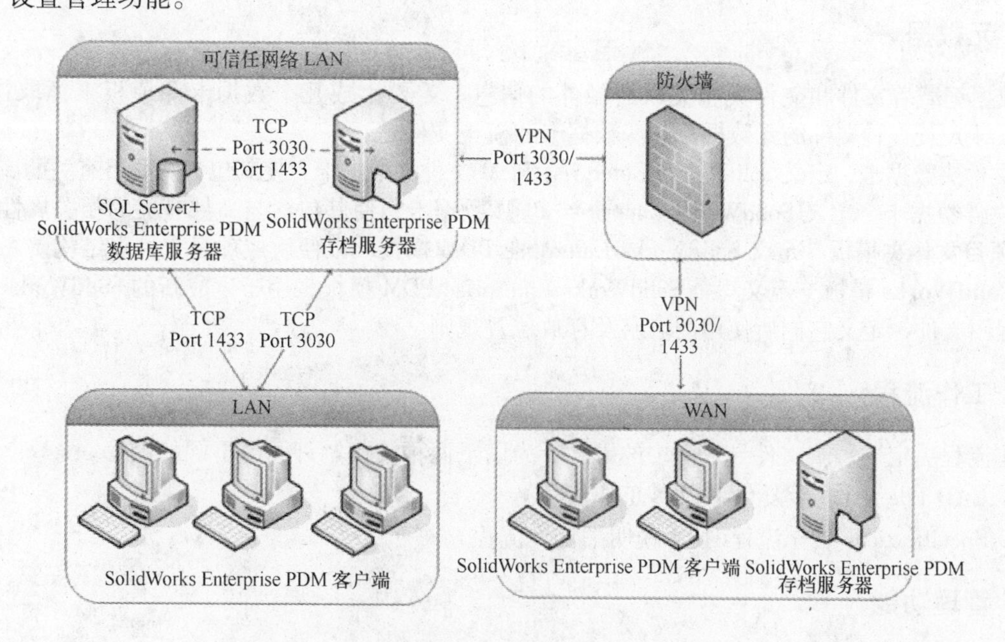

图 1-4 SolidWorks Enterprise PDM 网络结构

1.4.1 SQL Server

关于如何安装 SQL Server 的内容参见 SolidWorks Enterprise PDM 安装光盘内的“安装指南”，SQL Server 应在培训课程开始前预先安装完成。

注意

确认计算机内的防火墙软件没有禁止 TCP1433 或 1434 端口。SQL Server 使用这些端口与 SolidWorks Enterprise PDM 客户端及服务器端进行通信。

1.4.2 数据库

关于如何安装 SolidWorks Enterprise PDM 数据库服务器及存档服务器的内容参见“安装指南”，并且已正确安装在培训中所需要用到的服务器上。

注意

确认 SolidWorks Enterprise PDM 数据库服务能通过 TCP 3030 端口与存档服务器正确连接，并且通过 TCP 1433 与 SQL Server 能正常通信。

1.4.3 SolidWorks Enterprise PDM 客户端

关于如何安装 SolidWorks Enterprise PDM 客户端软件的内容参见“安装指南”，客户端软件需要在教室中的每一台计算机上单独安装并能正常使用。

通过客户端软件，可以访问库，并可以登录到 SolidWorks Enterprise PDM 客户端管理工具软件。

在一台机器上完成客户端软件的安装后，还需要生成一个当地视图，作为用户工作时的缓存区。

注意

三种类型的客户端(SolidWorks Enterprise PDM、SolidWorks Enterprise PDM Contributor 以及 SolidWorks Enterprise PDM Viewer)都需要预先安装 SQL Server 2005 SQL-DMO 驱动(Microsoft SQL Server 2005 Backward Compatibility Package)，否则无法连接到 SQL 2005 的数据库。通常情况下，这个组件会在安装 SolidWorks Enterprise PDM 客户端和服务器端时被自动安装。

确认机器已开启了 TCP 1433 端口，如果这个端口没有开启，SolidWorks Enterprise PDM 可能无法正确与服务器连接。

1.4.4 元数据

元数据记载着文件和文件夹相关联的额外的信息。需要生成几个数据卡和模板来抓取这些数据，以便可以导入及查看文件的元数据。这些数据卡和模板文件是：

1. **文件夹数据卡** 定义 SolidWorks Enterprise PDM 文件夹数据卡，使其包含与项目有关的属性值。
2. **文件数据卡** 定义 SolidWorks Enterprise PDM 数据卡，使其包含与文件有关的相关属性值。
3. **项目文件夹模板** 定义 SolidWorks Enterprise PDM 模板，以便生成项目文件夹结构。
4. **SolidWorks 模板** 定义三个 SolidWorks Enterprise PDM 模板，用于生成新的 SolidWorks 零件、装配体工程图文件，定义它们所使用的名字及存放位置规则。

1.4.5 工作流程

工作流程决定了每个文件导入库中的方式，为以下两种文件制订两个不同的流程。

(1) CAD File 工作流程(CAD 文件工作流程)。

(2) Specifications 工作流程(技术说明书工作流程)。

1.4.6 管理功能

设置管理功能，允许库管理员定义用户和组、权限、标准的材料明细表和列视图、序列号、列表以及其他管理功能等。

第2章　管理工具

学习目标

- 启动 SolidWorks Enterprise PDM 管理工具
- 管理工具各部分的功能
- 添加一个新的 SolidWorks Enterprise PDM 库
- 生成一个 SolidWorks Enterprise PDM 库的当地视图

2.1　SolidWorks Enterprise PDM 管理工具

所有在 SolidWorks Enterprise PDM 文件库内的管理工作都是通过 SolidWorks Enterprise PDM 管理工具来完成。

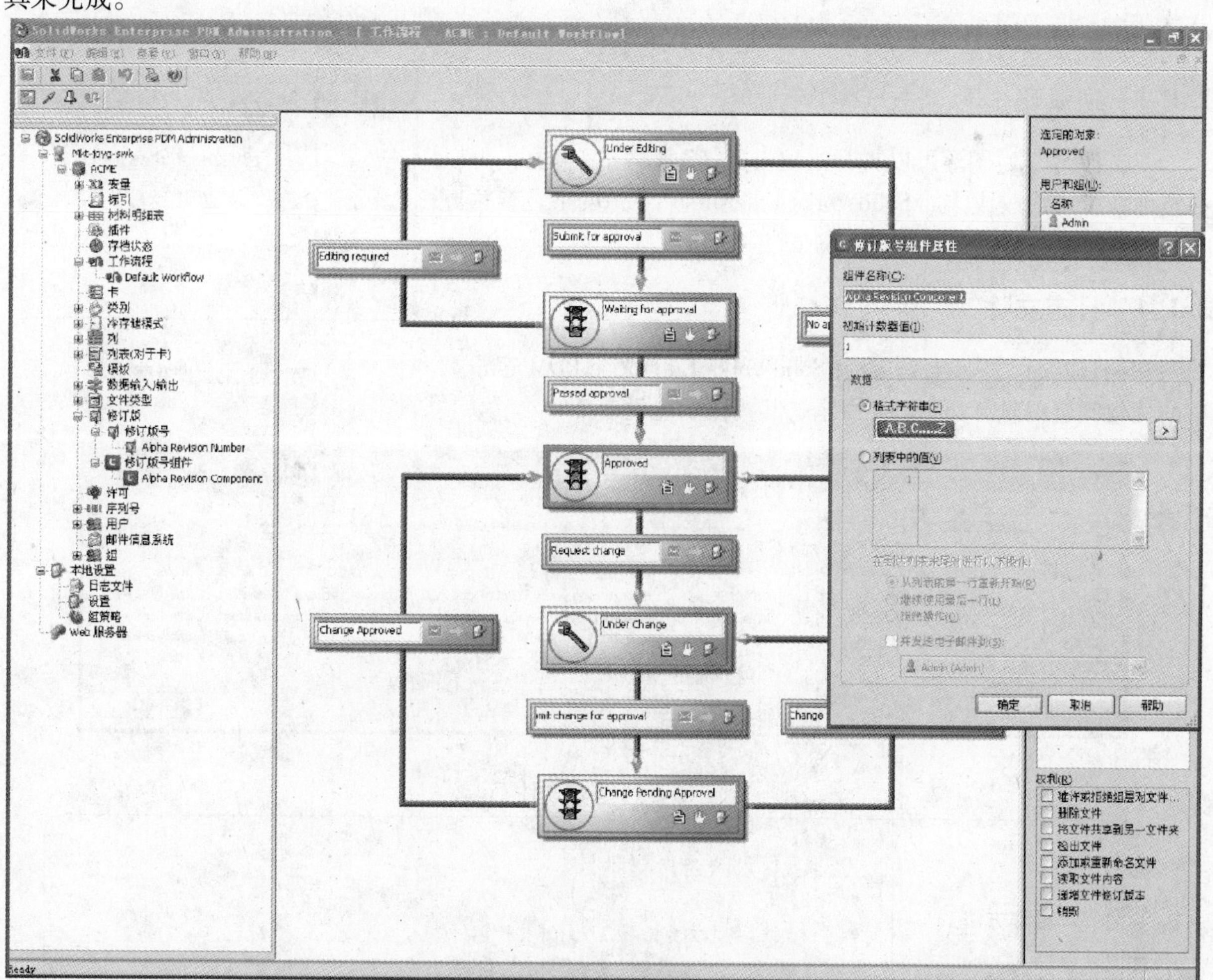

图 2-1　SolidWorks Enterprise PDM 管理工具

在每一个 SolidWorks Enterprise PDM 客户端机器上都会安装管理工具软件，可以管理存储在一个或所有与之关联的存档服务器上的文件库，如图 2-1 所示。

2.1.1 启动管理工具

可以从任何一台安装有 SolidWorks Enterprise PDM 客户端的机器上运行管理工具（Administration），如图 2-2 所示。

图 2-2 启动管理工具

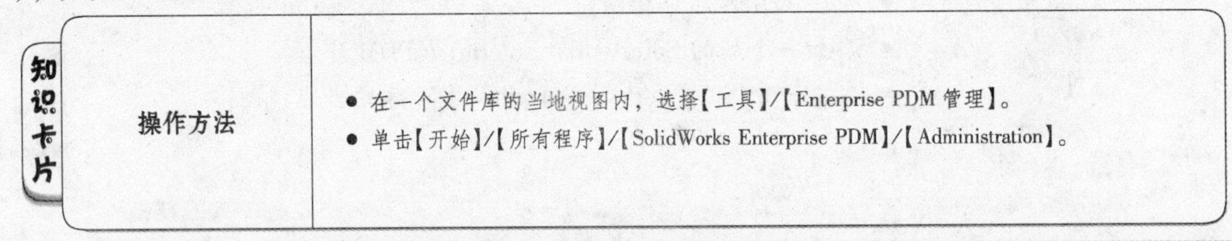

知识卡片	
操作方法	● 在一个文件库的当地视图内，选择【工具】/【Enterprise PDM 管理】。 ● 单击【开始】/【所有程序】/【SolidWorks Enterprise PDM】/【Administration】。

提示 启动管理工具需要用户有与管理工作相对应的权限。选中每一个文件库，都会展开该文件库节点，并列出所有的管理选项。

2.1.2 本地设置

使用管理工具，用户可以通过展开【本地设置】节点来修改本地客户端设置，如图 2-3 所示。

2.1.3 组策略

双击【组策略】图标可以打开本地机的【组策略】编辑器，可以在本地系统内修改或添加 SolidWorks Enterprise PDM 策略。有关更多的关于策略方面的内容可以参考安装指南。

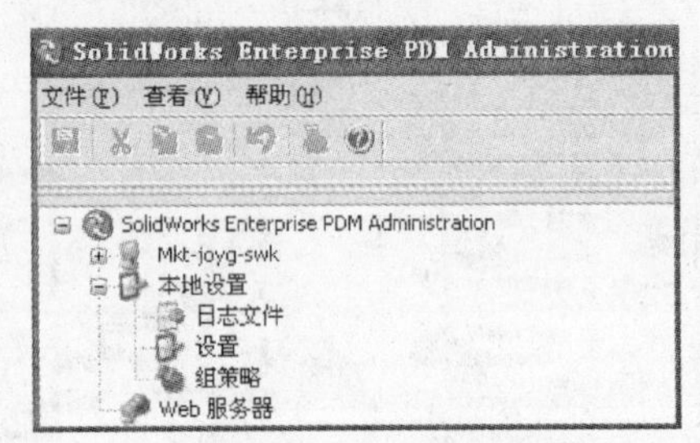

图 2-3 本地设置

2.1.4 日志文件

在【日志文件】内详细记载着 SolidWorks Enterprise PDM 客户端中的任何问题信息，如图 2-4 所示，其按钮功能见表 2-1。

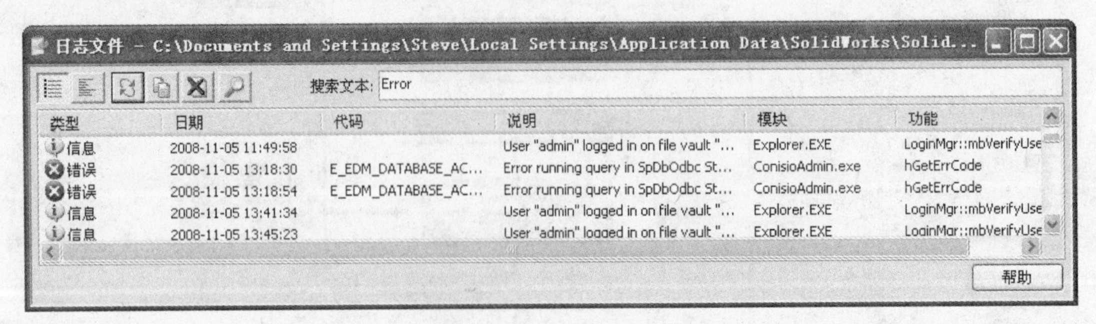

图 2-4 日志文件

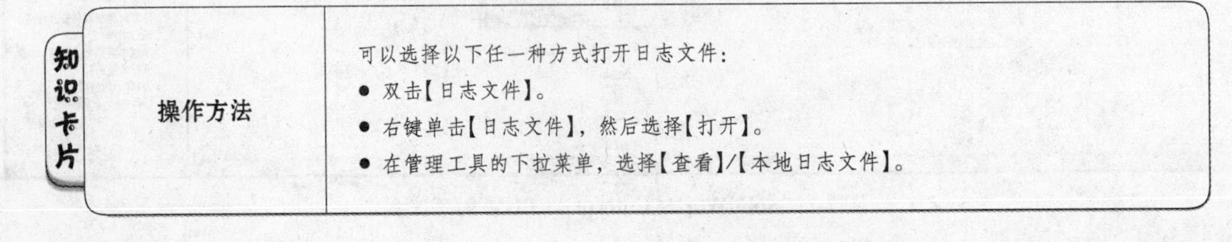

知识卡片	
操作方法	可以选择以下任一种方式打开日志文件： ● 双击【日志文件】。 ● 右键单击【日志文件】，然后选择【打开】。 ● 在管理工具的下拉菜单，选择【查看】/【本地日志文件】。

表 2-1 日志文件按钮功能

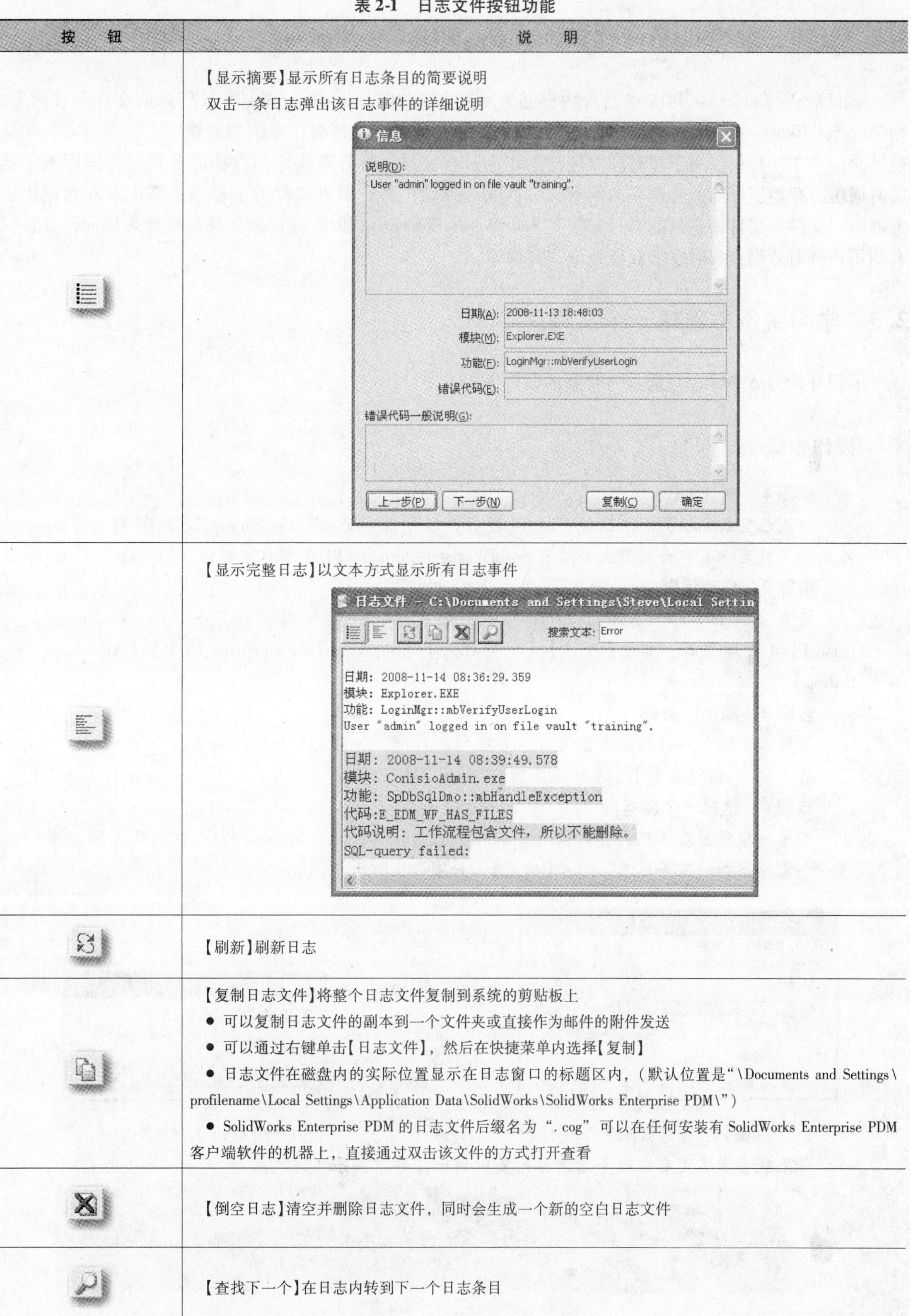

按 钮	说 明
（显示摘要按钮）	【显示摘要】显示所有日志条目的简要说明 双击一条日志弹出该日志事件的详细说明
（显示完整日志按钮）	【显示完整日志】以文本方式显示所有日志事件
（刷新按钮）	【刷新】刷新日志
（复制日志文件按钮）	【复制日志文件】将整个日志文件复制到系统的剪贴板上 ● 可以复制日志文件的副本到一个文件夹或直接作为邮件的附件发送 ● 可以通过右键单击【日志文件】，然后在快捷菜单内选择【复制】 ● 日志文件在磁盘内的实际位置显示在日志窗口的标题区内，（默认位置是"\Documents and Settings\profilename\Local Settings\Application Data\SolidWorks\SolidWorks Enterprise PDM\"） ● SolidWorks Enterprise PDM 的日志文件后缀名为".cog" 可以在任何安装有 SolidWorks Enterprise PDM 客户端软件的机器上，直接通过双击该文件的方式打开查看
（倒空日志按钮）	【倒空日志】清空并删除日志文件，同时会生成一个新的空白日志文件
（查找下一个按钮）	【查找下一个】在日志内转到下一个日志条目

2.2 新建一个 SolidWorks Enterprise PDM 文件库

SolidWorks Enterprise PDM 文件库内存储着所有由 SolidWorks Enterprise PDM 管理的文件及其信息。用户向 SolidWorks Enterprise PDM 文件库内添加一个新文件，文件会在库的当地视图上显示出来。当地视图是一个工作目录，用于暂时存放用户的中间过程文件。文件库视图与存档服务器和数据库服务器实时通信。存档服务器是文件库内所有文件的实际存储位置；所有文件的全部信息都记录在数据库服务器内。文件和文件信息只能通过安装有 SolidWorks Enterprise PDM 客户端软件的机器来访问，并且只有当用户拥有适当授权时才能获准登录到文件库。

2.3 学习实例：新建一个文件库

下面开始为 ACME 公司添加一个新的文件库。

操作步骤

步骤 1 准备工作

确认已安装 SolidWorks Enterprise PDM 存档服务器，SolidWorks Enterprise PDM 数据库服务器，并且至少有一台机器上安装有 SolidWorks Enterprise PDM 客户端软件。

步骤 2 启动程序

开启安装有 SolidWorks Enterprise PDM 客户端软件的机器，打开 SolidWorks Enterprise PDM 管理工具。单击【开始】/【所有程序】/【SolidWorks Enterprise PDM】/【Administration】。

步骤 3 添加服务器

如果需要添加的存档服务器没有在管理树上列出，则需要先与之正确连接。

从菜单中选择【文件】/【添加服务器】，如图 2-5 所示。

步骤 4 选择一个服务器

在添加服务器对话框内会列出所有网络上的 SolidWorks Enterprise PDM 存档服务器，选择一个需要添加的服务器名，单击【确定】，如图 2-6 所示。

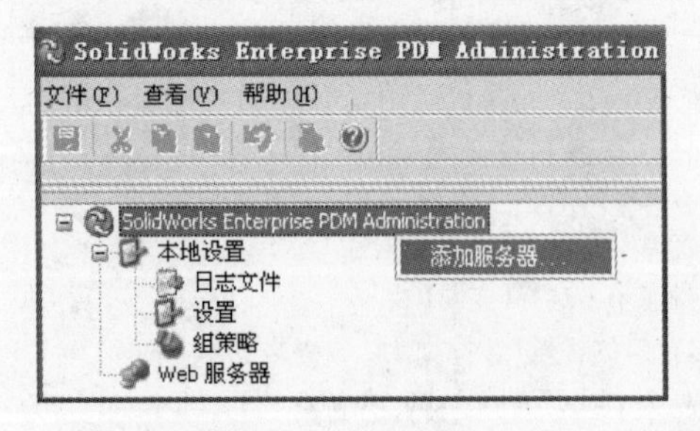

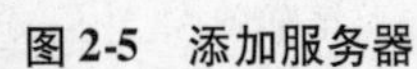

图 2-5 添加服务器

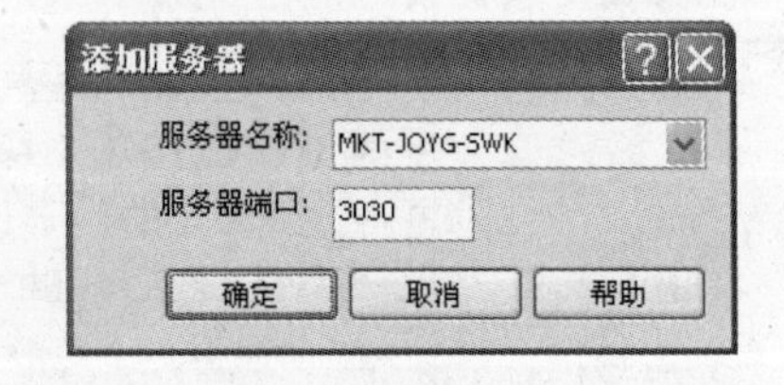

图 2-6 选择服务器

如果服务器名没有在服务器名称列表中列出，则需要手工方式添加。

提示 如果客户端机器的 Windows 系统内安装有防火墙软件，存档服务器可能无法在服务器名称的下拉菜单内列出，具体内容可参考安装指南中关于“在 Windows XP-SP2 激活广播”。

步骤5 检查端口

确认输入正确的与服务器通信的TCP端口，默认配置下，存档服务器使用端口号为“3030”。

单击【确定】。

步骤6 登录

登录窗口如图2-7所示，要求输入存档服务器所在机器上可能出现的Windows用户名及密码。

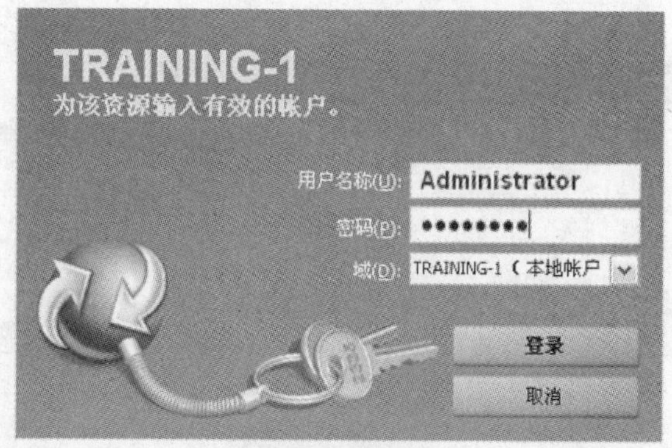

图2-7 登录

提示

登录需要满足以下的几个条件：

- 在存档服务器设置内的“安全”选项设置中，在【附加访问】(或者管理员访问)列表内，至少应指定一个或以上的Windows用户(存档服务器所在机器的本地管理员用户自动添加在此列表内)。
- 如果使用存档服务器上的本地用户，那么在“域”列表内选择本地机器名(本地账户)。
- 如果使用域用户，那么在域下拉列表内选择需要连接的域。如果域名没有在列表内出现，那么可以手工输入域名。
- 如果无法正常连接到存档服务器，则请检查存档服务器服务是否启动并且TCP端口(存档服务器默认情况下使用TCP 3030端口)是否被禁用。

步骤7 生成新库

在管理树内，右键单击一个存档服务器图标，然后选择【生成新库】，如图2-8所示。

步骤8 登录

在可能弹出的登录窗口内，输入存档服务器所在机器上的一个Windows用户名及密码，并且该用户是在存档服务器设置内被授权可以生成新库，如图2-9所示。

提示

如果在步骤6时，连接到存档服务器时所使用的用户账号同时有在存档服务器内生成新库的权限，则步骤8内的登录对话框将不会出现。

- 在步骤8时所输入的Windows用户必须要属于存档服务器的【工具】，【默认设置】，【安全】选项内的【管理员访问】列表内(通常情况下,存档服务器所在机器的本地管理员用户账号会自动添加到该列表内)。
- 如果使用的是存档服务器所在机器的一个本地用户账号，则在域名列表处选择该机器名(本地账号)。
- 如果使用域用户，在域下拉列表内选择需要连接的域。如果域名没有在列表内出现，那么可以手工输入域名。
- 如果无法正常连接到存档服务器，请检查存档服务器是否启动并且TCP端口(存档服务器默认情况下使用TCP 3030端口)是否被禁用。

步骤9 设置向导

启动文件库向导。单击【下一步】，如图2-10所示。

步骤10 输入库名

输入“ACME”作为新文件库的名字及“ACME Training Vault”作为对新文件库的说明。该文件库名称会显示在所有与之相关的SolidWorks Enterprise PDM客户端机器上。

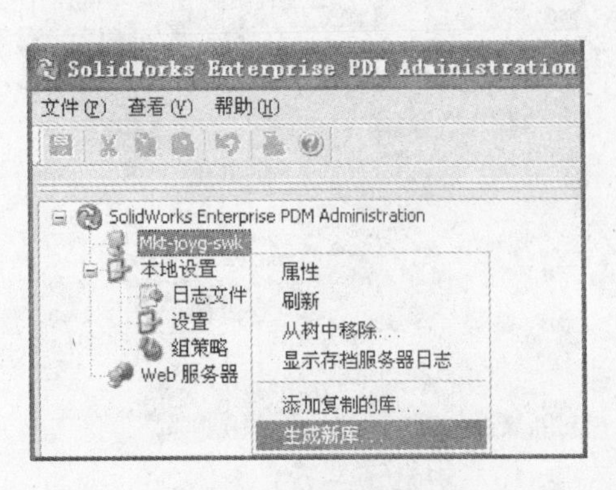

图 2-8 生成新库

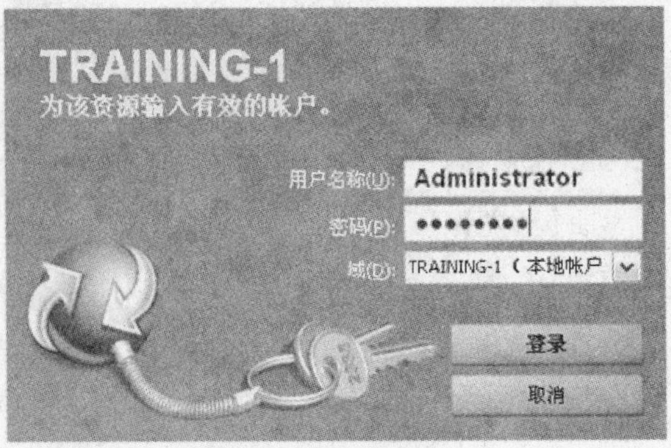

图 2-9 登录

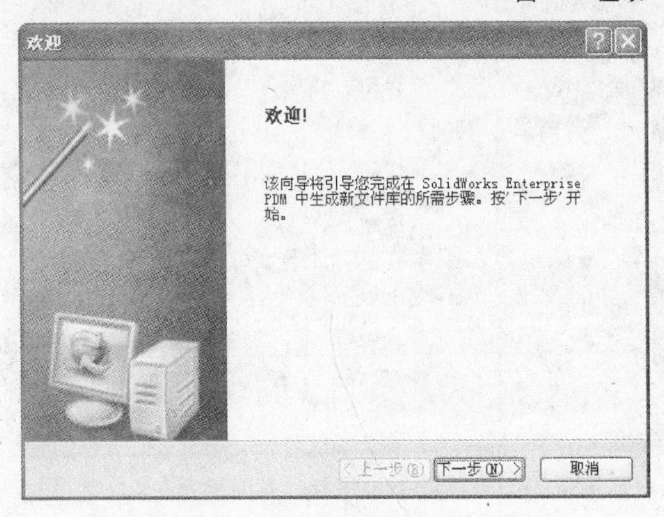

图 2-10 设置向导

单击【下一步】，如图 2-11 所示。

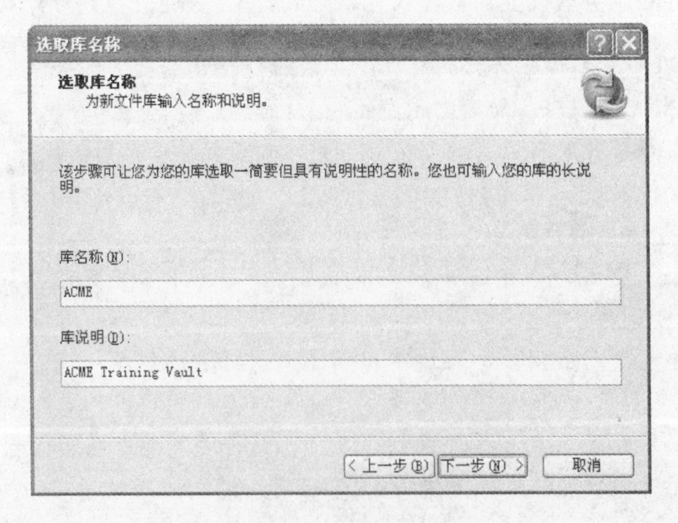

图 2-11 输入库名

提示 确认输入了正确的文件库名，这个名称在安装完成后将无法被修改。

步骤 11 选择一个服务器

选择使用存档服务器内的一个库根文件夹用于将来存放新添加的文件库文件。一般而

言，存档服务器只有一个名为“档案”的库根文件夹，而且默认处于被选中状态。该存档服务器上任何已有的文件库将列在右边的【现有库】栏内。

单击【下一步】，如图2-12所示。

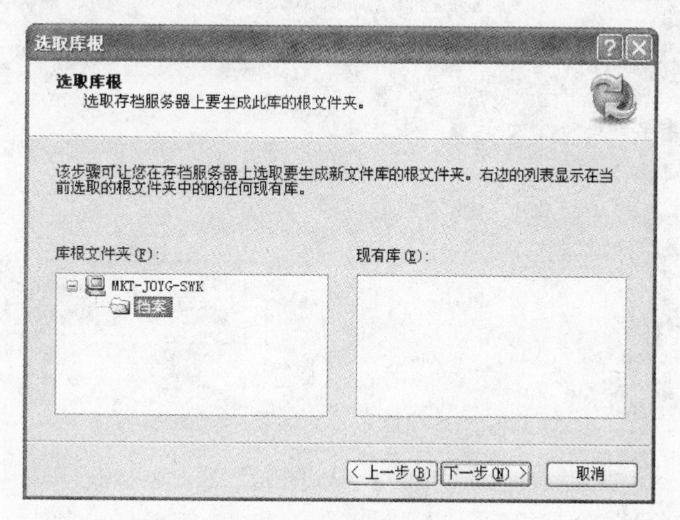

图2-12 选择服务器

步骤12 选择SQL服务器

在下拉列表内选择作为数据库主机的SQL Server。如果目标服务器没有在列表中列出，可以手工添加该服务器名。如果在安装SQL服务器时指定了一个具体的实例名，并且希望使用该实例，则可以在此输入“服务器名称\实例名”。可以选择使用默认的数据库名字，也可以使用其他名称。文件库的数据库负责记录文件信息及对文件本身进行的任何操作方面的信息。

提示

如果SQL服务器安装在同一机器上，可以采用默认值(local)。

单击【下一步】，如图2-13所示。

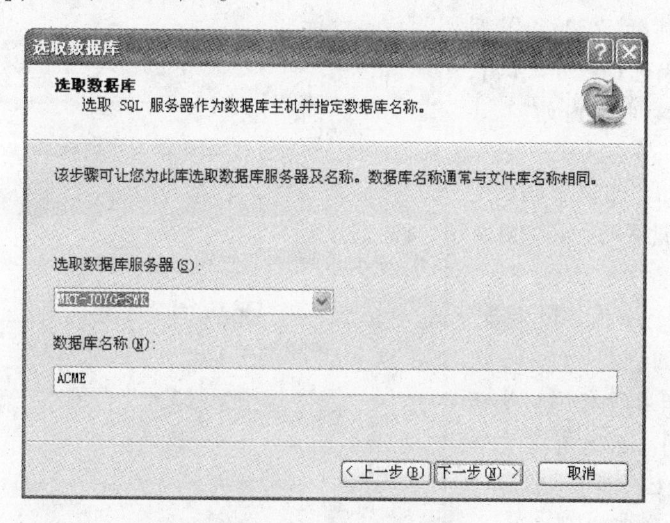

图2-13 选择SQL服务器

步骤13 登录到SQL服务器

这时会使用存储在存档服务器内的默认登录信息来登录到指定的存档服务器(参考存档服务器安装部分)。

提示

- 如果在连接到 SQL 服务器时，所使用的默认用户账号是一个合法用户，并且在该 SQL 服务器内有管理员权限(默认情况下使用用户“sa”)，则安装向导会转到下一步。这个用户必须是有足够的授权可以生成一个新文件库的数据库。
- 如果默认的 SQL 用户是一个合法用户，但在 SQL 服务器内的权限非常有限，则会弹出另一个对话框，要求输入其他有相应管理员权限的可以生成一个新文件库数据库的 SQL 用户名和密码(例如,可以使用“sysadmin”用户,作用等同于用户“sa”)，如图 2-14 所示。

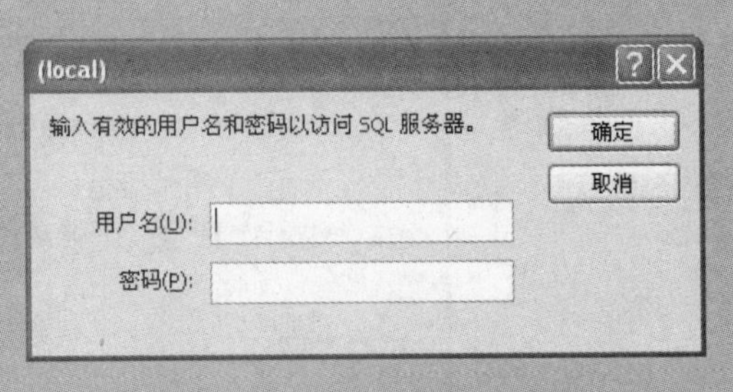

图 2-14　登录 SQL 服务器

- 如果默认的 SQL 用户不属于需要连接的 SQL 服务器，则会弹出一个登录对话框，这时必须要输入一个有相应管理员权限的并可以生成一个新文件库数据库的 SQL 用户名和密码。可以在 SQL 安装设置内指定哪些用户有权生成一个新的文件库。

步骤 14　选择日期格式

选择在新生成的文件库内默认的日期格式。

单击【下一步】，如图 2-15 所示。

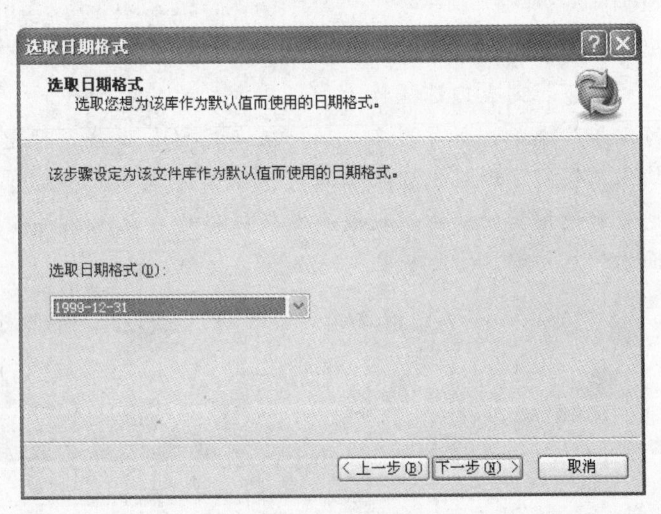

图 2-15　日期格式

步骤 15　“admin”用户登录设置

“admin”用户是内置的 SolidWorks Enterprise PDM 管理员用户，而且是一个新生成的文件库中的唯一存在的用户账号。在这一步可以更改新生成文件库的“admin”用户的密码。如果未选【使用默认】，则可以设置在该文件库内的“admin”用户的密码。

默认的“admin”用户密码在是安装存档服务器时设置的，也可以在存档服务器设置工具内更改或设置。

单击【下一步】，如图 2-16 所示。

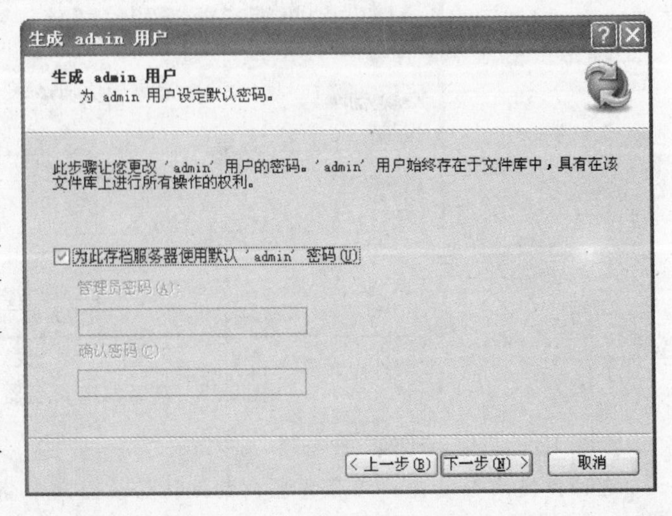

图 2-16　生成“admin”用户

步骤 16　审阅

审阅信息。如果所有信息是正确的，单击【完成】。如果有需要修改的地方，单击【上一步】，然后进行必要的修改，如图 2-17 所示。

步骤 17　完成安装向导

成功完成文件库的安装后，单击【完成】，退出此向导，如图 2-18 所示。

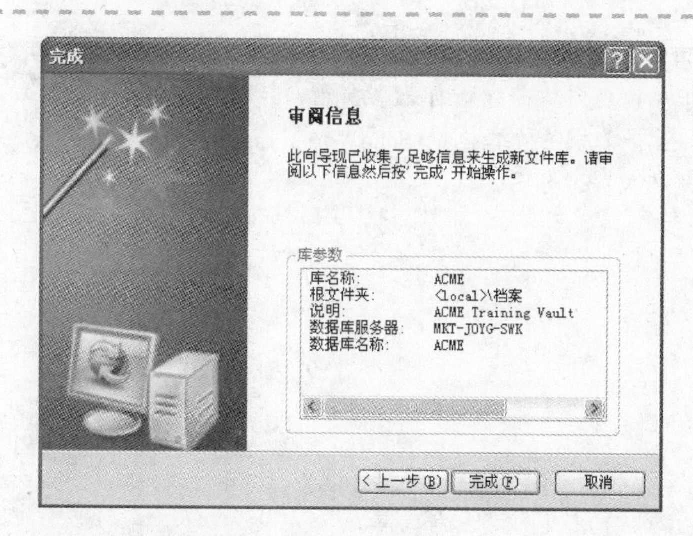

图 2-17　审阅

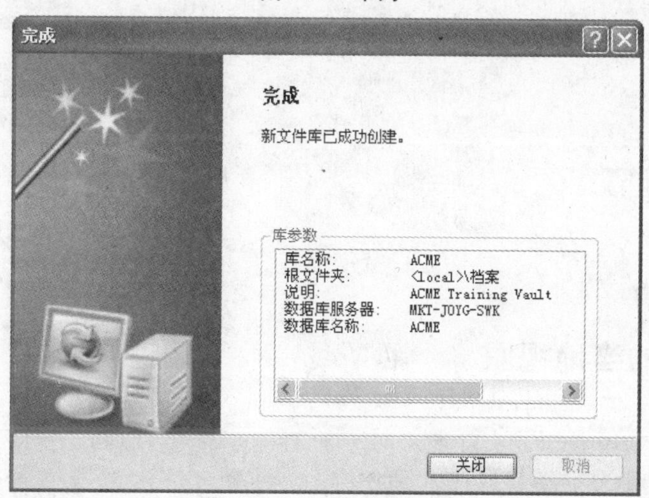

图 2-18　完成安装向导

步骤 18　生成新库

新生成的文件库会在管理树上相应的存档服务器下列出，如图 2-19 所示。

步骤 19　登录文件库

展开新添加的文件库会弹出一个登录对话框，因为这是一个全新生成的文件库，所以只有一个默认的用户，即“admin”。

输入“admin”用户名和密码，然后单击【登录】，如图 2-20 所示。

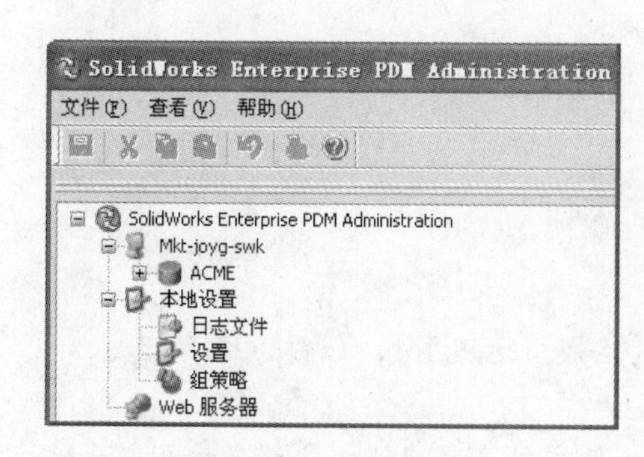

图 2-19　生成新库

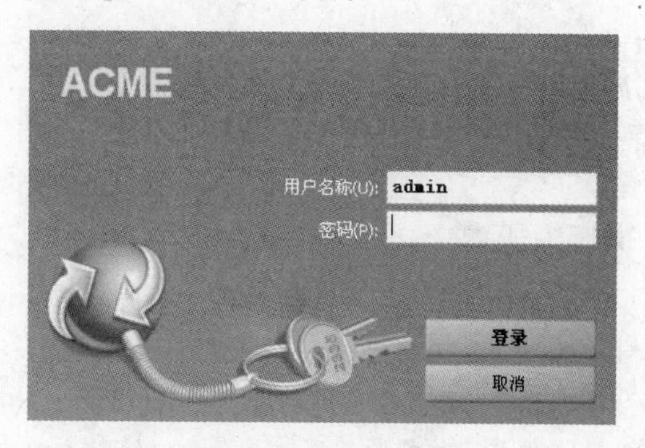

图 2-20　登录文件库

步骤20　查看管理界面

登录后，关于库内的所有管理项目都会列出。这时可以对库进行定置，还可以与任何其他的 SolidWorks Enterprise PDM 客户端系统进行关联，如图 2-21 所示。

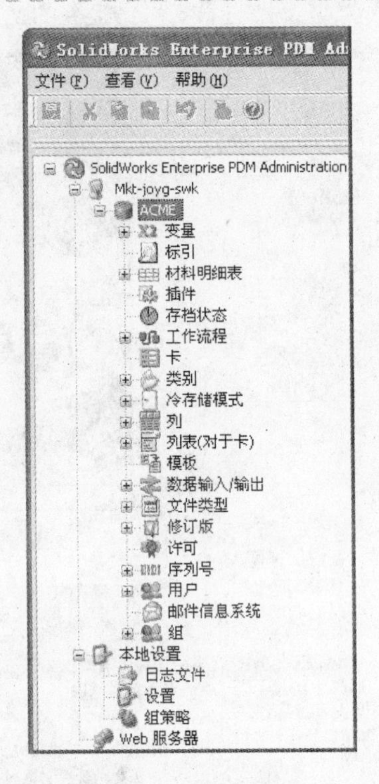

图 2-21　管理界面

2.4　生成文件库的当地视图

通过 SolidWorks Enterprise PDM 管理工具，所有用户都可以通过一个当地视图来管理文件库的文件(当地视图也被称为工作目录或本地缓存)。每个文件库都需要通过 SolidWorks Enterprise PDM 管理工具在每台客户端机器上生成当地视图。可以用几种不同的方式生成文件库的本地视图。

知识卡片	
操作方法	● 从管理工具中，选取库并右键单击【生成当地视图】。 ● 单击【开始】/【所有程序】/【SolidWorks Enterprise PDM】/【视图设置】。

2.4.1　生成一个当地视图

通过 SolidWorks Enterprise PDM 管理工具来生成一个当地视图。

操作步骤

步骤1　生成一个当地视图

在管理树上用右键单击一个文件库，然后选择【生成当地视图】，如图 2-22 所示。

步骤2　选择文件库当地视图的位置

文件库当地视图其实就是在本地硬盘上新生成一个文件夹。建议该文件夹放在当地硬

盘的根目录上，当然也可以放在任何一个指定的文件夹内。

单击【确定】，如图 2-23 所示。

图 2-22 生成当地视图

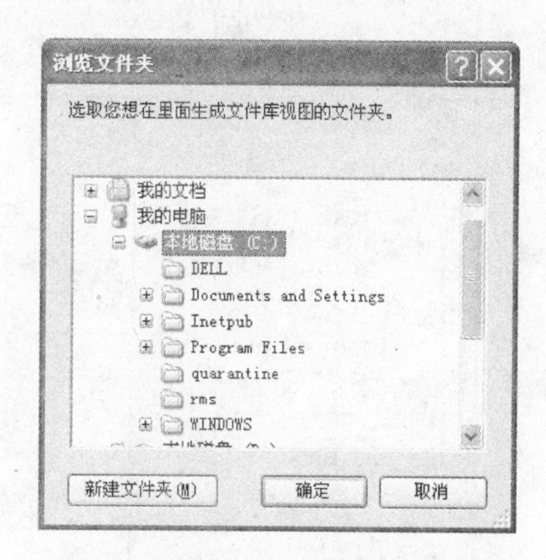

图 2-23 选择文件库当地视图的位置

2.4.2 共享库视图

可以共享一个文件库当地视图，以便可以被该计算机上的所有用户访问，这也是一般情况下的默认选项；也可以在生成文件库视图时，设定只属于当前用户（例如在服务器的终端机上或者是 Citrix 环境下）。

步骤 3 生成共享库的当地视图

单击【是】，可以生成一个共享的当地视图，可以让所有本地上的用户共同访问，如图 2-24 所示。

步骤 4 登录文件库

弹出一个登录窗口。因为这是一个全新的文件库，所以唯一的可用用户是“admin”。输入“admin”用户名及密码然后单击【登录】，如图 2-25 所示。

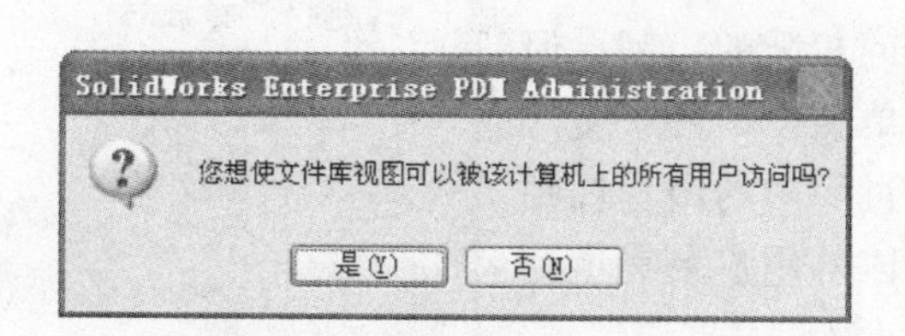

图 2-24 生成共享库的当地视图

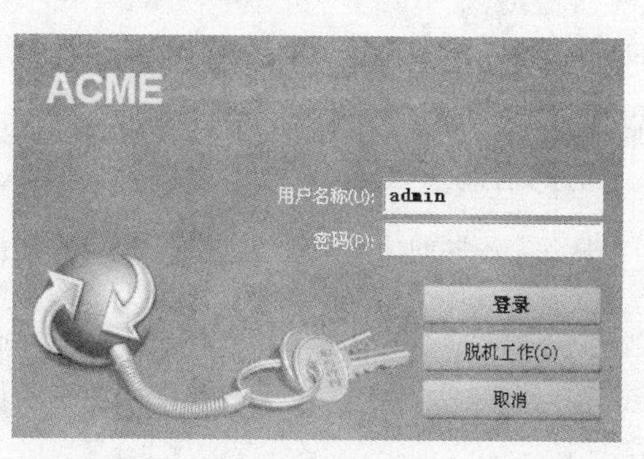

图 2-25 登录文件库

步骤 5 当地库视图

这样就完成了一个新当地视图的添加。完成这一步后，会弹出一个系统浏览器窗口，可以从该窗口登录到文件库，如图 2-26 所示。

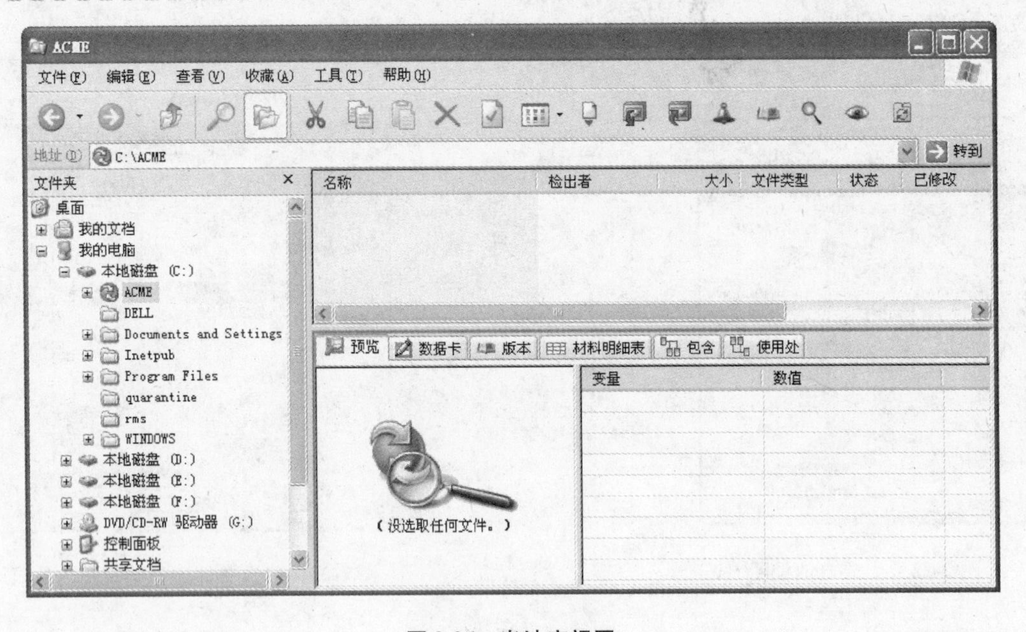

图 2-26 当地库视图

2.5 设置概述

第一次使用管理工具时，可以注意到管理工具内提供了相当多的项目可按需要进行设置。应逐个对之进行设置，尽量减少以后再修改的工作量，如图 2-27 所示。

也许用户会认为设置库选项的过程是一个相当轻松的过程，因为所有的设定都集中体现在以下 4 个方面：

（1）访问控制。

（2）元数据。

（3）工作流程。

（4）库维护。

在接下来的章节中，将逐个对这些项目进行介绍并学习如何对其进行设定。

2.5.1 访问控制

可以从几个不同的位置来进行对数据和操作的访问权限的控制，但是所有这些都与具体用户账号相关。可以为每个用户单独设定其对文件库内哪些内容拥有只读或读写权限。这些权限需要通过库内的内置规则来设定。在设定这些权限之前，需要首先使用一个具体的用户名登录到管理工具内。

可以通过把用户添加到具体的组来管理用户权限，在有很多用户的情况下这是一个非常有效的管理用户权限的方式。组内的所有用户都会继承组的权限。

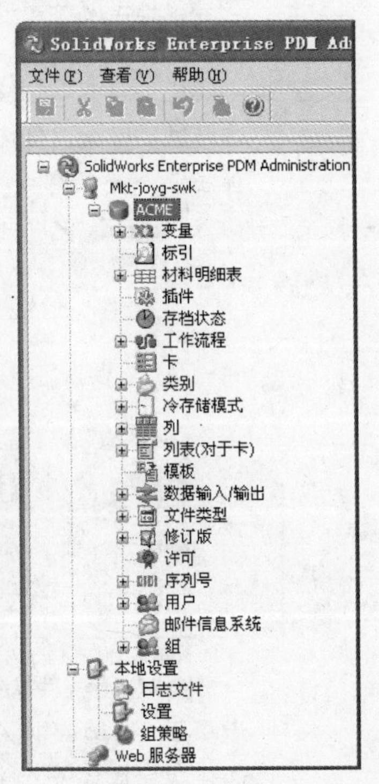

图 2-27 管理工具

2.5.2 元数据

元数据，有时也可称之为文件属性或者文件特性，是指存放在文件本身内的一些信息，例如元数据可能包含该文件创建者的名字或者是文件的生成日期。

可以为每种类型的文件设定不同的元数据格式。

2.5.3　工作流程

工作流程是指一个文件在PDM系统内的处理流转过程。一个工作流程代表了校对和审批的过程。可以通过添加不同的工作流程，以便让工程图纸文件和办公文档文件或者是图片文件自动分开处理。

2.5.4　库维护

库维护所包含的内容主要是指库的备份及软件的升级。

练习　新建一个文件库和库视图

首先需要生成一个新库，然后才可以对之进行管理。生成一个名为“AdminTraining”的新库，按教程中所介绍的步骤完成库的添加。

操作步骤

步骤1　安装SQL Server(如果已经安装,则忽略此步)

SQL Server必须在安装SolidWorks Enterprise PDM之前被正确安装在本地机上。

步骤2　安装数据库服务器

数据库存储元数据的地方。

步骤3　安装存档服务器

存档服务器是具体存放SolidWorks文件及其他任何类型的检入的文件的地方。

步骤4　安装SolidWorks Enterprise PDM客户端

通过客户端软件可以让用户访问SolidWorks Enterprise PDM。

步骤5　生成一个新的文件库

文件库是由SolidWorks Enterprise PDM指定的具体存放文件及文件信息的文件夹。

步骤6　生成一个文件库的当地视图

当地文件库视图，或者称之为工作目录，也可称之为本地缓存，是用户工作过程文件的存放位置。每一个客户端机器上都需要通过文件库视图才能访问SolidWorks Enterprise PDM。

如果使用LDAP服务器，哪些端口必须打开？

第3章 用 户 和 组

学习目标

- 在库内添加新用户和组
- 为用户赋予权限
- 为组赋予权限

3.1 用户

通过管理树上的【用户】节点来添加和管理用户，如图3-1所示。

可以通过添加用户的方式来控制对库的访问。每个文件库都有一个用户集，用户在一个文件库中是唯一的，也可以同时存在于其他文件库中。

用户
Admin
Betty Black
Bob White
Brian Hursch
Greg Johnson
Ian Jones
Jack Montgomery
Jim Williams
Simon Brown
Teri Smith

图3-1 用户

提示

要添加用户，必须具有管理用户的权限。

增加用户的方法依赖于存档服务器上设置的登录类型，可以使用存档服务器的配置工具进行修改。

登录类型如下：

- SolidWorks Enterprise PDM。
- Windows。
- LDAP。

知识卡片

操作方法	• 右键单击【用户】节点，选取【新用户】。

3.2 学习实例：添加用户

用户名称和密码由文件库主机上的存档服务器管理。可以添加几个新用户，以便访问库。

操作步骤

步骤1 添加用户

右键单击【用户】节点，选取【新用户】，如图3-2所示。

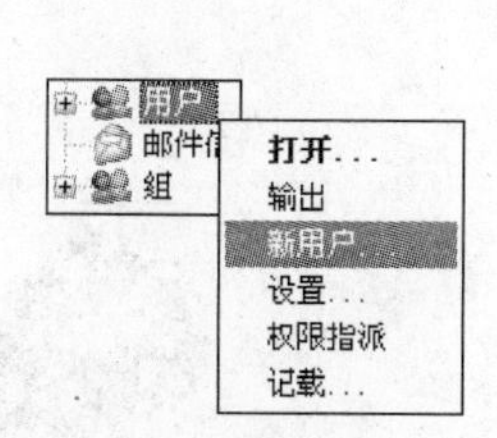

图 3-2 添加用户

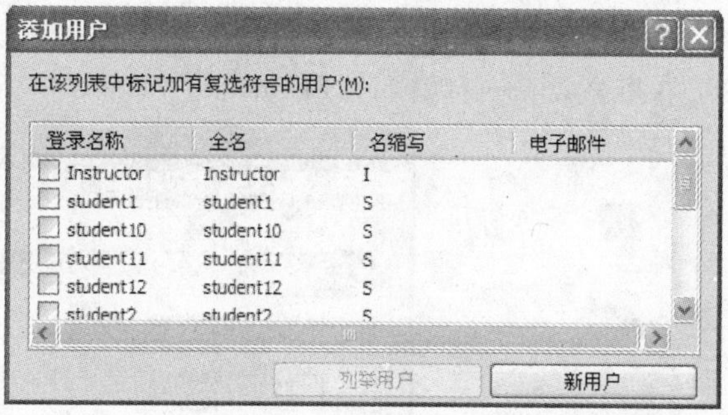

图 3-3 已有用户

步骤2 显示已有用户

弹出的【添加用户】对话框会列出所有在存档服务器注册过的用户名(例如,如果用户已经在同一个服务器内的其他文件库内生成,或者在 Windows 活动目录内定义存档服务器默认登录类型为“Windows 登录”),如图 3-3 所示。

如果要添加其他文件库内的用户到当前库,可以在用户列表内直接选取。

步骤3 添加新用户

单击【新用户】,输入“Bob White”作为新用户的用户名称,如图 3-4 所示。

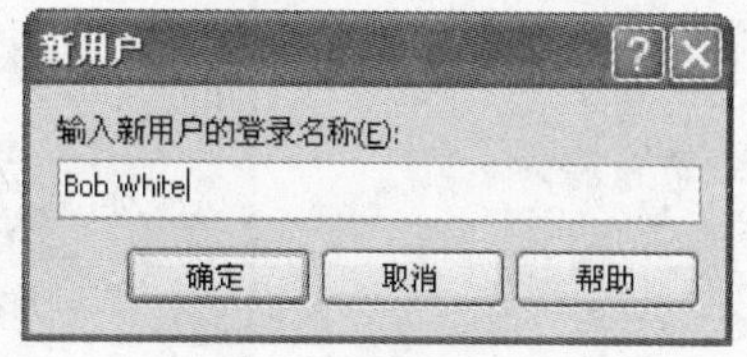

图 3-4 输入新用户名

单击【确定】。

3.2.1 用户信息

在用户数据区输入所选用户相关的具体信息,此信息可以用在文件数据卡、工作流程操作以及模板等场景中描述用户,如图 3-5 所示。

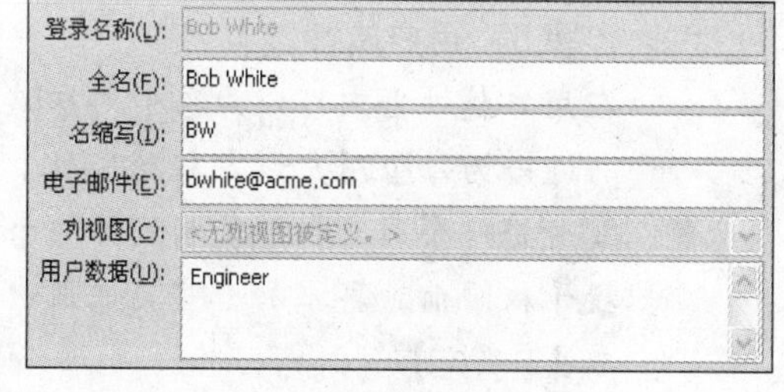

图 3-5 用户信息

1. 登录名称 在登录对话框中输入的用户名。登录名称无法被更改,如果登录名称不小心输错了,则只能重新生成一个正确拼写的新登录名称。

2. 全名 用户的全名。

3. 名缩写 用户名称的缩写。

4. 电子邮件 用户的电子邮件地址。

如果 SolidWorks Enterprise PDM 通知系统采用 SMTP 方式发送通知,可以采用该电子邮件地址来发送。

如果为空,登录库的用户通过 SolidWorks Enterprise PDM 内置的消息系统接收通知。

5. 列视图 如果已经添加了用户定制的 Windows 资源管理器列视图,则在此可以为用户指定哪个列视图为该用户默认使用的列视图。

使用列节点建立视图。

6. 用户数据 用户的附加信息。

步骤4 用户数据

新用户在用户列表内处于被选中状态并加亮显示。用户生成后,可以添加该用户的其他信息。

添加用户“Bob White”的其他方面的信息。

设定所有新用户的密码是他们的名字的前三个字母,在此输入密码“bob,”如图 3-6 所示。

用户在登录后可以自行修改的密码。

在用户数据一栏输入“Engineer”（工程师）。

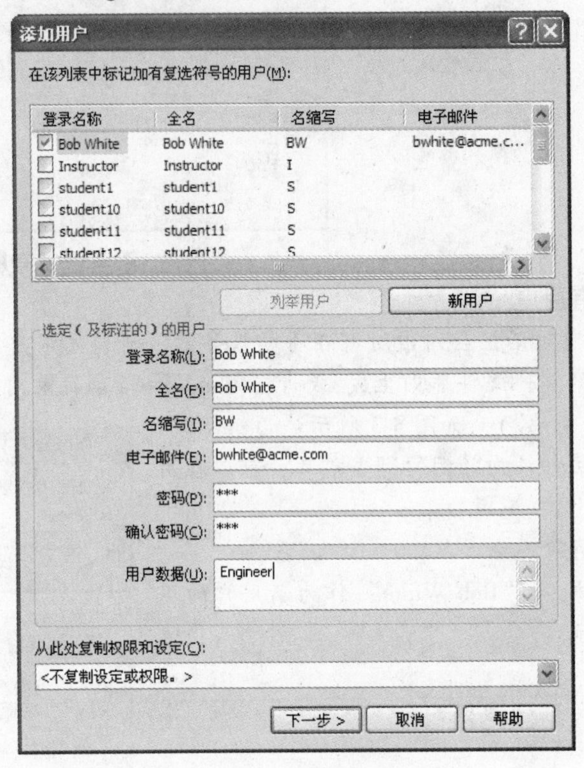

图 3-6　用户数据

单击【下一步】。

步骤 5　用户属性

在用户属性框内可以为每个用户赋予特定的权限。

与逐一为每个用户设定权限相比，可以同时对多个用户进行权限设置，或者将一个用户权限复制到另一个用户属性内。

授予权限前，再添加一些其他用户。

单击【确定】。

步骤 6　添加其他用户

添加表 3-1 中的用户。

图 3-7　列出用户

所有新添加的用户会在【用户】节点下列出，如图 3-7 所示。

表 3-1　添加的用户

登录名	密码	用户数据	登录名	密码	用户数据
Jim Williams	jim	Group Supervisor	Greg Johnson	gre	Shop Floor
Ian Jones	ian	Document Control	Brian Hursch	bri	Engineer
Simon Brown	sim	Engineer	Jack Montgomery	jac	Document Control
Betty Black	bet	Accounting	Teri Smith	ter	Office Manager

3.2.2　用户属性

【用户属性】用来管理库内一个特定用户的权限，如图 3-8 所示。

图 3-8 用户属性

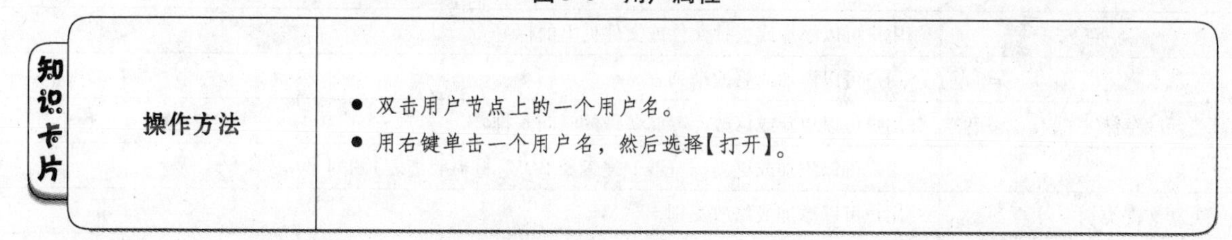

知识卡片 操作方法	• 双击用户节点上的一个用户名。 • 用右键单击一个用户名，然后选择【打开】。

1. 授予权限 在用户属性内一个权限项的状态符号取决于该权限是否赋予给了该用户或者该用户通过组成员的方式从组中继承了该权限。有以下几种不同的状态符号，见表 3-2。

表 3-2 几种不同的状态符号

☐ 删除文件	空心的小四方框表示该用户没有该权限
☑ 删除文件	勾选中的小四方框表示该权限已指定给了该用户
▣ 删除文件	一个实心的正方形表示该权限只是选择集中的一个或多个用户或者项目内有该权限，但并不是全体成员都有该权限(例如，同时选中了多个文件夹，但只有一个文件夹是设置了相应授权的)
删除文件	有组图标则表示该用户的这个权限是作为一个组成员从组中继承而来的

2. 选择多个对象 在用户属性对话框中，多数情况下都可以通过同时选择多个子项，然后同时对其进行权限设定，如图 3-9 所示。可以通过以下的方式来进行多选：

（1）按住 Ctrl 键，然后逐一选中所需的子项。

（2）拖动鼠标，使用框选的方式。

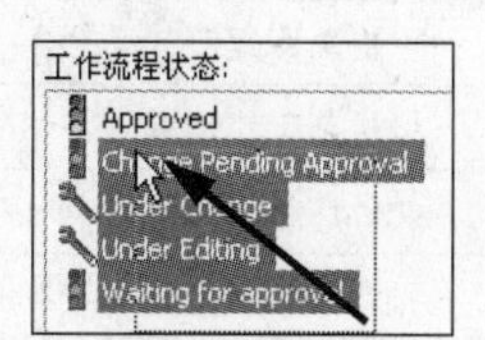

图 3-9 多选

3.2.3 普通权限

【普通】选项卡用于指定组成员和设置管理权限，如图 3-10 所示。

通常情况下，只有一个管理员用户具有所有的权限，（表 3-3 中用“＊”号标

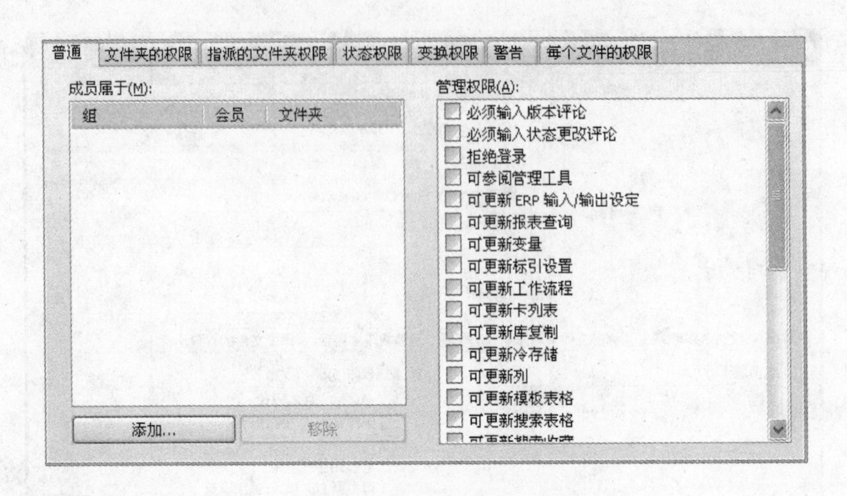

图 3-10 普通权限

记的权限，通常授予普通用户）。

表 3-3 权限说明

权　　限	说　　明
可管理插件	用户可以添加或修改自定义插件
可管理模板	用户可以添加或修改模板
可管理用户	用户可以管理用户和组并对之进行赋权
可生成 Web 共享	用户可以为 SolidWorks Enterprise PDM Web 服务器生成 Web 共享
可清除历史记载	用户可以清除各种管理子项的历史记录
可设定/删除标号*	用户可以添加或去掉文件或文件夹上的标号
可更新卡列表	用户可以添加或修改卡列表
可更新冷存储	用户可以更新或修改冷存储备份的时间安排
可更新列	用户可以添加或更新浏览器、搜索及 BOM(材料明细表)的列
可更新文件类别	用户可以添加或修改类别
可更新 ERP 输入/输出设定	用户可以添加或修改 ERP 输入/输出操作
可更新标引设置	用户可以添加或修改标引设置
可更新 item 设置	用户可以添加或修改 item 设置(未来选项:在 2009 SP0 中未实现)
可更新许可密钥	用户可以在库内添加新的许可密钥
可更新邮件配置	用户可以配置消息系统的设定
可更新报表查询	用户可以添加或修改报表生成器中的报表
可更新修订版号	用户可以添加或修改修订版本号及版本组件
可更新搜索收藏	用户可以在搜索工具内保存或修改搜索收藏
可更新搜索表格	用户可以使用卡编辑器来添加或修改搜索表格
可更新序列号	用户可以添加或修改序列号
可更新模板表格	用户可以使用卡编辑器来添加或修改模板表格
可更新变量	用户可以添加或修改数据卡或表格内所使用的变量
可更新库复制	用户可以修改关于库复制的设定时的时间安排
可更新工作流程	用户可以添加或修改工作流程
文件库管理	用户可以修改文件库属性及删除库
可参阅管理工具	用户可以通过工具菜单来打开管理工具
必须输入状态更改评论*	当准备进行文件状态更改提交时，用户必须要在状态更改对话框内输入评论

（续）

权　限	说　明
必须输入版本评论	用户在检入文件对话框内必须输入评论，以便发布所选文件后，其他用户可以参考该评论
受密码保护的电子邮件	用户在使用手工方式向同事发送通知时必须输入密码
拒绝登录	用户无法登录到这个文件库(用户名称仍在库内,但拒绝登录)

3.2.4 文件夹的权限

【文件夹的权限】选项卡用于授予用户针对库中单独文件夹的权限，也可以使用【指派的文件夹权限】选项卡来查看和修改文件夹的权限，如图3-11所示。

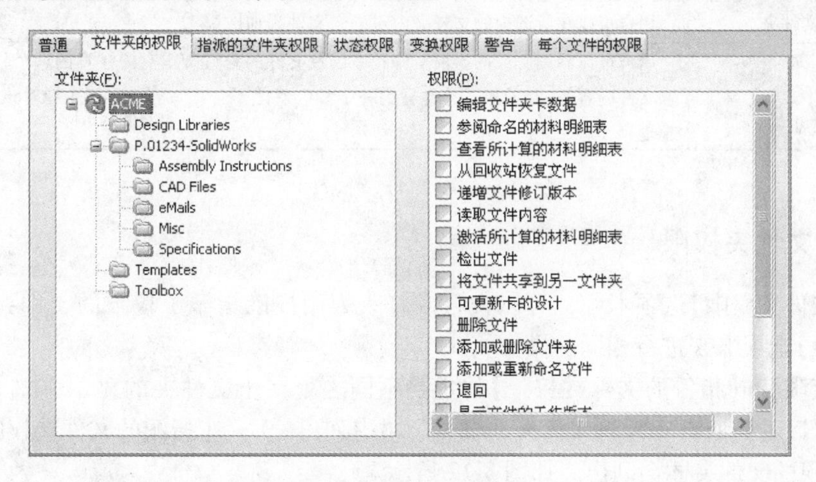

图3-11 文件夹的权限

1. 文件夹 图3-11左边的目录树列出库内所有的文件夹。点选一个文件夹，可以在右边授予相应的权限。可以展开文件夹，进行子文件夹授权。

2. 权限 通过勾选【权限】子项前面的小方框来修改文件夹的权限，各权限的详细情况见表3-4。

提示  为一个文件夹指派权限后，所有该文件夹下的子文件夹都会继承相同的权限，直到对该子文件夹权限做出修改。也就是说，子文件夹所继承的权限是可以修改的。

表3-4 权限说明

权　限	说　明
激活所计算的材料明细表	用户可以激活所计算的材料明细表，即用户的材料明细表会在浏览器窗口内的材料明细表视图中显示
添加或删除文件夹	用户可以在所选中的文件夹内新建或删除子文件夹
添加或重新命名文件	用户可以在所选中的文件夹内添加或重命名文件及子文件夹
指派组会员	授予单独的组会员对所选库文件夹的访问权限
指派权限	修改其他用户对库文件夹中文件的访问权限
可更新卡的设计	用户可以对所选中的文件夹内的文件及子文件夹的数据卡格式进行修改或添加新的数据卡
检出文件	用户可以从所选中的文件夹内检出文件以用于编辑
删除文件	用户可以从所选文件夹内删除文件。需注意的是被删除的文件其实是移送到SolidWorks Enterprise PDM内的回收站。还需要注意的是用户同时还需要在文件所处的工作流程状态下有删除文件的权限
销毁	准许用户可以从文件夹属性内的【已删除项】一栏内将文件彻底删除。需注意的是，如果赋予了用户此权限，用户在删除文件的同时按住Shift键，则文件会被直接删除而不经过SolidWorks Enterprise PDM回收站。同样需要注意的是用户同时还需要在文件所处的工作流程状态下有删除文件的权限

（续）

权　　限	说　　明
编辑文件夹卡数据	用户可以更新所选文件夹及其子文件夹卡内的值
递增文件修订版本	用户可以手工对所选文件夹的文件递增版本
准许或拒绝组层对文件的访问	用户可以对所选文件设置组权限
读取文件内容	用户可以看到所选文件夹内文件的内容
从回收站恢复文件	用户可以从文件夹属性内的【已删除项】一栏内恢复文件(即之前删除的文件)
退回	用户可以使用文件历史记录对话框内的【退回】命令
查看所计算的材料明细表	用户可以在所选文件夹内查看所计算的材料明细表
参阅命名的材料明细表	用户可以在所选文件夹内查看命名的材料明细表
将文件共享到另一文件夹	用户可以在所选中的文件夹内对一个文件添加【共享】
显示文件的工作版本	用户可以看到文件的当前工作版本以及文件的修订版本。需注意的这个权限必须要和权限【读取文件内容】一起使用，才能看到一个没有对之添加版本的文件(或者对该文件并没有使用版本管理)

3.2.5　指派的文件夹权限

在【指派的文件夹权限】选项卡中，可以查看或修改为用户已指派了权限的文件夹权限，也可以通过【文件夹的权限】选项卡来进行相同的操作。

【文件夹的权限】和【指派的文件夹权限】的主要不同之处在于文件夹的显示方式。在【文件夹的权限】选项卡中，可以看到所有库内的文件夹都在目录树中列出。而在【指派的文件夹权限】选项卡中，只有已被指派过权限的文件夹才会列出，如图 3-12 所示。

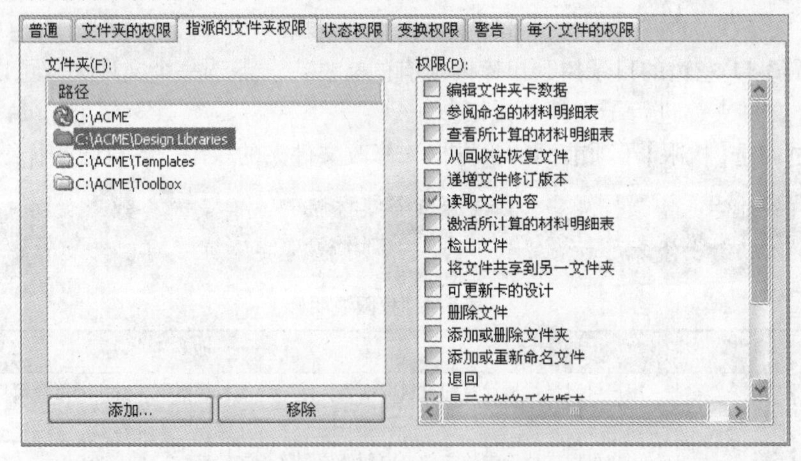

图 3-12　指派的文件夹权限

1. 文件夹　所有已为用户指派过权限的文件夹会在【文件夹】栏内列出。单击一个文件夹路径可以从右边查看已赋予的权限。可以通过【添加】或【移除】按钮在【文件夹】栏内添加或移除文件路径。

提示

如果用户对一个文件夹的权限是通过作为组成员继承而来，而不是通过文件夹权限框指派的，则该文件夹不会在此列出。这时可以通过组属性框或者在【文件夹的权限】的文件夹栏内单击每个文件夹，浏览文件夹对当前用户的权限。

2. 权限　通过勾选【权限】子项前面的小方框来修改文件夹权限。

3.2.6　状态权限

通过【状态权限】选项卡可以为用户处于工作流程中不同状态时的权限进行设定，也可以通过工作

流程编辑器将这些权限赋给用户，如图 3-13 所示。

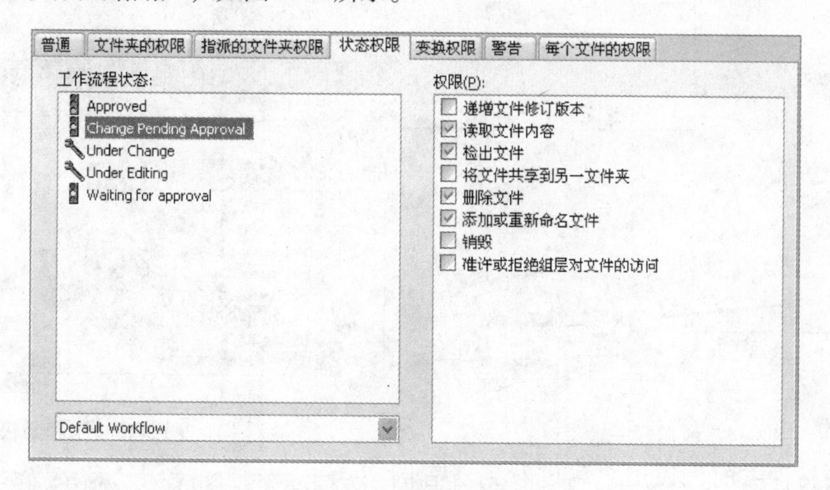

图 3-13 状态权限

1. 工作流程状态 在图 3-13 左边的【工作流程状态】栏内列出所有可用的工作流程状态。如果有多个工作流程，可以从左下角的下拉菜单内进行选择。选中一个状态，可以从右边【权限】栏内看到用户已有的权限。

2. 权限 通过勾选【权限】子项前面的小方框来修改所选中状态的权限，各权限的详细情况见表 3-5。

表 3-5 权限说明

权　限	说　明
添加或重新命名文件	用户可以在当前所选的状态内添加或更名文件
检出文件	用户可以在当前所选的状态内检出及编辑文件
删除文件	用户可以删除所选状态内的文件版本。需注意的是被删除的文件其实是移送到 SolidWorks Enterprise PDM 内的回收站
销毁	准许用户可以从文件夹属性内的【已删除项】一栏内将文件彻底删除。需注意的是，如果赋予了用户此权限，用户在删除文件的同时按住 Shift 键，则文件会被直接删除，而不经过 SolidWorks Enterprise PDM 内的回收站
递增文件修订版本	用户可以手工在当前所选中的状态内对该状态下的文件递增版本
准许或拒绝组层对文件的访问	用户可以对所选文件设置组权限
读取文件内容	用户可以看到所选中的状态下的文件版本的内容
将文件共享到另一文件夹	用户可以共享所选中的状态下的文件版本

注意

文件夹权限和工作流程状态权限必须一致。

在 SolidWorks Enterprise PDM 内，用户对一个文件的访问权限是由该文件所在文件夹的权限及其所处于的状态权限共同决定的，即是两者之间的交集。举例说明如下，如果用户想添加一个文件到某个特定的文件夹内，用户需要在对文件夹拥有【添加或重新命名文件】授权，同时还要在文件处在一个工作流程中的初始状态对该文件拥有【添加或重新命名文件】授权，如图 3-14 所示。

这就意味着根据权限设置的不同，在文件库内对同一个文件夹内的同一个文件，不同的用户或组，可以有着不同的访问权限。

举例说明：如果一个工程师对一个文件夹有读取权限，同时在所有的工作流程状态内拥有读取权

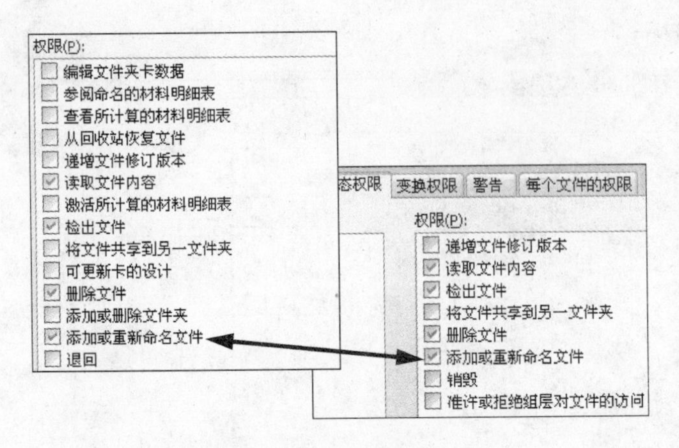

图 3-14　权限需一致

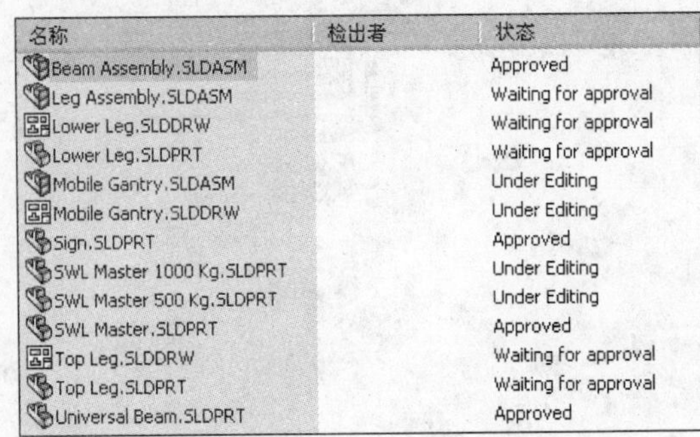

名称	检出者	状态
Beam Assembly.SLDASM		Approved
Leg Assembly.SLDASM		Waiting for approval
Lower Leg.SLDDRW		Waiting for approval
Lower Leg.SLDPRT		Waiting for approval
Mobile Gantry.SLDASM		Under Editing
Mobile Gantry.SLDDRW		Under Editing
Sign.SLDPRT		Approved
SWL Master 1000 Kg.SLDPRT		Under Editing
SWL Master 500 Kg.SLDPRT		Under Editing
SWL Master.SLDPRT		Approved
Top Leg.SLDDRW		Waiting for approval
Top Leg.SLDPRT		Waiting for approval
Universal Beam.SLDPRT		Approved

图 3-15　工程师权限

限，则当打开该文件夹时，该用户可以看到所有的文件，如图 3-15 所示。

一个供应商对该文件夹和工程师一样具有读取权限，但只对处于【Approved(已批准)】状态的文件具有读取权限。则当打开该文件夹时，则该用户只能看到已批准的文件，如图 3-16 所示。

名称	检出者	状态
Beam Assembly.SLDASM		Approved
Sign.SLDPRT		Approved
SWL Master.SLDPRT		Approved
Universal Beam.SLDPRT		Approved

图 3-16　供应商权限

任何用户如果需要查看检入到库内的文件，至少需要拥有以下权限：

- 对文件夹的权限　读取文件内容＋显示文件的工作版本。
- 对状态的权限　读取文件内容。

3.2.7　变换权限

在【变换权限】选项卡内可以为用户指定在不同工作流程状态之间对文件进行提交时的权限，也可以通过工作流程编辑器将这些权限赋给用户，如图 3-17 所示。

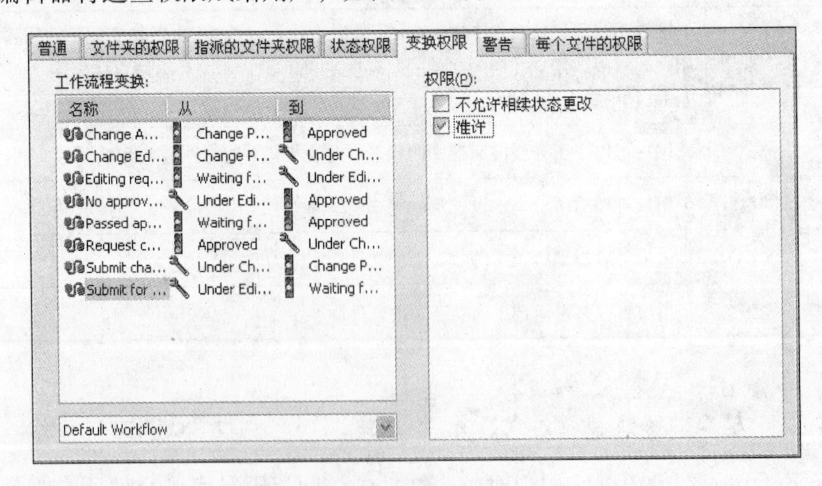

图 3-17　变换权限

1. 工作流程变换　左边【工作流程变换】栏内列出所有可用的工作流程变换子项。如果有多个工作流程，可以从左下角的下拉菜单内进行选择。【从】和【到】列显示出一个工作流程变换相连接的两个工作流程状态。选中一个变换权限子项，可以从右边【权限】栏内看到用户已有的权限。

2. 权限　通过勾选【权限】子项前面的小方框来修改所选中状态的权限，工作流程变换权限见表 3-6。

表 3-6 工作流程变换权限

权　限	说　明
不允许相续状态更改	对同一文件而言，用户不允许对连续的两个变换同时拥有权限。举例而言，这个选项可以避免用户自己审核自己生成的文件
准许	用户可以通过所选中的变换来发送文件

3.2.8 警告

【警告】选项卡用于设置条件以阻止检入、检出、更改状态以及递增修订版本等操作。例如，当找不到装配体的一个参考文件时，可以阻止检入此装配体，如图 3-18 所示。

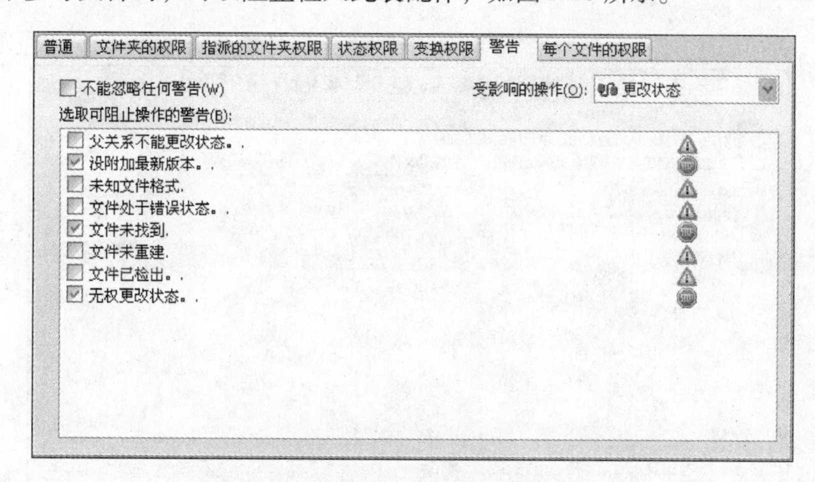

图 3-18 警告

通过勾选【警告】子项前面的小方框来阻止操作，常见的警告见表 3-7。

表 3-7 警告

不能忽略任何警告	如果警告项被选中，用户则不能执行相应的操作	不能忽略任何警告	如果警告项被选中，用户则不能执行相应的操作
操　作	警　告	操　作	警　告
更改状态	文件已检出	检入	文件已在另一台计算机上检出
	文件处于错误状态		文件未重建
	文件未找到		未知文件格式
	没附加最新版本	检出	不能检出：文件类型不受支持
	无权更改状态		多项目中的文件
	父关系不能更改状态		文件已检出
	文件未重建		文件未找到
	未知文件格式		无检出权利
检入	循环参考(总是选中)		文件已被删除
	文件名称不独特	递增修订版本	有一版本附加到了新版本
	文件未找到		不能递增修订版
	当地文件已修改		不能递增修订版：修订版列表结尾
	无当地副本		不能递增修订版：文件已检出
	在 SolidWorks Enterprise PDM 之外		不能递增修订版：参考的文件上遗失修订版本
	文件被另一用户检出		不能递增修订版：未找到修订版生成器
	文件已在另一文件夹中检出		不能递增修订版：您缺乏足够权利

（续）

不能忽略任何警告	如果警告项被选中，用户则不能执行相应的操作	不能忽略任何警告	如果警告项被选中，用户则不能执行相应的操作
操　作	警　告	操　作	警　告
递增修订版本	文件未找到	递增修订版本	文件未重建
	树中存在多个版本		所选版本不存在
	其他人已在该文件上创建了修订版本		

3.2.9　每个文件的权限

当用户创建文件时，利用【每个文件的权限】选项卡上的设置可以控制其他用户对该文件的访问，如图 3-19 所示。

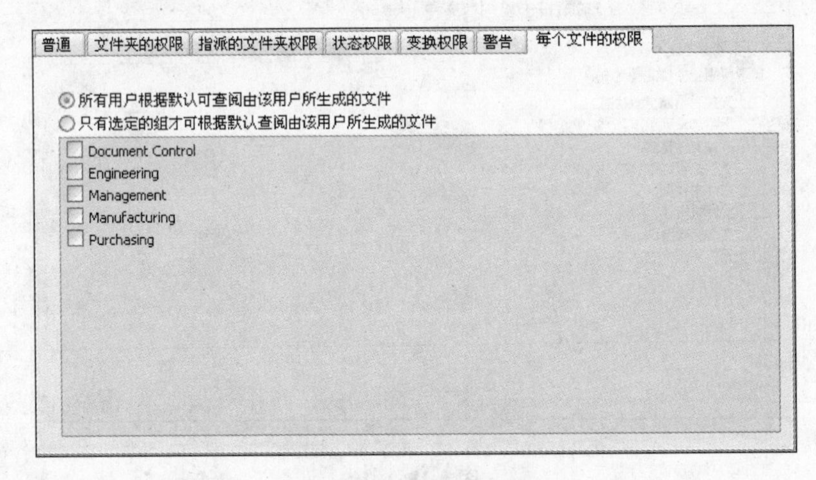

图 3-19　每个文件的权限

通过勾选【每个文件的权限】子项来设置访问选项。

知识卡片

所有用户根据默认可查阅由该用户所生成的文件	用户所创建的文件可以被库中所有其他的用户查阅（只要专门授予的权限没有隐藏该文件）。
只有选定的组才可根据默认查阅由该用户所生成的文件	用户所创建的文件只能被所选的组成员查阅。需要注意的是：该用户必须为所选组当中某个组的成员。

3.2.10　复制权限

在完成对一个用户的赋权后，该用户的权限可以通过复制的方式直接赋给其他用户。在【添加用户】对话框内，从下拉菜单内选择一个用户名，即可将该已有用户的权限复制给新生成的用户，如图 3-20 所示。

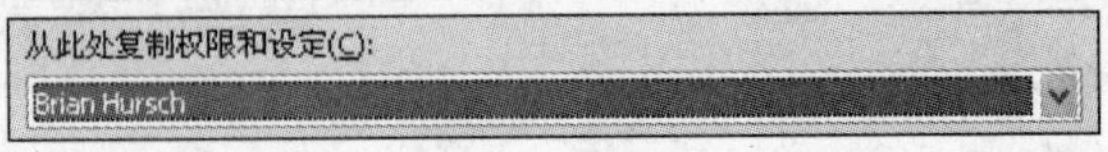

从此处复制权限和设定(C):
Brian Hursch

图 3-20　复制权限

单击【下一步】，打开用户属性，可以详细修改用户权限。如果同时选中了多个用户，则这些用户都拥有相同的权限。

1. 组成员　要添加用户到组，可以单击【添加】，然后在【组会员】对话框中指定要添加到组的用户，如图 3-21 所示。

所指定的组显示在用户属性对话框中，用户会继承【用户属性】框中列出的全部组的所有权限（组合权限）。

要从组中移除用户，选取组，再单击【移除】，如图 3-22 所示。

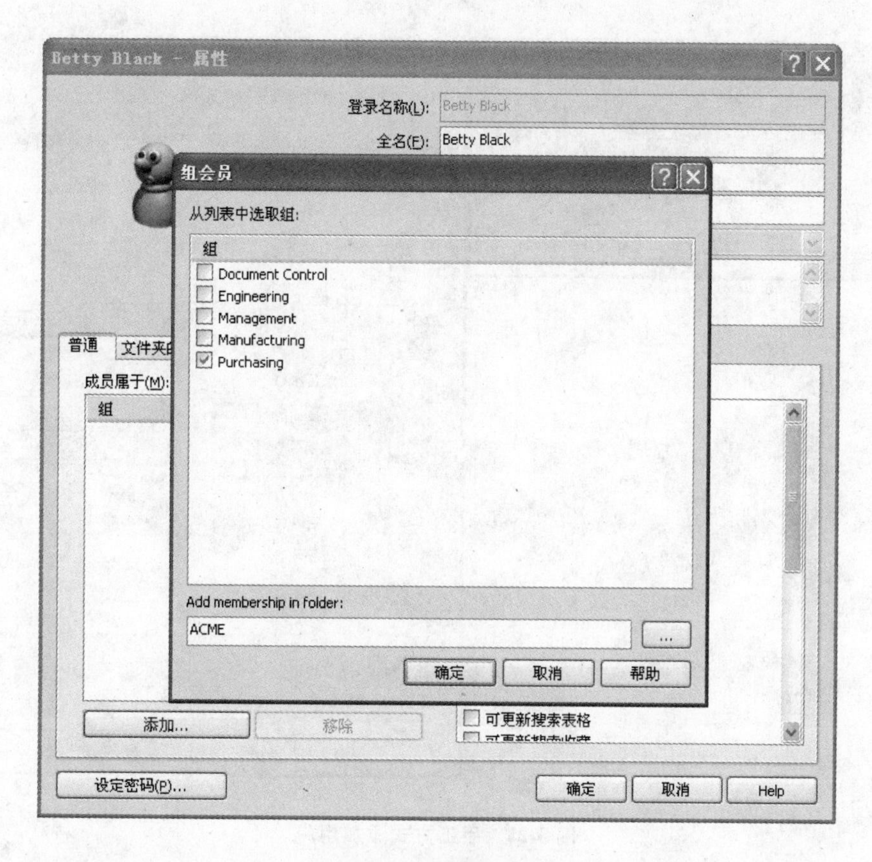

图 3-21　添加用户到组

2. Windows 或 LDAP 登录　如果在默认登录类型中没有采用 SolidWorks Enterprise PDM 登录方式，则用户的登录名称和密码将是由 Windows(活动目录)管理或者是由 LDAP server 来管理。这时可按以下步骤添加新用户。

（1）右键单击【用户】节点，然后选择【新用户】，如图 3-23 所示。

（2）在【添加用户】对话框内并不会自动列出在存档服务器默认设置中采用 Windows 登录时所指定的用户。如果需要列出可用用户名称列表，需要单击【列举用户】，如图 3-24 所示。

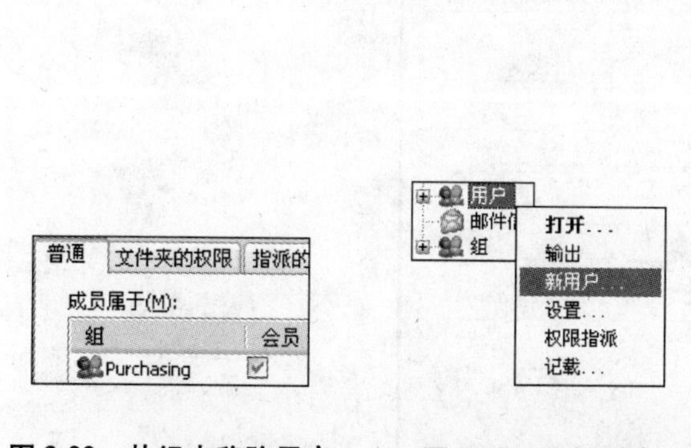

图 3-22　从组中移除用户　　图 3-23　添加用户

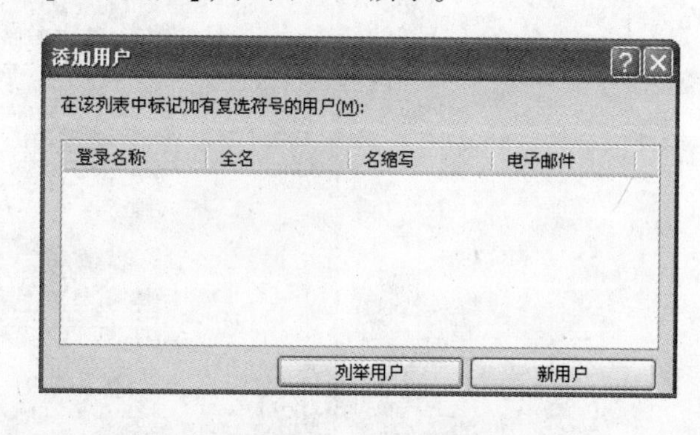

图 3-24　列举用户

注意

如果是一个大的域，生成用户列表可能需要较长的时间。基于这点考虑，在一个大域内，建议通过单击【新用户】，采用手工方式添加用户，如图 3-25 所示。

（1）在新用户对话框内输入一个用户名，然后单击【确定】，则自动从系统用户列表中搜索并添加该用户到所选文件库。

（2）添加用户的详细信息，如图 3-26 所示。

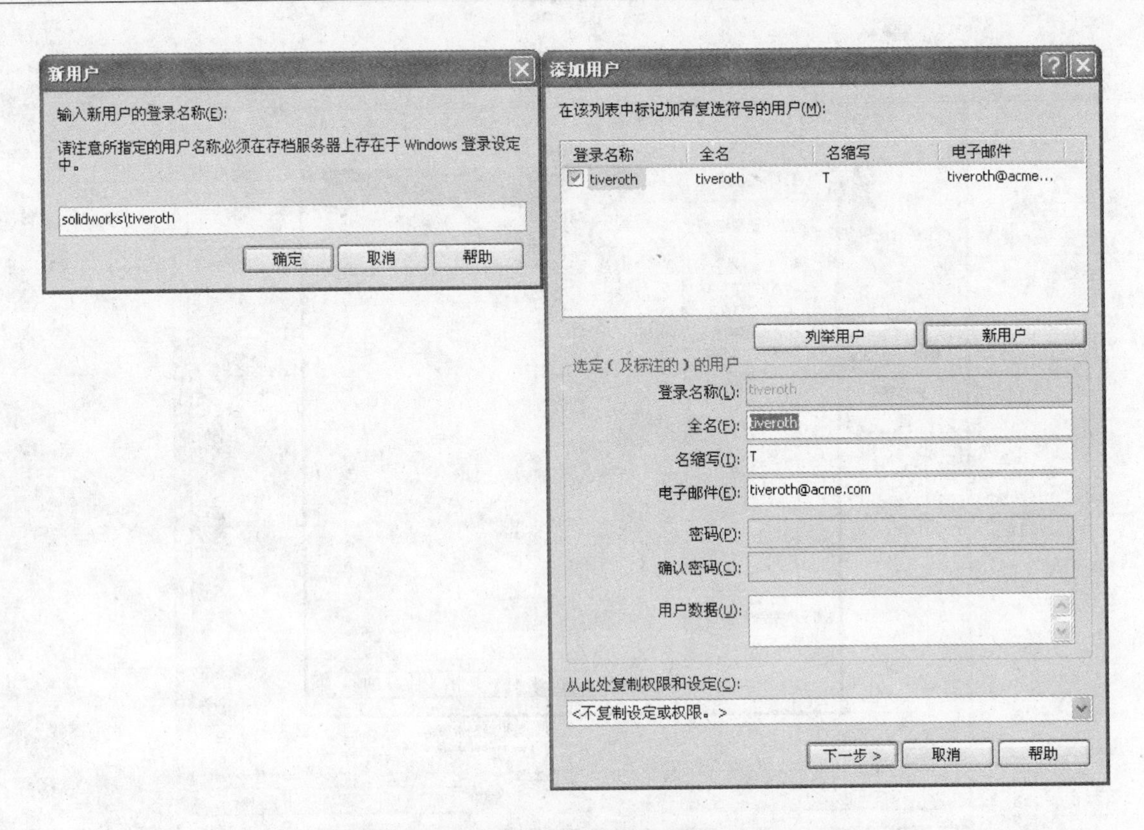

图 3-25 手工方式添加用户

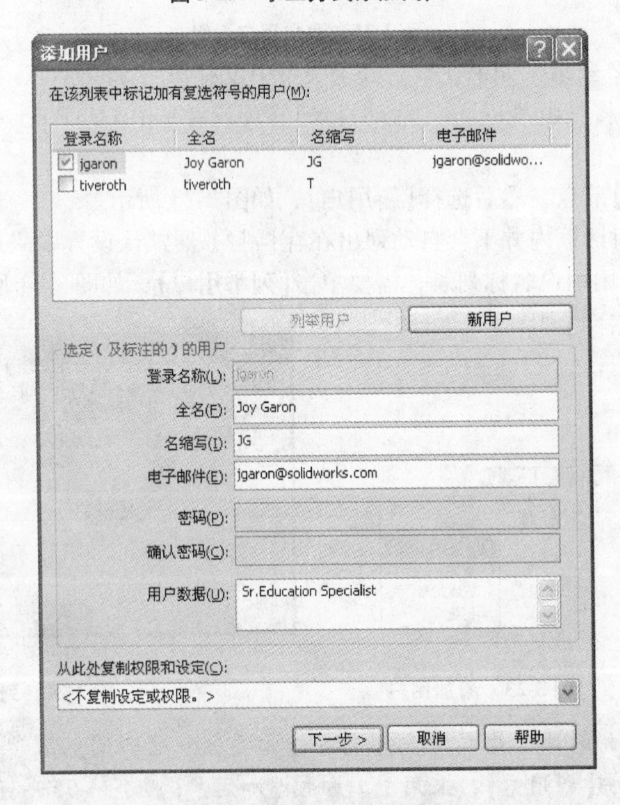

图 3-26 添加用户信息

提示

采用 Windows 登录方式，所使用的用户名和密码都无法在此处修改。

(3) 可以同时勾选多个用户同时对之进行赋权，如果对这些用户赋予相同权限的话。

(4) 在下拉菜单内选择一个用户名，即可将该已有用户的权限复制给新生成的用户，如图 3-27

所示。

（5）单击【下一步】，打开用户属性，可以详细修改用户权限。如果同时选中了多个用户，则这些用户都拥有相同的权限。

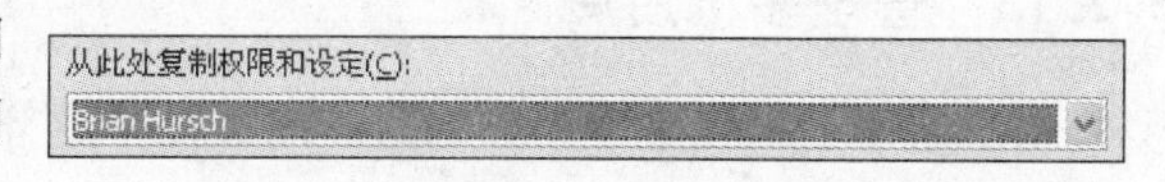

图 3-27　权限复制

3.2.11　更改用户密码

当采用 SolidWorks Enterprise PDM 登录方式时，用户的密码可以通过管理工具来更改。基于保护数据安全上的考虑，用户密码应该定期进行更改。

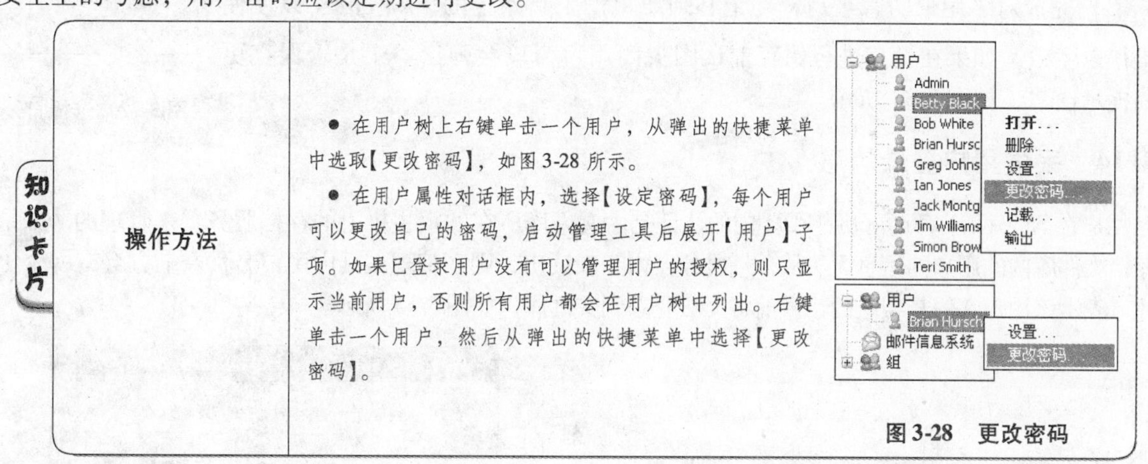

操作方法	● 在用户树上右键单击一个用户，从弹出的快捷菜单中选取【更改密码】，如图 3-28 所示。 ● 在用户属性对话框内，选择【设定密码】，每个用户可以更改自己的密码，启动管理工具后展开【用户】子项。如果已登录用户没有可以管理用户的授权，则只显示当前用户，否则所有用户都会在用户树中列出。右键单击一个用户，然后从弹出的快捷菜单中选择【更改密码】。

图 3-28　更改密码

如果是采用 Windows 登录或 LDAP 登录方式，则无法在管理工具内修改用户密码，需要用到 Windows 或者 LDAP server 内相关管理工具。

3.2.12　删除用户

从库内删除一个用户，可按以下的步骤。

（1）在用户树内用右键单击一个用户，从快捷菜单内选择【删除】，如图 3-29 所示。

（2）单击【确定】，确认删除。

（3）则将该用户从库中移除，如图 3-30 所示。

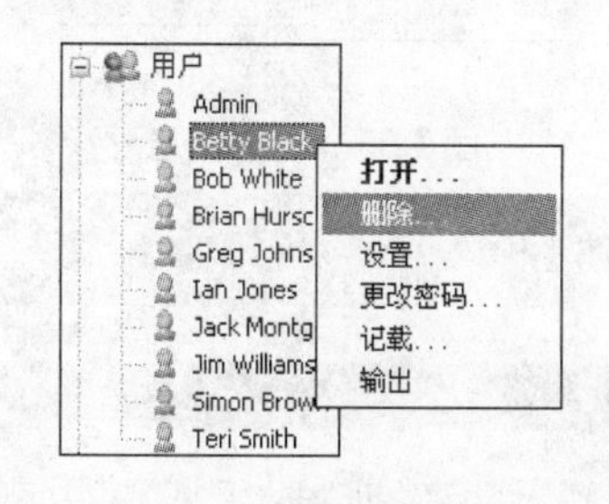

图 3-29　删除用户

图 3-30　警告

● 被删除的用户仍有可能会被显示，例如，会出现在历史记录中，但会标明该用户已被删除，如图 3-31 所示。

● 删除用户只是表示该用户从所选库中移除（并不是从所有其他的库中移除）。该用户名和密码仍保留在服务器内。

图 3-31　记载属于

● 这里必须要着重强调的是，在删除一个用户前，确保该用户没有从文件库中检出任何文件。

3.2.13 管理多个用户

用户子项可以在一个单独的窗口内打开。这样，在进行多用户管理及对其进行赋权时更加容易。

（1）右键单击【用户】节点，在弹出的快捷菜单中选择【打开】，如图 3-32 所示。

图 3-32 选择打开

（2）在弹出的用户窗口内会列出所有的用户名单。可以通过框选的方式同时选择多个用户，然后从快捷菜单中选择相应的选项，如图 3-33 所示。

（3）完成对多用户的管理后，切记必须要单击工具条上的【保存】以便使设置得以生效。如果在没有进行保存前试图关闭用户窗口会弹出一个是否保存更改的提示窗口，如图 3-34 所示。

3.2.14 丢失用户登录信息

用户在 SolidWorks Enterprise PDM 内的认证是由文件库所在的宿主机上的存档服务器来管理的。如果一个存档文件库内的用户的信息无法从存档服务器内正确读出，则在管理工具内用户名称左上方会有一个十字图标。表示该用户在修复相应的错误前将无法登录到文件库，如图 3-35 所示。

图 3-34 保存提示

图 3-33 用户窗口

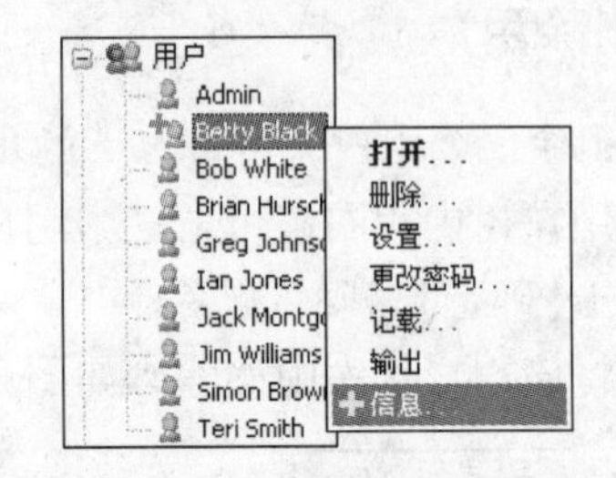

图 3-35 丢失信息

提示

用户也可以对没有十字标识的其他用户进行管理设定。

想知道该问题用户的具体错误内容，可以右键单击一个有问题用户，然后在快捷菜单内选择【信息】。之后，会弹出一个信息窗口，表示该用户的登录信息无法从存档服务器内找到，如图 3-36 所示。

图 3-36 提示信息

如果需要修复警告提示中的错误以便可以让用户能正确登录，可以按以下的步骤检查存档服务器：

（1）首先查看存档服务器设置中，是否改动过文件库的默认登录方式。例如，先使用【SolidWorks Enterprise PDM 登录】，在库内添加一些新用户，然后改用【Windows 登录】方式，如果新添加到库的用户名称并没有一个相同名称的实际 Windows 用户与之对应，则就会出现上面所看到的警告提示。需注意的是有时会根据库的使用需要改变登录方式，如图 3-37 所示。

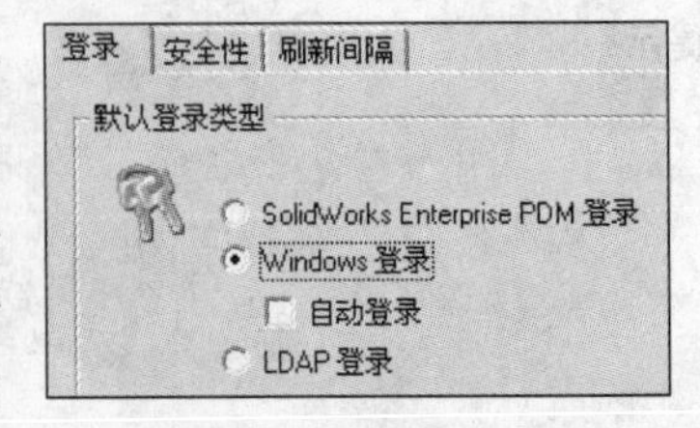

图 3-37 登录方式

（2）使用Windows登录方式时，用户和组只能在Windows server内移除或更名。如果一个库内的用户名称在使用Windows登录方式时无法找到，则会出现上面所看到的警告提示，如图3-38所示。

在此输入本机上的用户名，本地机上的组或者域组组名，举例说明：

<域名>\<组名>或者

<本地机器名>\<组名>或者

<本地机器名>\<用户名>或者

<组名>或者

<用户名>

（3）如果存档服务器系统被移动或重新安装后，存档服务器的设置并不会自动恢复，所以如果库内已有的用户名称与存档服务器内的设置情况不相匹配，也会出现上面所看到的警告提示。

（4）存档服务器可能还是另一个复制库的宿主机，而主库的宿主机上的存档服务器默认登录方式已做了更改，这时如果存档服务器不能与其他服务器正常通信，或者添加的Windows用户并不是隶属于同一个域，则也可能出现上面所看到的警告提示。

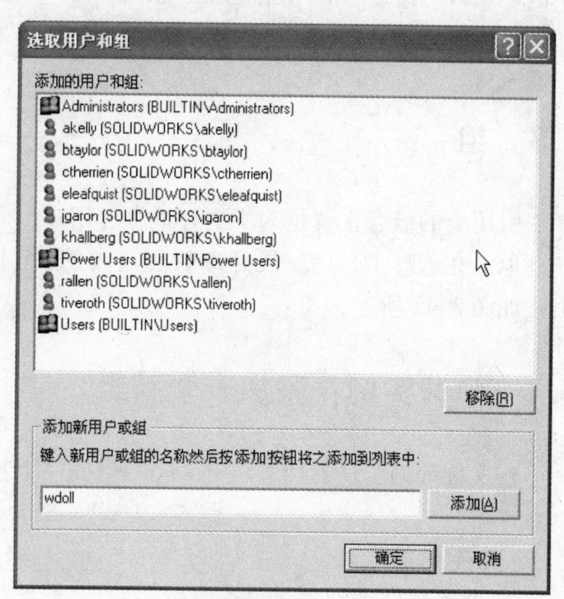

图3-38　选取的用户和组

1. 添加用户登录信息到存档服务器　如果确认存档服务器的配置是正确的，而且默认登录方式已设定为【SolidWorks Enterprise PDM登录】，但用户名称上仍然显示有十字图标，可以按以下所示的步骤在存档服务器上重新添加该用户的信息。

（1）打开用户的属性对话框窗口，如图3-39所示。

（2）单击【设定密码】。

（3）为该用户设置一个新密码，如图3-40所示。

图3-39　打开属性对话框

图3-40　设定密码

（4）关闭属性窗口，然后刷新用户子项(合上再展开用户子项)，警告提示将会消失，这时用户可以使用新设的密码来登录到库，如图3-41所示。

2. "Admin"用户　在SolidWorks Enterprise PDM文件库内有一个非常特殊的用户账号，即"Admin"用户，和普通用户账号相比，"Admin"用户有一些额外的管理权限，这些权限是无法通过权限选项来赋予的，例如：

图3-41　刷新结果

（1）是一个新库内唯一的已有用户。

（2）在文件库内不能被禁用、更名或删除。

（3）是唯一一个用户可以搜索及查看处于其他用户私有状态下的文件(例如,用户已完成了将文件添加到库的动作,但文件还没有被检入,即其他用户暂时无法从其他客户端视图上看到)。

（4）有权删除其他用户从其他客户端机器上检出的文件。

（5）有权检入(或撤消检出)其他用户检出的文件。

(6) 可以访问所有的搜索收藏。

提示 通过 SolidWorks Enterprise PDM 管理工具修改“Admin”用户的密码，会修改存档服务器配置中“Admin”的登录密码。

3.3 组

引用组的概念主要是为了更好地管理用户，赋予组的权限可以让所有组内的用户继承。在管理工具内，展开库管理树内的【组】子项，所有库内已有的组将被列出，如图 3-42 所示。

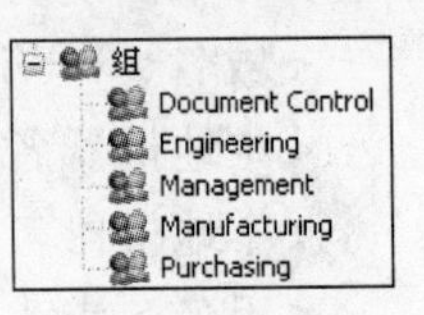

图 3-42 组

3.4 学习实例：添加一个新组

在文件库内为所有用户(All Users)生成一个新组。

操作步骤

步骤 1 新建组

右键单击【组】子项，从快捷菜单中选择【新组】，如图 3-43 所示。

步骤 2 设置组属性

在组属性卡内，在【组名称】内输入“All Users”作为组名，在【说明】栏内输入“All Vault Users”。

勾选【自动将新用户添加到该组】复选框，则新添加的用户将自动添加到这个组内，默认情况下这个选项处于未选中，如图 3-44 所示。

图 3-43 添加新组

图 3-44 组属性

步骤 3 为组添加成员

在【普通】选项卡，选择【添加】，如图 3-45 所示。

在添加组成员窗口内列出所有可用的用户名。

选择需要加入到该组的用户，在这里勾选所有用户。

单击【确定】，如图 3-46 所示。

所选中的用户会出现在成员栏，如图 3-47 所示。

提示 【Add membership in folder】用于授予用户对具体文件夹的访问权限，采用下拉列表来选取。

步骤 4 添加其他的组

添加下表所列出的组：Management(管理)、Document Control(文档控制)、Engineering(工程)、Purchasing(采购)以及 Manufacturing(制造)等，并指定用户到相应的组中，见表 3-8。

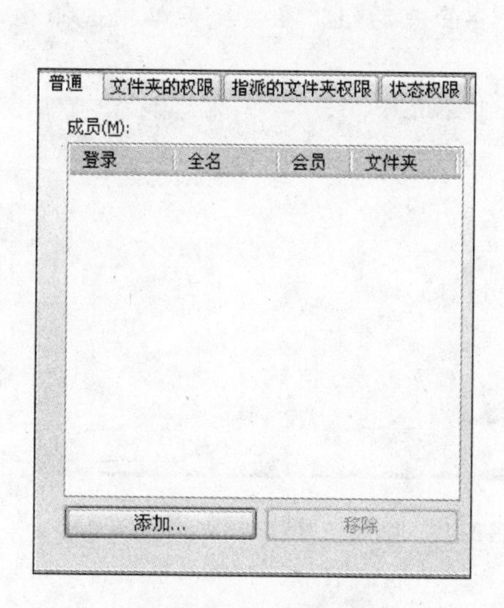

图 3-45 添加成员

图 3-46 选取要添加的成员

表 3-8 组和用户

组	用户
Management	Jim Williams
Document Control	Ian Jones
	Jack Montgomery
Engineering	Bob White
	Simon Brown
	Brian Hursch
Purchasing	Betty Black
	Teri Smith
Manufacturing	Greg Johnson

图 3-47 显示成员栏

3.4.1 授予组权限

使用组属性对话框可以对组进行赋权。具体的权限条目说明在本章节内已有具体阐述，参看用户权限部分的说明。对组进行赋权有以下几个规则。

- 一个用户可以隶属于几个不同的组。
- 一个用户可以从所有其隶属的组中继承权限，而且其拥有的实际权限是所有组的权限的合集。
- 如果已在用户属性框内设置过某个特定权限，则该权限会覆盖从组中继承而来的对应权限。

3.4.2 管理多个组

可以在一个单独的窗口内打开组，这样更容易帮助对组进行管理。

操作步骤

步骤1 打开组

右键单击【组】子项，在快捷菜单中选择【打开】，如图 3-48 所示。

步骤2　修改组属性

在组窗口内列出所有的已有组。选择一个或多个需要管理的组，在快捷菜单中选择相应的选项，如图3-49所示。

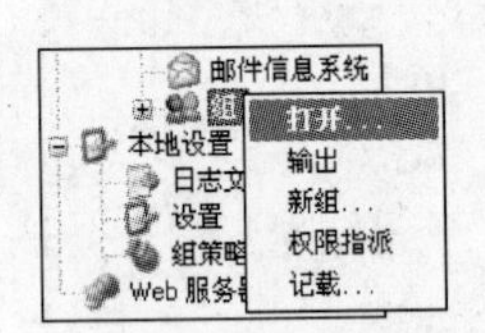

图3-48　打开组

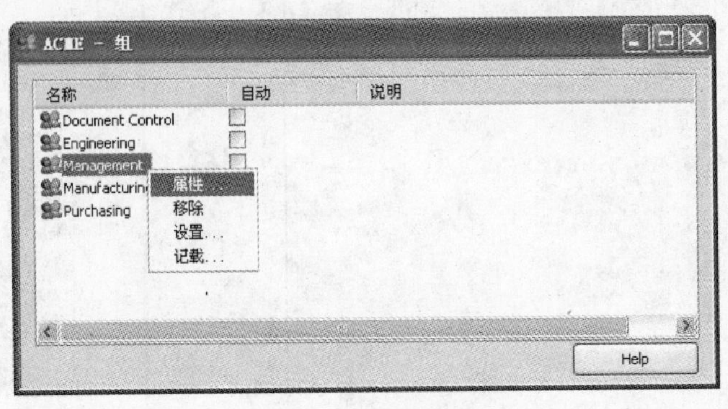

图3-49　修改组属性

步骤3　设置管理权限

右键单击“Management”组，然后选择【属性】，如图3-50所示。

勾选所有的【管理权限】复选框，除了：

- 必须输入版本评论。
- 受密码保护的电子邮件。
- 拒绝登录。

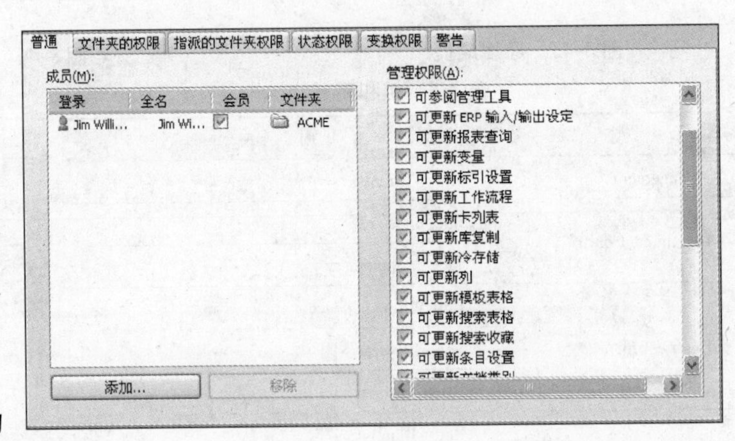

图3-50　设置管理权限

步骤4　设置文件夹的权限

在【文件夹的权限】选项卡中，在左边【文件夹】栏选择库名，在【权限】栏勾选所有的项目，如图3-51所示，除了：

- 递增文件修订版本。

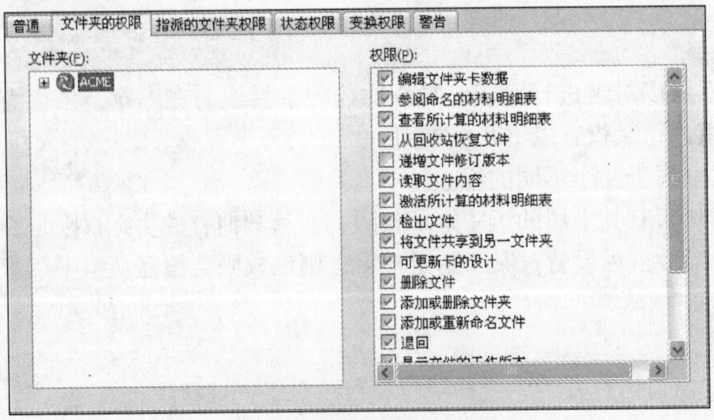

图3-51　设置文件夹权限

步骤5　设置状态权限

在【状态权限】选项卡中，在【工作流程状态】栏选中所有的工作流程状态，然后在【权限】栏内勾选所有的项目，如图3-52所示，除了：

- 递增文件修订版本。

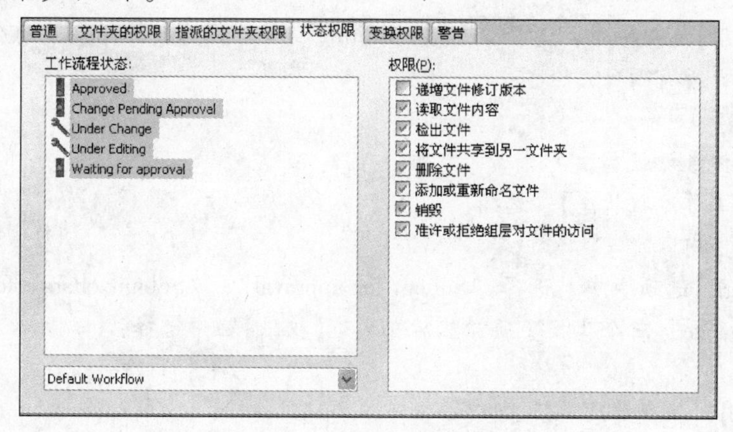

图3-52　设置状态权限

步骤6　设置变换权限

在【变换权限】选项卡中，在【工作流程变换栏】中选中所有的流程状态，然后在【权限】栏中勾选【准许】复选框，如图3-53所示。

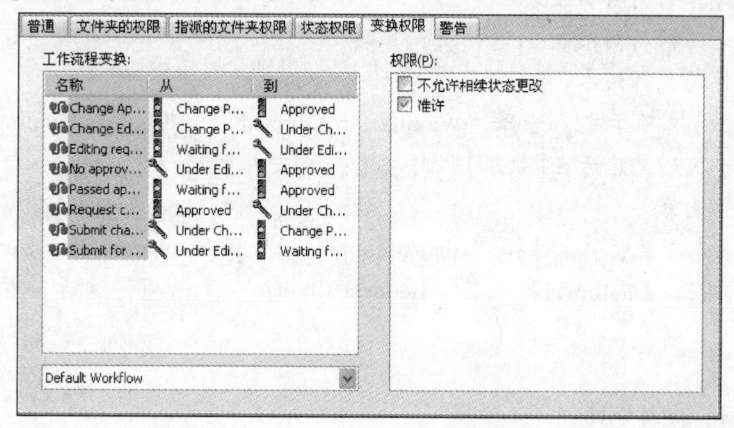

图3-53　设置变换权限

单击【确定】，保存设置。

步骤7　为多个组设置权限

在组列表内同时选中："Document Control"、"Engineering"、"Manufacturing"和"Purchasing"，从快捷菜单中选择【属性】。

勾选下面的【管理权限】：

- 可设定/删除标号。
- 必须输入状态更改评论。

单击【确定】，保存更改。

步骤8　为"Engineering"组设置权限

右键单击"Engineering"组，选取【属性】。

在【文件夹的权限】选项卡中，选中整个库，然后勾选所有权限内的项目，除了：

- 可更新卡的设计。
- 销毁。
- 递增文件修订版本。

- 退回。

在【状态权限】选项卡中，选择“Under Editing”和“Under Change”两个状态，在【权限】选项卡中选择所有项目，除了：

- 销毁。
- 递增文件修订版本。

在其他的【工作流程状态】，选择：

- 读取文件内容。

在【变换权限】选项卡中，选择“Submit for approval”、“Submit change for approval”以及“Request Change”三个变换子项，然后在右边【权限】栏中选择：

- 准许。

单击【确定】，保存更改。

步骤9　为“Document Control”组设置权限

右键单击“Document Control”组，从快捷菜单内选择【属性】。

在【文件夹的权限】选项卡中，选中一个库，然后在右边【权限】栏中选择以下的项目：

- 读取文件内容。
- 查看所计算的材料明细表。
- 查看命名的材料明细表。
- 显示文件的工作版本。

在【状态权限】选项卡中，选择“Waiting for approval”、“Change Pending Approval”和“Approved”三个状态，然后在【权限】栏内勾选：

- 读取文件内容。

在【变换权限】选项卡中，选择“Change Approved”、“Change Editing Required”、“Editing required”、“Passed approval”以及“Request Change”等子项，然后在右边【权限】栏内选择：

- 准许。

单击【确定】，保存更改。

步骤10　为“Purchasing”组设置权限

右键单击“Purchasers”组，从快捷菜单内选择【属性】。

在【文件夹的权限】选项卡中，在左边【文件夹】栏中选择一个库名，在【权限】栏内勾选以下的项目：

- 读取文件内容。
- 查看所计算的材料明细表。
- 查看命名的材料明细表。
- 显示文件的工作版本。

在【状态权限】选项卡中，选择“Waiting for approval”、“Change Pending Approval”以及“Approved”三个状态子项，然后在【权限】栏内勾选：

- 读取文件内容。

在【变换权限】选项卡中，选择“Request Change”，然后在右边【权限】栏内选择：

- 准许。

单击【确定】，保存更改。

步骤11　为“Manufacturing”组设置权限

右键单击“Manufacturing”组，从快捷菜单内选择【属性】。

在【文件夹的权限】选项卡中，在左边【文件夹】栏内选择一个库名，在【权限】栏内勾选以下的项目：

- 读取文件内容。
- 查看所计算的材料明细表。
- 查看命名的材料明细表。

在【状态权限】选项卡中，选择"Approved"，然后在右边【权限】栏内选择：

- 读取文件内容。

在【变换权限】选项卡中，选择"Request Change"，然后在右边【权限】栏内选择：

- 准许。

单击【确定】，保存更改。

步骤12 保存更改

在完成对组管理的设置后，必须要单击工具条的上【保存】图标以使新更改过的设置生效。如果没有保存更改而试图关闭组对话框，将会弹出一个提示是否保存更改的提示，如图3-54所示。

图3-54 保存更改

至此完成了对所有组的权限设置。

练习 添加新的用户和组

admin用户是一个新库内唯一的已有用户。为了对库进行必要的配置，需要先添加一些新用户和组。

操作步骤

步骤1 生成三个新用户（见表3-9）

表3-9 生成的三个新用户

登录名称	全名	名缩写	电子邮件
<用户自己的登录名>	<用户自己的名字全称>	<用户自己的名字缩写>	<用户自己的登录名>@acme.com
Simon	Simon Jones	SJ	simon@acme.com
Tor	Tor Smith	TS	tor@acme.com

不对用户进行授权，一般而言，最好是先生成一定的组，对组进行授权，然后根据用户在工作流程中的角色，将之添加到相应的组中。

步骤2 添加三个组（见表3-10）

步骤3 将上面步骤中所添加的用户添加到相应的组（见表3-11）

表3-10 添加三个组

组名
Designers
Document Control
Manufacturing

表3-11 将新用户添加到相应组

组	登录名
Designers	<用户自己的登录名>
Document Control	Simon
Manufacturing	Tor

步骤4 为“Designers”组设置权限

在【普通】选项卡中，勾选以下的【管理权限】：

- 可设定/删除标号。
- 必须输入状态更改评论。

在【文件夹的权限】选项卡中，在左边【文件夹】栏中选择一个库名，在【权限】栏内勾选所有的项目，除了：

- 可更新卡的设计。
- 销毁。
- 递增文件修订版本。
- 退回。

在【状态权限】选项卡中，选中“Under Editing”和“Under Change”等工作流程状态，然后在【权限】栏内勾选所有的项目，除了：

- 销毁。
- 递增文件修订版本。

在其他的【工作流程状态】下，选择：

- 读取文件内容。

在【变换权限】选项卡中，选择“Submit for approval”和“Submit change for approval”以及“Request Change”，然后在【权限】栏内勾选：

- 准许。

步骤5 为“Document Control”组设置权限

在【普通】选项卡中，勾选以下的【管理权限】：

- 可设定/删除标号。
- 必须输入状态更改评论。

在【文件夹的权限】选项卡中，在左边【文件夹】栏中选择一个库名，在【权限】栏内勾选以下的项目：

- 读取文件内容。
- 查看所计算的材料明细表。
- 查看命名的材料明细表。
- 显示文件的工作版本。

在【状态权限】选项卡中，选择“Waiting for approval”、“Change Pending Approval”以及“Approved”，然后在【权限】栏中选择：

- 读取文件内容。

在【变换权限】选项卡中，选择“Change Approved”、“Change Editing Required”、“Editing required”、“Passed approval”以及“Request Change”，然后在【权限】栏中选择：

- 准许。

步骤6 为“Manufacturing”组设置权限

在【普通】选项卡中，勾选以下的【管理权限】：

- 可设定/删除标号。
- 必须输入状态更改评论。

在【文件夹的权限】选项卡中，在左边选择一个库名，在【权限】栏内勾选以下的项目：

- 读取文件内容。

- 查看所计算的材料明细表。
- 查看命名的材料明细表。

在【状态权限】选项卡中，选择“Approved”，然后在【权限】栏中选择：

- 读取文件内容。

在【变换权限】选项卡中，选择“Request Change”，然后在【权限】栏中选择：

- 准许。

第 4 章　新建和修改卡

学习目标

- 了解各种不同类型的卡之间的区别
- 新建卡
- 了解变量的使用
- 创建变量
- 创建序列号
- 修改已有的卡
- 输出卡

4.1　文件和文件夹数据卡

卡在文件库内用于显示和导入文件及文件夹的信息。文件信息也称之为元数据或文件属性。

元数据存放在文件库数据库内，所以在无需本地副本的情况下，用户可以对文件或文件夹进行快速搜索及定位。

卡编辑器用于在文件库内添加或修改数据卡。在文件库内有五种类型的数据卡。

1. 文件数据卡　文件数据卡是指在数据库中与一个或多个文件类型相关联的数据卡，用于在文件数据库内存储指定的文件信息。例如，选择一个 SolidWorks 零件文件，会显示与“. sldprt”后缀相关联的数据卡，如图 4-1 所示。

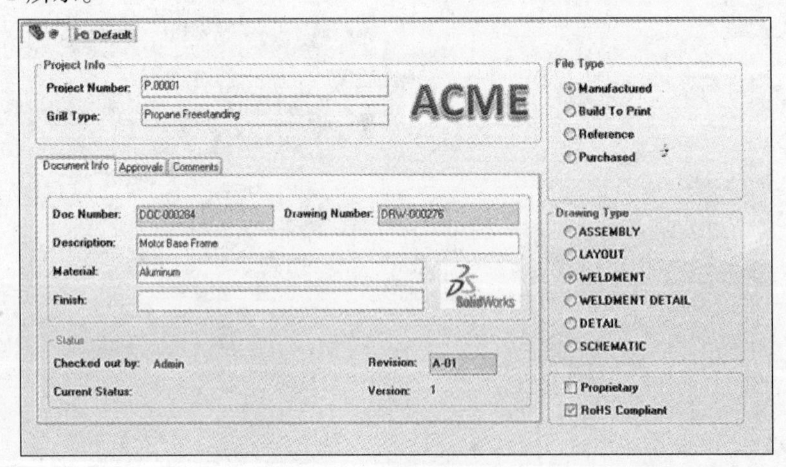

图 4-1　文件数据卡

2. 文件夹数据卡　文件夹数据卡是指在文件库内与文件夹相关联的卡，用于在文件数据库内存储指定的文件夹(子文件夹)信息，如图 4-2 所示。

3. 模板输入表格　模板输入表格是指包含用于当用户在文件库内生成一个新文件或文件夹时所需信息的数据卡，如图 4-3 所示。

4. 搜索表格　是指 SolidWorks Enterprise PDM 搜索工具中可用于自定义不同的搜索样式的数据卡，如图 4-4 所示。

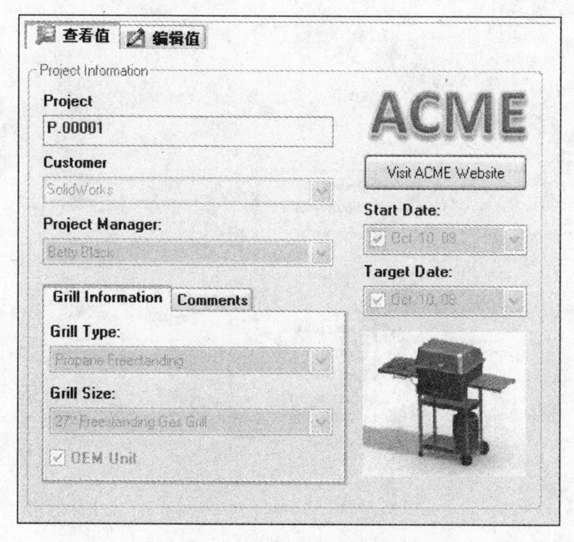

图 4-2　文件夹数据卡

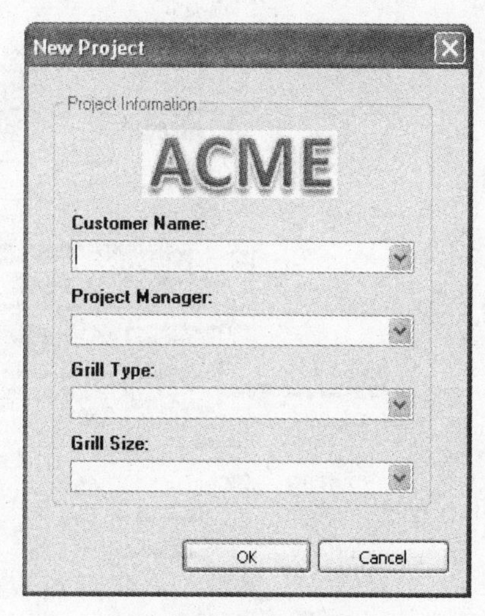

图 4-3　模板输入表格

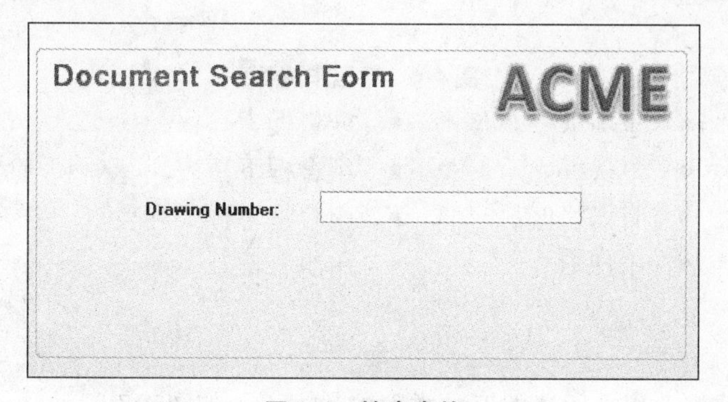

图 4-4　搜索表格

5. 条目卡(将在下一个 2009 服务升级包的 Item Explorer 中使用)　关联文件库中的条目，存储文件数据库中具体的条目的数据信息，如图 4-5 所示。

图 4-5　条目(item)卡

4.2　数据卡解析

新建和修改卡之前，先查看数据卡上的不同元素，如图 4-6 所示。

4.2.1　控件

卡内的功能通过控件来实现，SolidWorks Enterprise PDM 内提供了很多控件，包括：

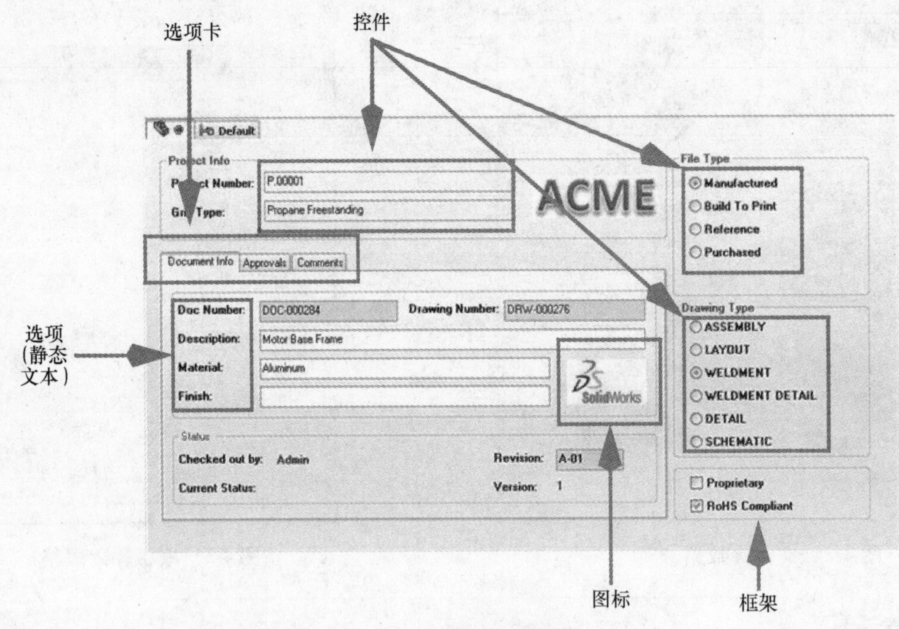

图 4-6　数据卡解析

- 编辑框。
- 列表框。
- 按钮。
- 单选钮。
- 选项卡。
- 复选框。
- 日期栏区。
- 卡搜索。
- 变量搜索。
- 组合框下拉表。
- 组合框下拉式列表。
- 单组合框。

4.2.2　卡编辑器

卡编辑器用于生成或修改以上所述的五种类型的数据卡，如图 4-7 所示。

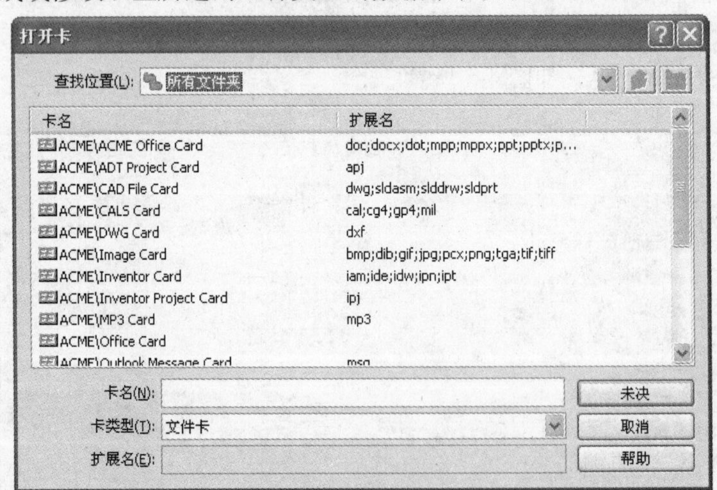

图 4-7　打开卡

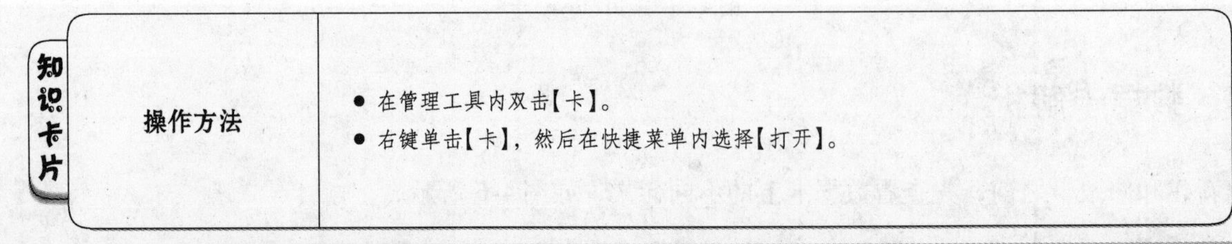
知识卡片

操作方法	● 在管理工具内双击【卡】。 ● 右键单击【卡】，然后在快捷菜单内选择【打开】。

提示

用户必须具有足够的组权限或用户权限才能使用卡编辑器。

4.2.3　卡关联

每一个卡可以通过文件的后缀名与一个或多个文件类型进行关联。当添加文件到文件库内或者在库内选择一个文件，则会在系统浏览器内显示与该文件扩展名相关联的卡。

4.2.4　安装卡

在生成一个新库时，SolidWorks Enterprise PDM 会自动复制内置的数据卡到库内。可以直接使用这些内置卡，或者按需要修改这些卡，又或者另行生成新的卡。

4.2.5　选项

在【打开卡】对话框内有以下选项可供选择，见表 4-1。

表 4-1　数据卡选项

查找位置	默认情况下显示为【所有文件夹】。使用此选项会显示出文件库内所有文件夹内的所有已有的数据卡 如需查看指定文件夹下的卡，选择文件库的根目录，然后浏览到该文件夹。所有已保存的卡都在列表窗口内列出
列表窗口	在卡名栏内列出所有可用的卡（包括存在子目录内的卡）。在【扩展名】栏内显示与卡关联的文件类型后缀名。单击每列的列名可以对卡进行排序
卡名	显示所选中数据卡的名称
卡类型	选择文件夹的类型（默认情况下显示【文件卡】）
扩展名	当选中一个文件数据卡时，与之关联的文件扩展名会显示在此

用户可以在【打开卡】对话框内对卡进行修改及管理。右键单击一个或多个卡，然后在快捷菜单内选择相应命令，如图 4-8 所示。

- 【打开】：打开一个所选卡进行编辑。
- 【重新命名】：可以重新命名所选卡。
- 【删除】：从数据库内删除该卡样式，删除一个卡不会删除数据库内已有文件已存储的与该卡关联的变量数值。

选中一个卡，然后单击【打开】，在卡编辑器内打开该卡，对之进行编辑，如图 4-9 所示。

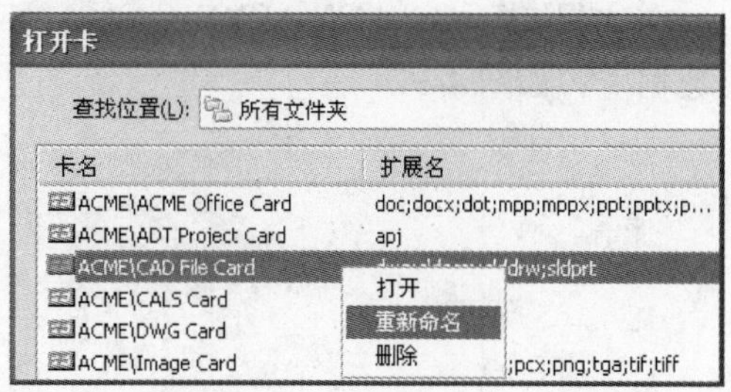

图 4-8　修改卡

4.2.6　设计一个数据卡

在数据卡内可以通过卡控件、排列工具以及卡属性框对卡的样式和功能进行编辑。

所有可用于编辑数据卡的控件都放置在卡控件工具条内。如果卡控件工具条没有显示，则可以单击【查看】/【显示工具栏】/【控件】，如图 4-10 所示。

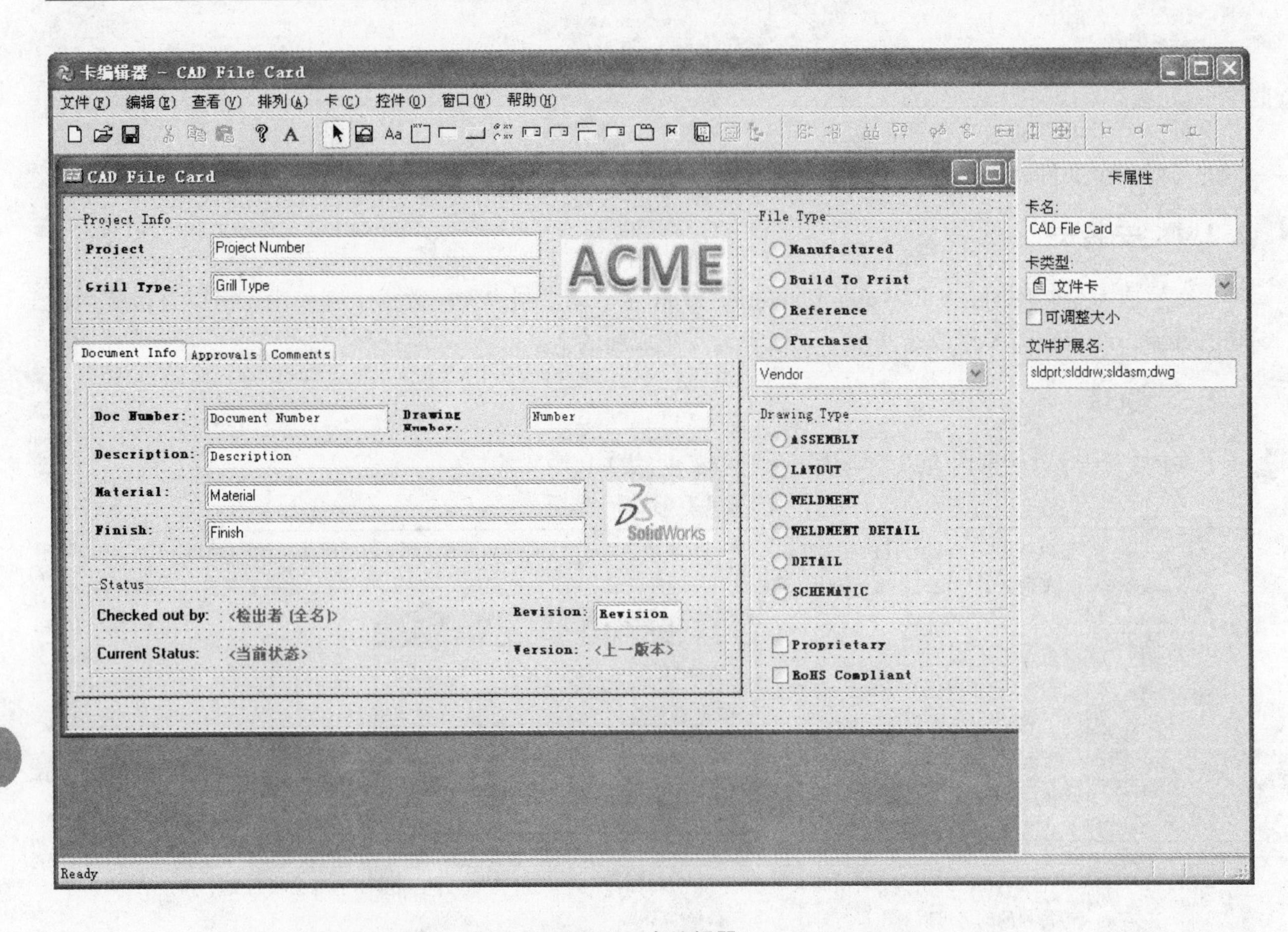

图 4-9 卡编辑器

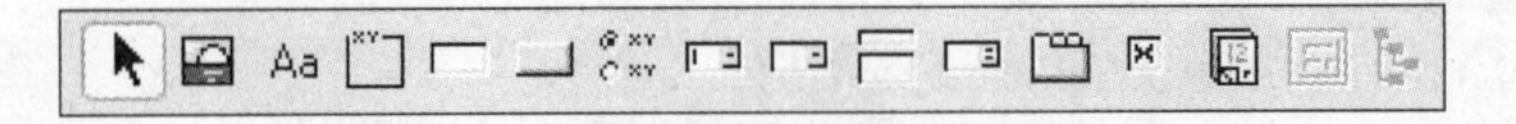

图 4-10 卡控件

提示 要了解有关卡控件选项的更多信息，可以参考 SolidWorks Enterprise PDM 管理员指南(位于软件安装盘路径:“...\Support\Guides\<lang>\”)。

4.3 学习实例：设计一个文件夹数据卡

在这节练习中，将为 ACME 公司创建一个文件夹数据卡，如图 4-11 所示。

图 4-11 ACME 文件夹数据卡

操作步骤

步骤 1　打开卡编辑器

双击【卡】节点，打开卡编辑器。

步骤 2　创建一个新数据卡

选取【文件】/【新建】，或者单击图标 🗋，如图 4-12 所示。

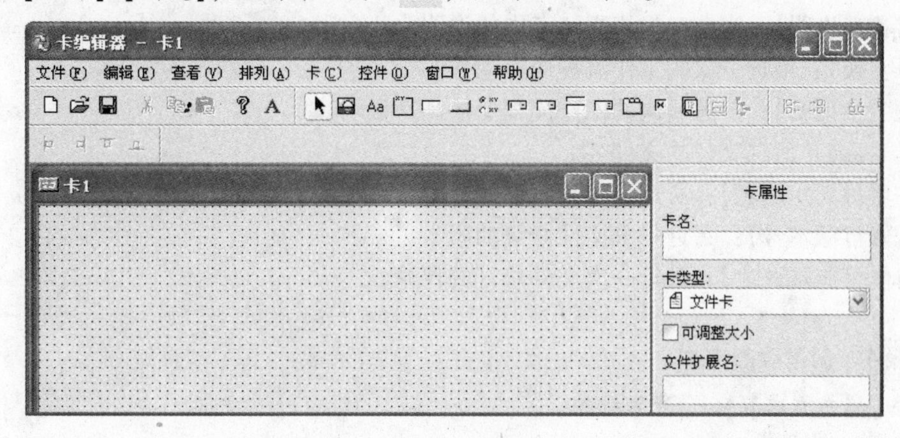

图 4-12　新建卡

步骤 3　添加卡名和卡类型

在【卡名】中输入“ACME Folder Card”，【卡类型】选取【文件夹卡】，如图 4-13 所示。

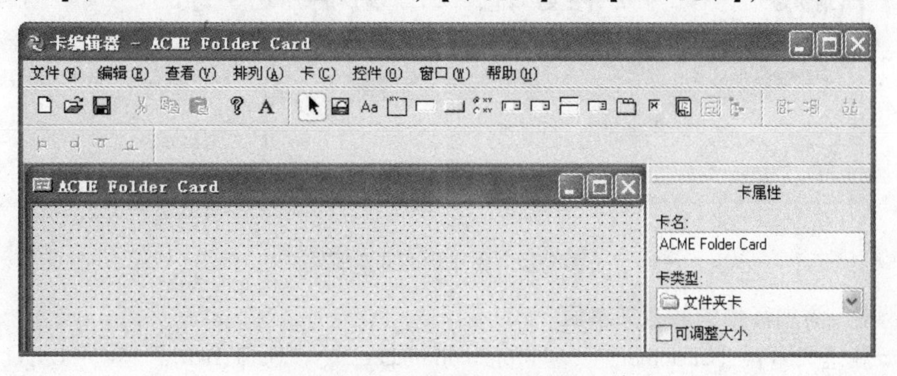

图 4-13　添加卡名和卡类型

4.3.1　静态文本控件

静态文本用于在数据卡内显示【文本】选项卡，如图 4-14 所示。

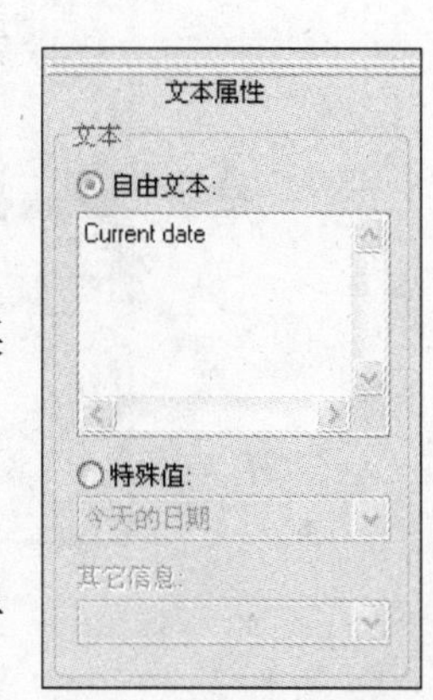

图 4-14　静态文本控件

控件图标：Aa

1.【自由文本】　在自由文本栏内输入的内容会显示在数据卡内。

2.【特殊值】　选择一个在数据卡内已有的动态更新的文本。需注意的是某些数据会因所选中的文件类型而变化。

- 【今天的日期】：当前的日期。
- 【当前时间】：当前的时间。
- 【当前用户(××)】：登录时所使用的用户姓名、姓名简称、全名或者用户数据。
- 【版本评论】：文件最近一次检入时输入的评论。

- 【变换评论】：最近一次变换文件状态时的评论。
- 【文件路径】：所选文件的完整路径名和文件名。
- 【上一标号】：文件最近赋予的一个标号。
- 【创建者(××)】：文件创建者的姓名、姓名简称、全名或用户数据。
- 【检出者(××)】：文件检出者的姓名、姓名简称、全名或用户数据。
- 【上一版本】：文件的最新版本。
- 【当前状态】：文件处于的工作流程中的当前状态。
- 【当前状态说明】：当前工作流程状态内的说明。
- 【最新变换】：最近一次的工作流程变换动作。
- 【最新变换说明】：最近一次的工作流程变换动作说明。
- 【文件名称】：所选文件的文件名。
- 【文件名称无扩展名】：所选文件的文件名，不含扩展名。
- 【最新修订版本号】：最近一次文件修订的版本。
- 【最新修订版本评论】：最近一次文件修订的评论。

步骤 4　创建静态文本

单击【静态文本】Aa，放置控件。

在【文本属性】/【自由文本】中输入“Project:”，如图 4-15 所示。

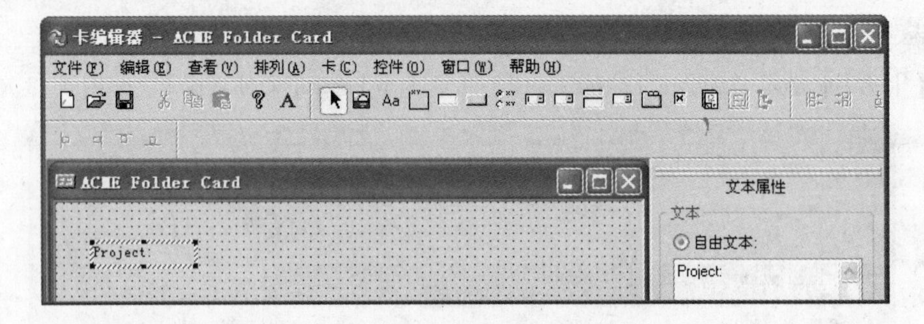

图 4-15　创建静态文本控件

步骤 5　添加其他的静态文本值

添加静态文本：“Customer:”、“Project Manager:”、“Start Date:”和“Target Date:”，如图 4-16 所示。

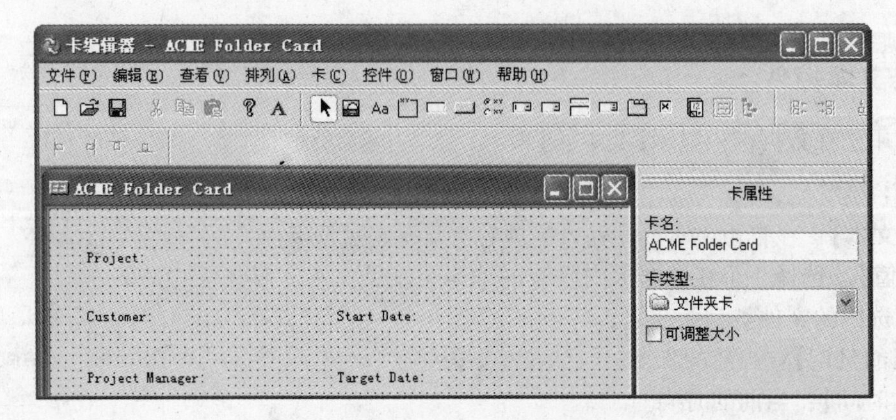

图 4-16　添加多个静态文本控件

步骤6　保存数据卡

单击【保存】，保存数据卡。

4.3.2 选择控件

【选择】可用于在数据卡内对已有控件进行选择，移动及重新设置尺寸大小。

控件图标：

4.3.3 图标控件

在数据卡内添加一个图标或图像。

控件图标：

(1) 可以从图标控件属性面板内的下拉列表内选择一个数据库内已有的图标。

(2) 单击【浏览】，可以在控件内添加一个新图标文件。图标控件支持 bmp、ico 和 avi 文件格式。新的图标文件会存储在存档文件库内，如图4-17所示。

图4-17　图标控件

在文件夹数据卡中添加一个企业商标。

步骤7　添加一个图标

单击【图标】。

在数据卡中“Project:”域的右边单击，如图4-18所示。

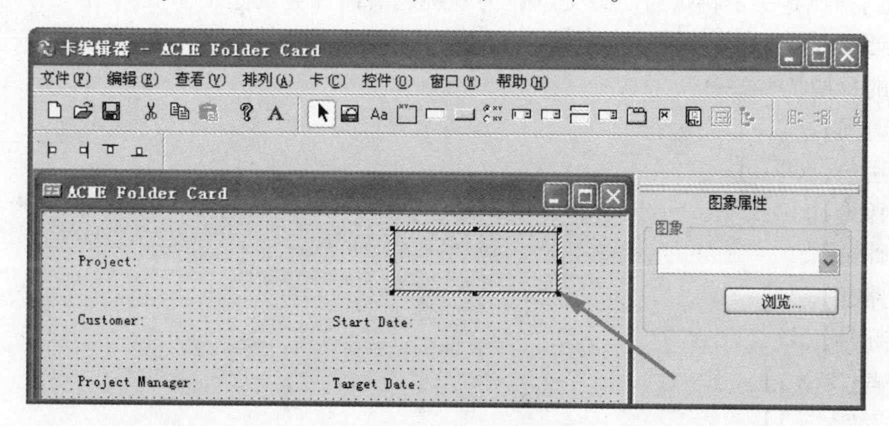

图4-18　添加图标控件

步骤8　插入一个图片

单击【浏览】，在文件夹“C:\\SolidWorks 2009 Training Files\Administering SolidWorks Enterprise PDM\Lesson04\Case Study”中找到“acme_logo.bmp”，如图4-19所示。

使用【选择】控件来置放图片。

重复上述步骤，插入图片“Grill.bmp”，如图4-20所示。

图4-19　浏览图片

步骤9　保存数据卡

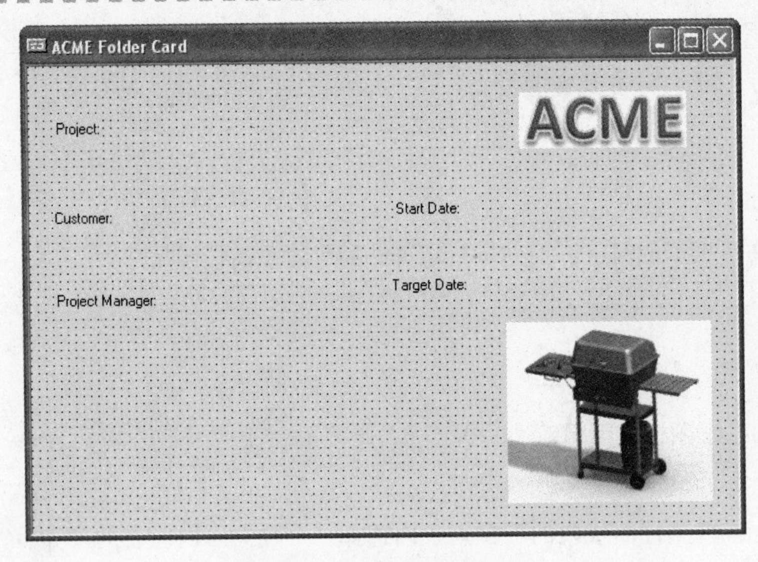

图 4-20　添加图片到图标控件

4.3.4　框控件

添加一个框控件到数据卡内，如图 4-21 所示。

控件图标：

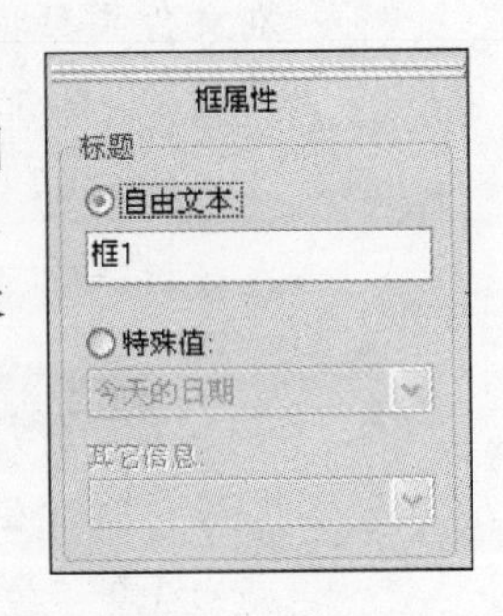

图 4-21　框控件

1.【自由文本】　输入的文本会显示在框的左上角位置。如果此处为空，则在框内不显示标题。

2.【特殊值】　指定一个特殊的动态文本作为框标题。需注意的是动态文本会因所选中的文件不同而有所不同。

- 【今天的日期】。
- 【当前时间】。
- 【当前用户(××)】。
- 【版本评论】。
- 【变换评论】。
- 【文件路径】。
- 【上一标号】。
- 【创建者(××)】。
- 【检出者(××)】。
- 【上一版本】。
- 【当前状态】。
- 【当前状态说明】。
- 【最新变换】。
- 【最新变换说明】。
- 【文件名称】。
- 【文件名称无扩展】。
- 【最新修订版本号】。
- 【最新修订版本评论】。

注意　如果移动框控件，不会移动放置在框内的控件。

将ACME文件夹数据卡中框标题修改为“Project Information”。

步骤10　添加一个框

单击【框】。

在数据卡上单击，从左上角拖放一个新框到右下角。

步骤11　修改框文本

框的当前文本为“框1”，选取【框属性】中的【自由文本】，输入“Project Information”，如图4-22所示。

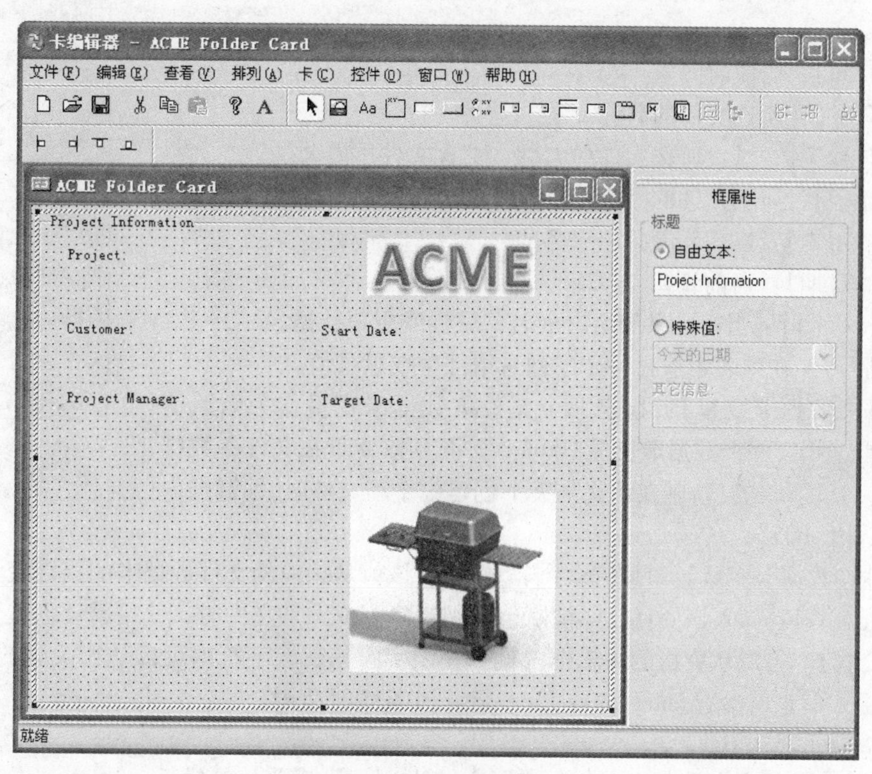

图4-22　修改框文本

步骤12　保存数据卡

4.3.5　编辑框控件

在数据卡内添加一个编辑框控件，可以让用户查看及输入存储在文件数据库内的数值。该控件是在编辑数据卡时经常用到的命令，如图4-23所示。

控件图标：

1.【数值】　输入的数值作为变量的值存储在数据卡内。在【变量名称】列表内选择一个在文件库内已有的变量。编辑框必须要与一个变量进行关联。单击【变量】可以添加一个新变量或者查看已有变量的属性。

2.【验证】　根据变量类别限制文件的长度或者变量的值。勾选【最小】或者【最大】选项，可以输入一个数值或给一个范围。

3.【旗标】

(1)【只读】：编辑框为只读属性。无法在编辑框内输入数值。

(2)【在资源管理器中显示】：编辑框的变量名和已存变量值会显示在资源管理器内的第一个【预

览】栏。

(3)【多行】：允许在编辑框内输入多行的文本内容(文本会自动换行)。

(4)【更新所有配置】：当在编辑框内输入一个数值后，文件数据卡内的所有配置页都会更新为当前数值。

4.【默认值】 设定当生成一个新文件时，在数据卡内自动填入到编辑框内的默认数值。

(1)【文本值】：在输入栏内添加一个静态文本作为编辑框的默认数值。

(2)【特殊值】：从列表中指定一个特殊的动态文本作为当前编辑框的默认数值。

1)【当前时间】：当前时间。

2)【文件名称】：所选文件的名称。

3)【文件名称无扩展】：所选文件的名称，不含文件扩展名。

4)【文件路径】：所选文件的完整路径及文件名。

5)【登录的用户】：当前登录的用户名。

6)【今天的日期】：当前日期。

7)【用户(××)】：当前登录的用户全名，简称或用户数据。

(3)【序列号】：在列表内选择一个序列号组件生成默认值。

(4)【文件夹数据卡变量】：指定一个文件夹数据卡变量作为默认值(举例说明,如果选择文件夹数据卡变量“Project”,而且该变量在文件夹数据卡内被赋予了一个“P05”的值,则在该文件夹下创建一个新文件时,编辑框内会自动填入默认值“P05”)。

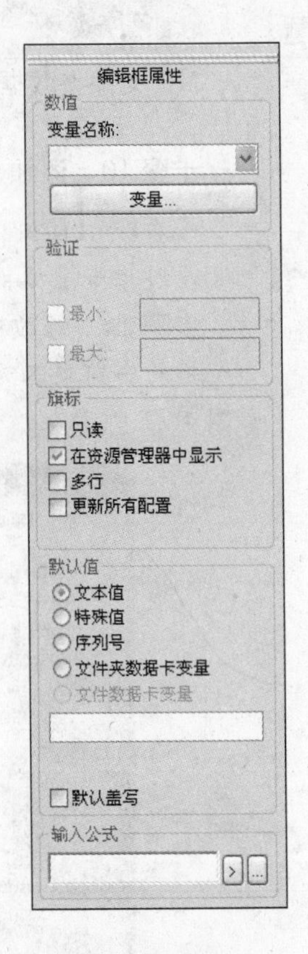

图 4-23 编辑框属性

(5)【文件夹数据卡变量】：只在条目卡上使用。该值从相应的文件数据卡的指定变量值读取。

(6)【默认盖写】：如果该变量已经被赋值，则当复制或添加文件时，使用默认值覆盖已有值。

5.【输入公式】 可以从弹出的编辑框内输入一组字符串，该字符串可以从相关联的其他数据卡变量内被赋值，更多信息请参看 SolidWorks Enterprise PDM 管理手册。

在文件夹数据卡上添加一个包含“Project Number”变量的编辑框。

步骤 13 添加编辑框

单击【编辑】。

在数据卡上“Project”选项的右边插入一个新的编辑框。

调整编辑框的尺寸和位置，与选项文本对齐。

步骤 14 添加一个变量

选取变量“Project Number”，如图 4-24 所示。

步骤 15 保存数据卡

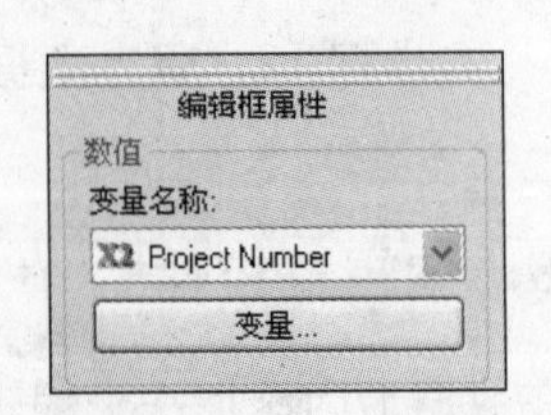

图 4-24 添加“Project Number”变量

4.3.6 序列号

在 SolidWorks Enterprise PDM 内使用序列号可以按所定义的序列号的规则自动命名文件，文件夹或者为卡控件赋给一个唯一的值。在每一个文件夹内都可以使用任意规则的序列号。

1. 打开序列号管理器 序列号的定义是在序列号管理器内完成的。

知识卡片

操作方法	● 在管理工具中，右键单击【序列号】子项，在快捷菜单内选择【新序列号】，如图4-25所示。

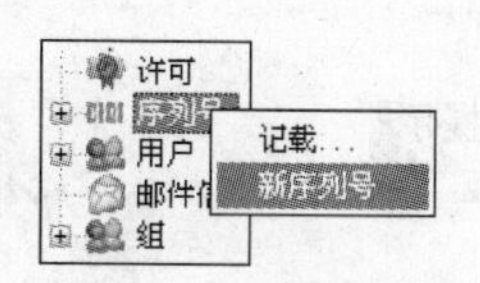

图4-25 序列号管理器

2. 产生序列号 可以使用以下三种方式来生成序列号。

（1）【列表】：序列号从内置的数列中生成。

（2）【字符串序列号】：序列号是由一个固定的文本内容加上一组自动生成的数字组成（这是生成新的序列号时最经常使用的方式）。

（3）【插件序列号】：序列号由一个序列号插件生成。插件可以由VB或C ++程序生成，可以通过SolidWorks Enterprise PDM API接口导入到文件库。当序列号是由外部系统（例如：ERP系统等）导入时需要使用这种方式。

注意 只有在插件被调入到文件库时，插件序列号选项才会被列出，如图4-26所示。

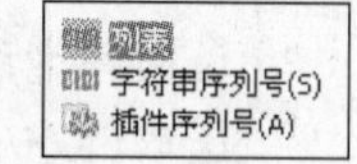

图4-26 序列号类型

3. 字符串序列号 为Project Number添加序列号，序列号是“P-”加一个五位数字的字符串，数字从00001开始计数，例如：P-00001、P-00002、P-00003等。

步骤16 添加序列号

在管理工具中，右键单击【序列号】节点，再选取【新序列号】。

步骤17 命名序列号

在【名称】栏内输入“Project Number”。

步骤18 设置序列号类型

在【类型】内选择字符串序列号。

新添加的序列号是由一个静态文本（即字符不会随序列号变化而变化）加上一个动态（自动生成）变量组成。输入“P-”，让字符串总是由此字符串开始，如图4-27所示。

步骤19 添加动态变量

单击[>]，选择插入一个动态变量数列。

选择【计数器值】/【00001】。这样会生成一个4位的数字。0在这里仅表示数字位数，如图4-28所示。

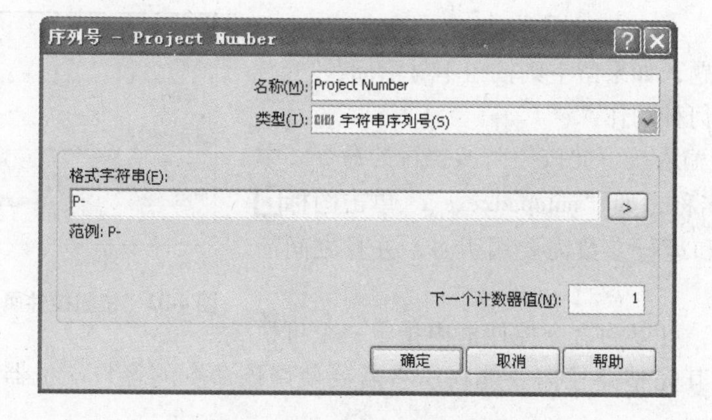

图4-27 设置序列号类型

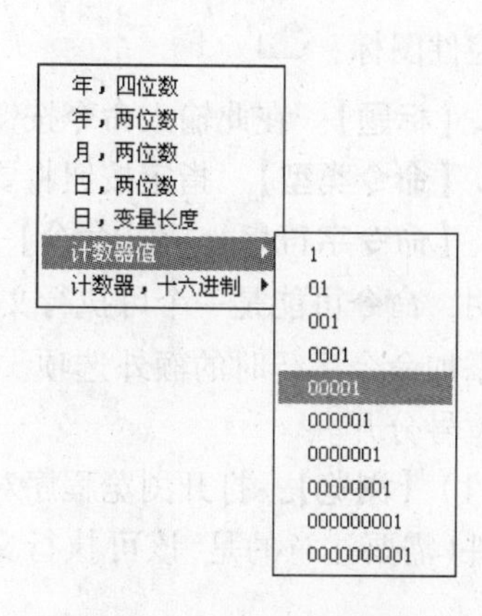

图4-28 添加动态变量数列

提示 数字位数对序列号而言并不是一个强制约束。举例说明，如果用户使用5位数字作为序列号，计数器指到“99999”时，程序会使“100000”作为下一个值。

选择一个变量后，会在编辑栏内显示一个蓝色的控件。在一个序列号内可以使用超过一个的变量，如图4-29所示。

步骤20　设置起始值

为序列号指定一个起始值(对计数器而言)。在【下一个计数器值】栏内输入“00001”。当然用户可以指定任意整数作为起始值，如图4-30所示。

步骤21　保存序列号

单击【确定】，保存序列号。保存之后，就可以在卡控件内或者通过模板变量使用该序列号。

步骤22　设置数据卡上的“Project Number”变量

返回到卡编辑器，在文件夹卡上选取“Project Number”编辑框控件。

选取【默认值】/【序列号】，从下拉列表中选取“Project Number”。

勾选【旗标】/【只读】，防止用户更改自动生成的值，如图4-31所示。

图4-29　蓝色计数器控件

图4-30　设置起始值

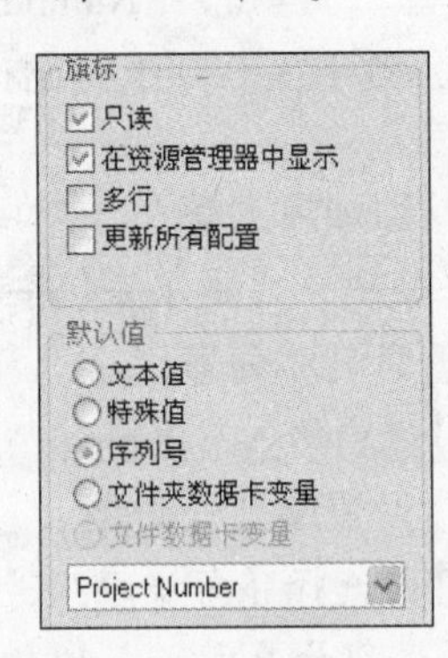

图4-31　设置数据卡上的变量

步骤23　保存数据卡

4.3.7　命令按钮控件

在数据卡内添加一个命令按钮控件，可以用于启动外部程序、插件或者打开网页，如图4-32所示。

控件图标：

1.【标题】　在此输入命令按钮的标题，如果留空则按钮不显示标题。

2.【命令类型】　指定按钮将要进行何种动作。

3.【命令字符串】　在【命令】一栏内输入按下此按钮时所执行的命令。举例说明，命令可能是一个可执行文件的名称，如“notepad. exe”。单击图标 可以添加命令运行时的额外选项。命令和运行参数需要用引号，并且之间需要用逗号分开。

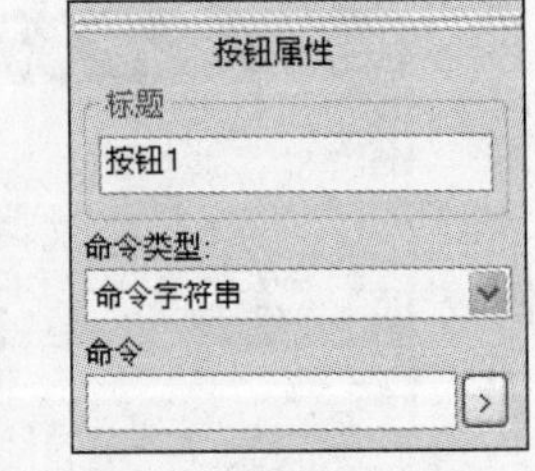

图4-32　按钮控件属性

(1)【浏览】：打开浏览程序对话框，可以为命令控件框内指定一个可执行文件(需要注意的是，该可执行文件及其完整路径需要能在所有需要使用该命令的客户端机器内被访问)。

(2)【文件路径(%1)】：添加当前所选文件的完整路径在命令行内。

(3)【文件库名称(%2)】：添加当前文件库名称。

(4)【文件名称(%3)】：添加当前所选文件的名称到命令行内。

(5)【文件扩展名(%4)】：添加当前所选文件的后缀名到命令行内。

(6)【百分比(%%)】：添加百分符号(%)到命令行内。

(7)【文件夹路径(%5)】：添加当前所选文件夹的路径到命令行内。

4.【浏览文件】　打开一个浏览文件对话框，用户可以从中选择一个文件。

(1)【对话框标题】：指定文件浏览对话框的标题。

(2)【目标变量】：选择一个数据卡变量存放在文件浏览对话框选中的文件完整路径。

(3)【仅对于库中的文件】：用户只准许选择文件库中的文件。

(4)【相对于库根的路径】：只显示所选文件相对于文件库根的路径。

(5)【准许多个选择】：用户准许在浏览文件对话框内同时选择多个文件。

5.【浏览文件夹】　打开一个浏览文件夹对话框，用户可以从中选择一个文件夹。

(1)【对话框标题】：指定文件夹浏览对话框的标题。

(2)【目标变量】：选择一个数据卡变量存放在文件夹浏览对话框选中的文件夹完整路径。

(3)【仅对于库中的文件】：用户只准许选择文件库中的文件夹。

(4)【相对于库根的路径】：只显示所选文件夹相对于文件库根的路径。

6.【运行插件】　运行一个 SolidWorks Enterprise PDM 内的插件。

【插件名称】：输入需运行的插件名称。

7.【网页】　打开一个网页。

【WWW-地址】：输入一个 URL 网页地址。

在文件夹数据卡上添加一个命令按钮，用来打开 ACME 网站。

步骤 24　添加命令按钮

单击【按钮】□。在卡上 ACME 企业商标下面插入新的命令按钮，调整到合适的位置。

步骤 25　添加标题

在标题中输入“Visit ACME Website”。

步骤 26　选取命令类型

从命令类型列表中选取【网页】。

步骤 27　输入命令

输入 ACME 网站的链接地址：

“http://en.wikipedia.org/wiki/Acme_Corporation”，如图 4-33 所示。

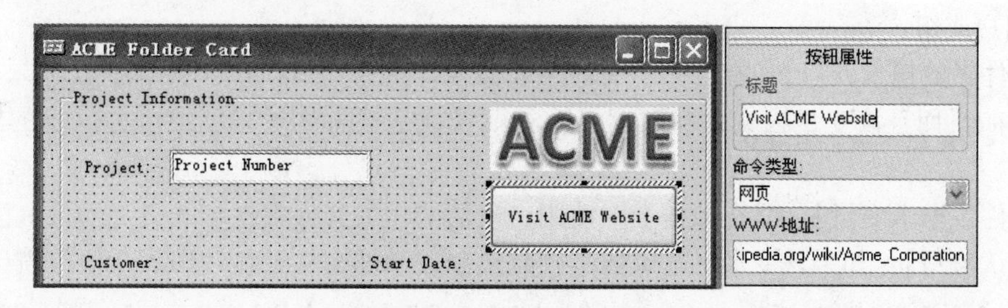

图 4-33　设置按钮命令

步骤 28　保存数据卡

4.3.8　组合框下拉表控件

在数据卡内添加一个列表，可以让用户从下拉列表中的预设数值中进行选择或者在编辑栏内输入自定义的数值。这个控件兼有编辑框和下拉列表的功能，如图 4-34 所示。

图 4-34　组合框属性

控件图标：

1.【项目】　选择在下拉列表内显示的项目。该数值可以从预置的列表，内置管理列表或者静态文本列表内读取。

(1)【特殊值】：选择一个预置的列表，用作组合框内的列表。

1)【用户列表(××)】：列出所有的库用户，从用户属性卡内读出其登录名称、简称、全名或者用户数据。

2)【组列表】：列出文件库内所有组。

3)【状态列表】：列出所有流程状态。

4)【工作流程列表】：列出库内所有工作流程。

5)【历史记载】。

6)【标准/单位/语言】：预置的列表显示本地"StdVal _ xx. Lan"内的数值。更新所有客户端上的文件以添加更多的数值(这些文件放置在文件夹"Program Files\SolidWorks Enterprise PDM\LanFile"中)。

7)【×××】：内置管理列表。

(2)【自由文本】：输入列表内的项目，每个项目一行。

(3)【由变量控制】：使用这个选项可以使列表数值内容由其他下拉列表或者编辑框内的选项决定。

2.【数值】

(1)【变量名称】：选择一个含有预定义数据的数据卡变量或者从列表中选择。

(2)【变量】：单击此处可以打开变量编辑器。

3.【旗标】

(1)【只读】：将组合框设为只读属性。用户无法修改该数值。

(2)【在资源管理器中显示】：变量名和在变量内保存的标题值会显示在资源管理器内的第一个【预览】栏。

(3)【更新所有配置】：当在组合框内输入一个数值后，文件数据卡内所有配置页都会更新为当前数值。

4.【默认值】　指定一个默认值，当生成一个新文件时自动输入到组合框内作为组合框内的值。

(1)【指定值】：在列表数据内指定一个数值作为默认值。对于用户或组列表而言，也可以直接指定当前登录用户或组。

(2)【文件夹数据卡变量】：指定一个文件夹数据卡变量作为默认值(举例说明,如果选择文件夹数据卡变量"Project"而且该变量在文件夹数据卡内被赋予了一个"P8"的值,则组合框内的默认数值就是"P8")。

(3)【文件数据卡变量】：只在条目卡中使用，该值从相关文件数据卡的指定变量上读取。

(4)【默认盖写】：如果该变量已被赋值，则当复制或添加文件时，使用默认值覆盖已有值。

在文件夹数据卡内添加一个组合框下拉列表，将公司名称作为默认值。

步骤 29　插入一个组合框

单击【组合框下拉表】。

在"Customer"选项的右边单击以放置控件。

调整组合框的尺寸和位置，如图 4-35 所示。

步骤30　创建一个列表

选取【自由文本】。

在文本框内输入以下四个客户名称："SUN"、"AMD"、"IBM"和"Intel"。

步骤31　指定一个变量

在【变量名称】栏内选择"Customer Name"。

步骤32　保存数据卡

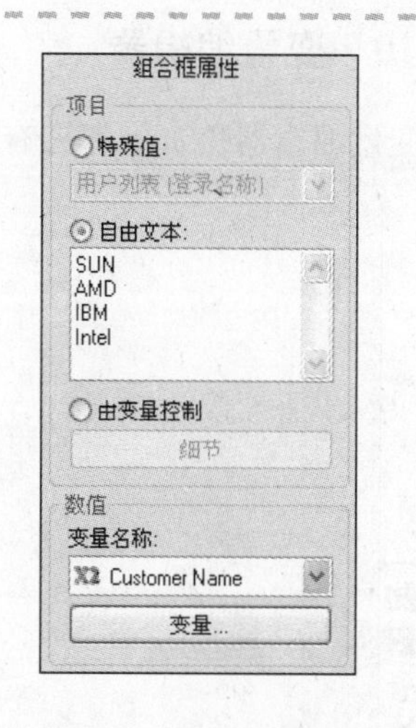

图4-35　设置组合框控件

4.3.9　数据卡变量

在为"Project Manager"、"Grill Type"和"Grill Size"列表创建控件前，必须首先创建相应的变量来存储所选的值。

在数据卡上最常用的卡控件对象通常用来显示已有的变量值并允许输入新的数值。用于控件的数值是以数据卡变量的形式存储在文件库的数据库内。用于控件的变量是在控件属性内定义的。

变量可以设置与文件本身属性(元数据)相关联(映射)。这样就保证了文件内部的属性值与存储在数据库内的变量值总是相匹配的。更新文件属性值会相应地更新相关联的变量值，同样，更新数据卡同样会更新文件属性值。

当一个卡在卡编辑器内打开后，所有存储在该卡内的控件变量都会被列出。

举例说明，当添加一个Word文档到文件库时，文件属性值会从文件本身被读出，然后通过预先定义的后缀为".doc"数据卡中与文件属性相对应的变量来更新文件卡，如图4-36所示。

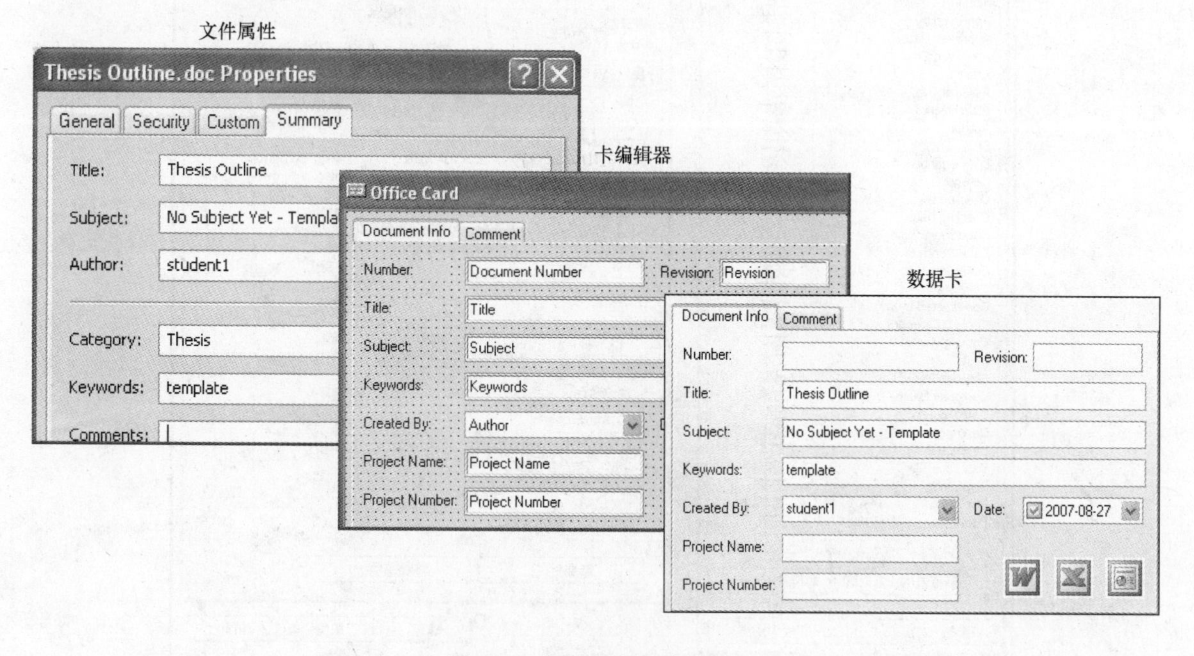

图4-36　数据卡变量关联关系

4.3.10　变量编辑器

变量编辑器负责管理已有的变量及添加新的卡变量。

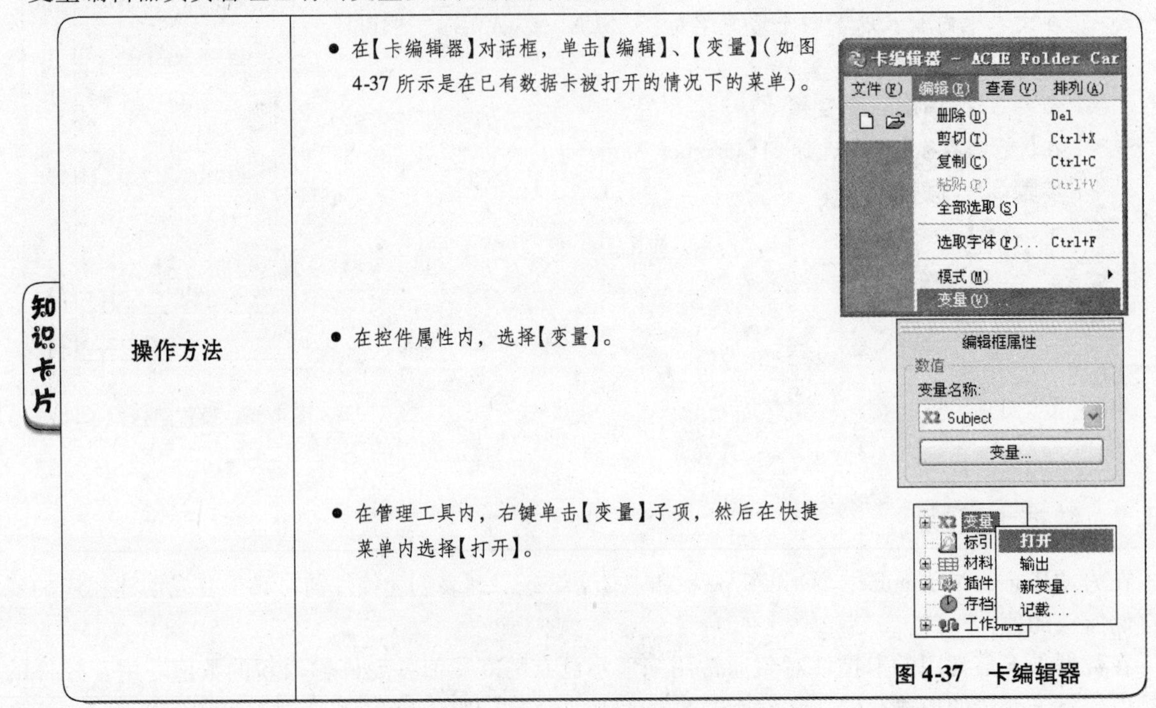

知识卡片

操作方法

- 在【卡编辑器】对话框，单击【编辑】、【变量】(如图4-37所示是在已有数据卡被打开的情况下的菜单)。
- 在控件属性内，选择【变量】。
- 在管理工具内，右键单击【变量】子项，然后在快捷菜单内选择【打开】。

图 4-37　卡编辑器

4.3.11　变量编辑器功能

变量编辑器分为三个功能区，如图4-38所示。

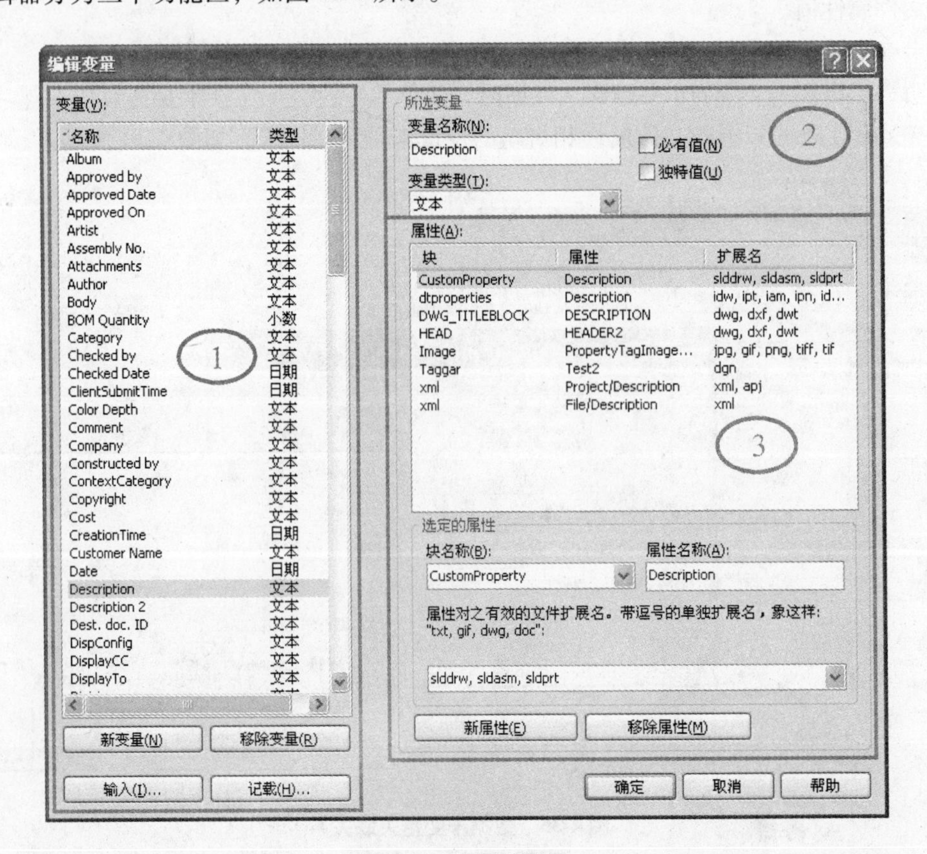

图 4-38　变量编辑器

- 功能区 1：可以选择及管理已有变量。
- 功能区 2：用于定义一个已选中的变量的设置。
- 功能区 3：用于定义已选中变量以何种方式与文件的属性相关联（或者映射）。

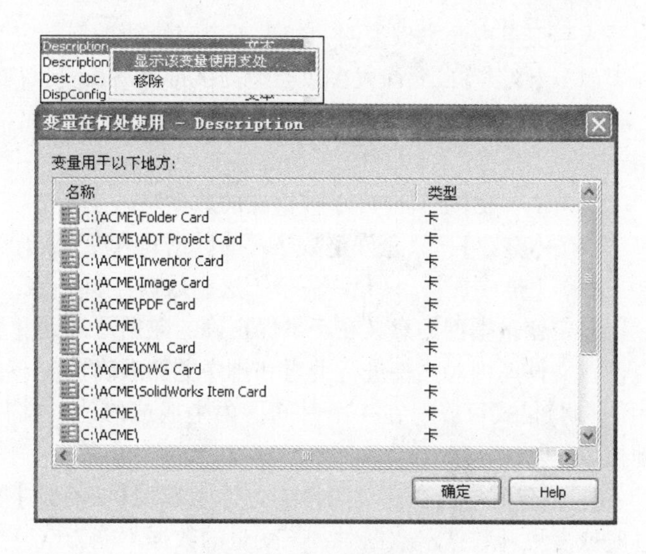

图 4-39　显示变量使用处

4.3.12　变量列表

先介绍一下功能区 1 内的各个部分的功能。

1. 变量　列出所有文件库内的已生成的卡变量。单击各列的标题可以对列进行排序。选中一个变量，则会在功能区 2 和 3 处显示该变量的相关信息，如图 4-39 所示。

右键单击一个变量名，从快捷菜单内选择【显示该变量使用之处】，则会列出所有使用该变量作为控件的数据卡。

2. 新变量　单击此按钮可以在文件库内生成一个新变量。在功能区 2 和 3 处可以为新变量指定一些属性，如变量名及参数映射等。

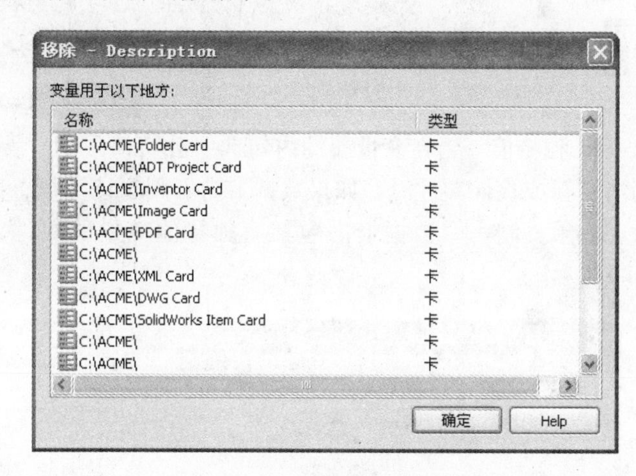

图 4-40　移除变量对话框

3. 移除变量　在变量列表内选择一个变量，单击【移除变量】按钮可以将其从文件库数据库内删除，也可以右键单击一个变量，从快捷菜单内选择【删除】。如果该变量没有被任何数据卡所使用，则该变量会被删除；如果有被引用，则会弹出一个警告窗口，列出引用该变量的数据卡，如图 4-40 所示。

需注意的是删除一个变量前，必须从所有引用过该变量的卡或控件中删除该变量。删除变量时，可以使用 Ctrl 或者 Shift 来进行多选。

4. 注意　可以从早期的 SolidWorks Enterprise PDM 版本输出文件(.cvr)中导入变量(这种文件格式现在已不再使用,仅仅存在于 Conisio 5.3 或更早的版本中)。

5. 记载　【变量记载】对话框内，会列出所有关于数据卡中引用该变量的历史记录，如图 4-41 所示。

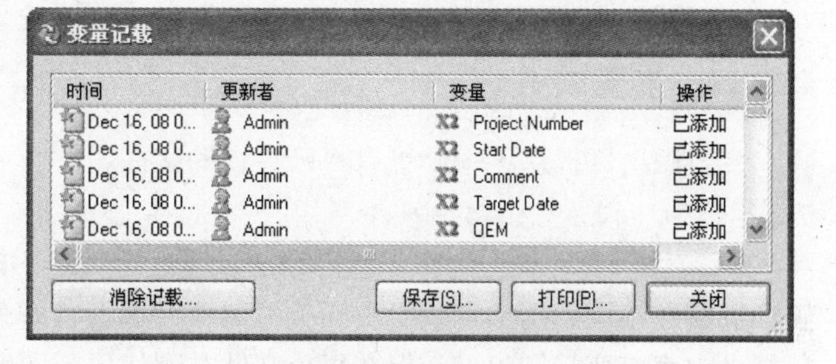

图 4-41　变量记载

4.3.13　变量定义

定义变量是指为变量设置名称及属性值。

1. 变量名称　显示所选中的变量名称或当添加一个新变量时可以在此为变量赋予一个名称。也可以在此为已有变量改名，选中一个变量，然后在此输入一个新名称。

在对变量更名前，确认没有任何引用了该变量的数据卡在卡编辑器内打开，否则的话，每次打开引用了该变量作为控件的数据卡时都会提示要重新定位该变量。

2. 变量类型　定义存储在变量内的项的数据类型，选择一个指定的类型会拒绝不符合该类型的数据写入到变量内。举例说明，如果一个变量的类型指定为【日期】，则所有的数值都会被转为日期格式。

（1）【文本】：允许大多数类型的字符串写入变量内。这也是最常用的变量类型。

（2）【日期】：只允许正确的日期格式数据写入变量（例如，11/18/2006）。日期格式在变量属性内指定。

（3）【小数】：只允许小数格式的数据写入变量。

（4）【整数】：只允许整数格式的数据写入变量。

（5）【是或否】：只允许一个二进制数据："1"或"0"。

设定变量类型的意义在于确保正确的数据写入到变量内，同时可以使在文件库内对文件进行搜索和排序更加准确快捷。举例说明，使用【日期】格式可以对在一个时间段内生成或修改的文件进行更精确地搜索。

图 4-42　必有值提示信息

3. 必有值　当在变量属性中勾选了选项【必有值】后，则检入文件时或者更新数据卡数据时，该变量的数据不能为空。如果没有为该变量赋值，则会弹出一个警告信息提示，如图 4-42 所示。

提示

如果一个变量已被某个文件或文件夹使用而且在该文件夹或文件内该变量的值为空值，则无法将该变量属性修改为'必有值'。基于这个原因，如果一个变量值不能为空的话，就在该变量未被引用时设定。

4. 独特值　当在变量属性内勾选"独特值"时，则当数据卡关联此量的控件必须赋予唯一值，否则当更新或检入文件时，如果数据卡内引用了该变量，则会弹出一个警告信息提示，如图 4-43 所示。

如果复制一个数据卡内包括有独特值变量的文件，则会强行清除目标文件内的该变量值，如图 4-44所示。

图 4-43　独特值提示信息

图 4-44　清除变量值提示信息

提示

如果在文件库内一个变量已有重复的变量值存在，则无法再将该变量属性设为"独特值"。基于这个原因，如是一个变量值不能重复的话，需要在该变量未被引用时设定。

4.3.14　变量映射

变量映射区提供了一个可以将已存在的文件属性与 SolidWorks Enterprise PDM 内的变量进行关联的方式。

1. 属性　属性栏内列出了所有与所选变量进行映射的属性/元数据。一个变量可以包含多个映射设置，以便在不同数据卡上映射不同类型的文件属性。举例说明，在 Word 文件(.doc)和图纸文件(.dwg)数据卡内都有变量【Title】，但在每个文件类型使用不同的文件映射。

2. 块名　块是指文件内包含属性值/元数据的数据区域。不同类型的文件内存放属性值的块名不尽相同。举例说明，在 Excel 文件(＊.xls)或者 SolidWorks 文件内，大多数的用户自定义属性值都写在块名【CustomProperty】内，在 Inventor 文件(＊.ipt)内，大多数的属性值放在块【dtproperties】内。

根据文件类型的不同，有些块名是预先定义好的，有些是用户自定义的。具体参考附录 B　变量映射。

用户也可以添加一个新的块名到文件库，或者从文件库中已有的块名中选择。

3. 属性名 属性栏内列出了一个具体块内所包含的实际的属性值。举例说明，在Word文件(.doc)内，属性title存放在块名为【Summary】内的【Title】参数内。一个块名是预先定义的，或者可以由用户自行指定，完全取决于文件类型。在属性栏内输入一个属性名，在输入属性名时可以使用符号*作为通配符。

4. 文件扩展名 为了确保正确与所支持的文件类型中的"块/属性"之间进行映射，可以在文件扩展名一栏内输入文件后缀名，多个后缀名需要使用逗号分开。例如，"doc，xls，ppt"。

5. 新属性 单击【新属性】可以为所选变量添加一个新的映射属性，然后需添加块名，属性名及扩展名列表。

6. 移除属性 在属性栏内选中一个映射属性，单击【移除属性】按钮可以将之移除。可以使用Ctrl或Shift选中多个属性值，将之从文件库内一起删除。

4.3.15 关于创建数据卡变量的建议

在创建数据卡变量时，需遵循以下的规则：

（1）在多个数据卡内尽量重复使用同一个变量名，这有助于利用变量数据进行搜索和排序。举例说明，如果用户需要在文件夹，"doc"和"pdf"的数据卡内显示项目编号，可以在三个数据卡内使用同一个变量"Project"，而不是生成三个不同的变量。

（2）在添加文件到库之前，定义变量是否包含独特值或必有值，因为文件很可能已包含有所限制的内容(重复值/空值)。

（3）如果"属性值/元数据"内包含有与某个变量类型格式不匹配的数据，则该变量不能设定为该类型。举例说明，如果属性值内可能包含不正确的日期格式，该变量类型不能设定为"日期"。

（4）确保在同一种文件(文件类型)内没有重复映射一个"块名/属性值"，即一个变量只应返回一个固定值。

（5）删除任何不需要的"块/属性"映射、变量及数据卡。

（6）映射属性时最好使用与属性名相似的变量名。

（7）当添加"块/属性"与文件属性值进行映射时，最好先设置一个映射，开始就采用单一映射方式，即一个变量只与一个"块/属性"关联。在映射关系确认无误后，再添加新的映射。这样有助于诊断映射关系可能的设置错误。

（8）为了避免生成一些多余的变量或卡，当新生成一个文件库时，可以参考以下的建议：

1）删除所有生成文件库时自动导入的"文件/文件夹/搜索卡"。在【打开卡】对话框，选择一个卡类型，然后框选中所有的卡，从快捷菜单内选择【删除】。关闭对话框，如图4-45所示。

2）从卡编辑器菜单内选择【编辑】/【变量】，打开编辑变量对话框，选中所有变量，单击【移除变量】，如图4-46所示。

3）用户现在可以添加或导入只需要在文件库内使用到的数据卡及变量。默认的数据卡存放在SolidWorks Enterprise PDM客户端安装目录内"…\\Program Files\SolidWorks Enterprise PDM\Default cards"。

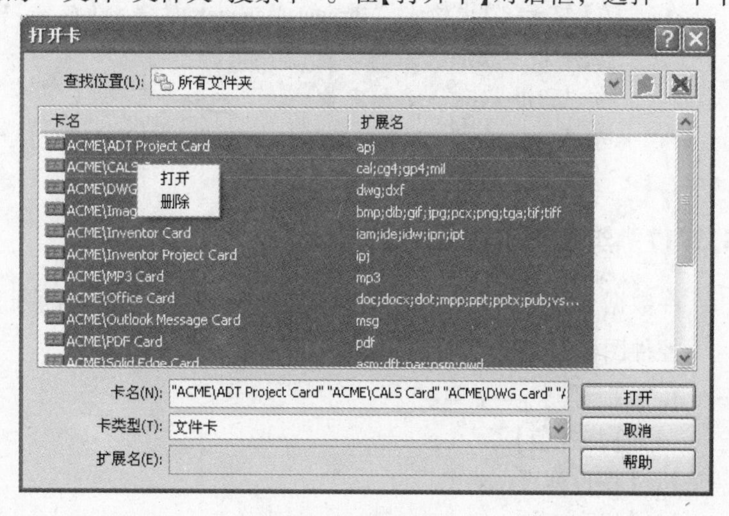

图4-45 删除文件夹

注意

导入一个数据卡会将所有卡内的变量导入到文件库内。

技巧

单击在卡片中显示帮助图标，然后选择一个控件，会弹出一个信息窗口，列出与该控件有关联的变量，如图4-47所示。

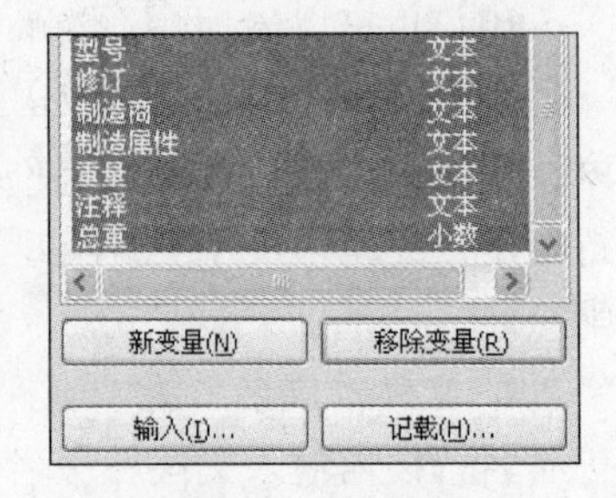

图4-46 移除变量

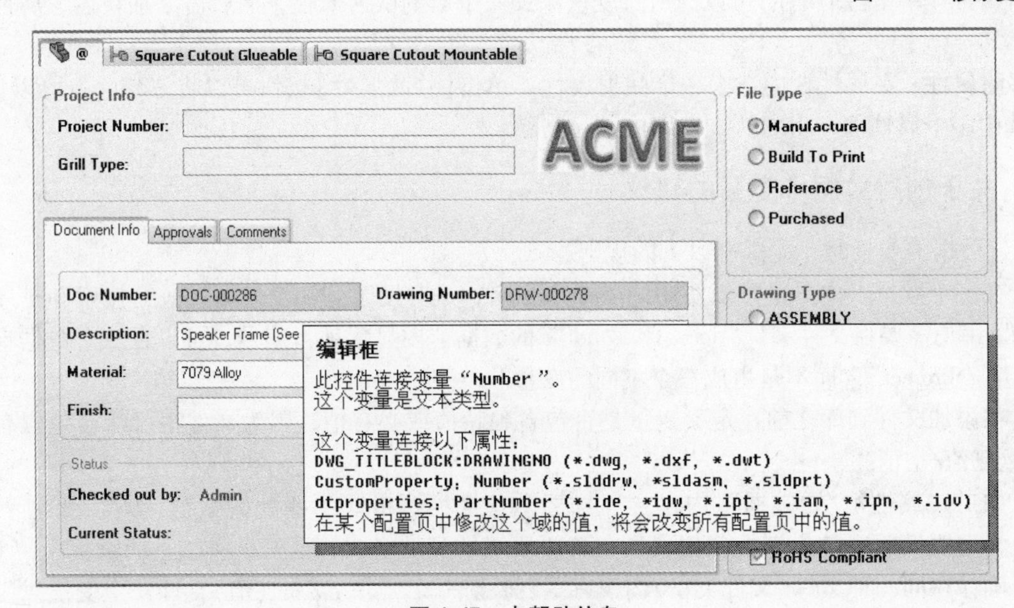

图4-47 卡帮助信息

4.3.16 添加新变量

为"Project Manager"、"Grill Type"和"Grill Size"分别创建新变量。

步骤33 添加新变量

在管理工具中，右键单击【变量】节点，选取【新变量】。

步骤34 命名变量

在【变量名】中输入"Project Manager"，选择【确定】，进行保存。

步骤35 添加其余的变量

为"Grill Type"添加变量。

为"Grill Size"添加变量。

4.3.17 组合框下拉式列表控件

在数据卡内使用组合框下拉式列表只允许用户在预设的列表数值内选择，如图4-48所示。

控件图标：

1.【项目】

(1)【特殊值】

1)【用户列表(xx)】。

2)【组列表】。

3)【状态列表】。

4）【工作流程列表】。
5）【标准/单位/语言】。
6）【XXX】。
（2）【自由文本】。
（3）【由变量控制】。
2.【数值】
（1）【变量名称】。
（2）【变量】。
3.【旗标】
（1）【只读】。
（2）【在资源管理器中显示】。
（3）【更新所有配置】。
4.【默认值】
（1）【指定值】。
（2）【文件夹数据卡变量】。
（3）【文件数据卡变量】。
（4）【默认盖写】。

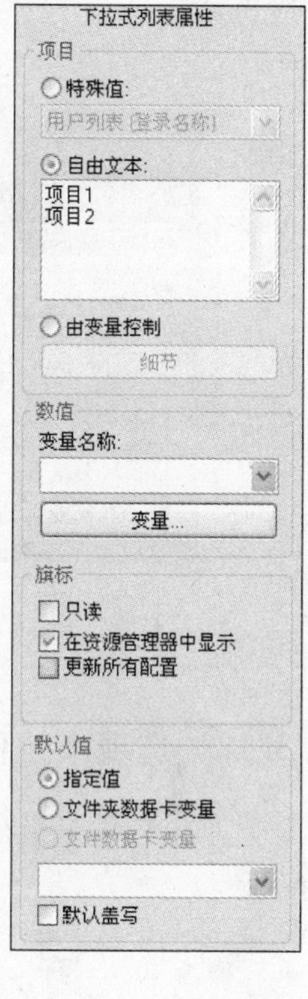

图4-48　下拉式列表属性

【单组合框】和【列表】控件与【组合框下拉式列表】控件具有一样的功能，只是在显示上有所不同。

5. 单组合框　显示为一个编辑框和一个固定可见选取值列表的组合，如图4-49所示。
6. 列表　显示为一个预定义选取值的列表框，如图4-50所示。

图4-49　单组合框

图4-50　列表

在文件数据卡上添加一个下拉列表，用以显示预先定义的所有可选用户。

步骤36　添加一个下拉列表

单击【组合框下拉式列表】。

在"Project Manager"选项的右边单击，放置控件。

根据需要，调整控件的尺寸和位置，如图4-51所示。

步骤37　附加列

在【项目】中选取【特殊值】。

从下拉列表中选取【用户列表（登录名称）】。

步骤38　关联变量

在【变量名称】栏选取"Project Manager"变量，如图4-52所示。

步骤39　保存数据卡

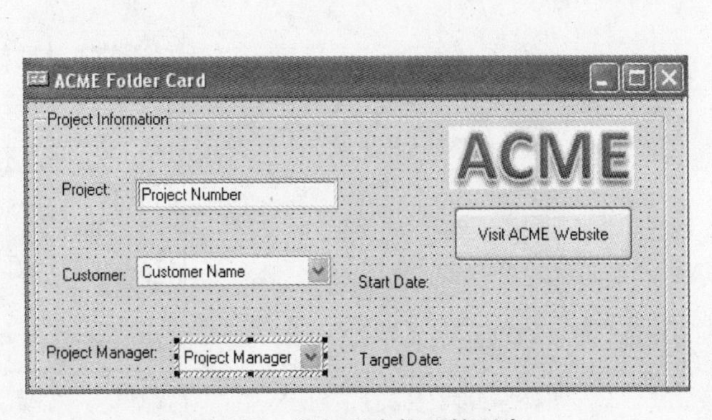

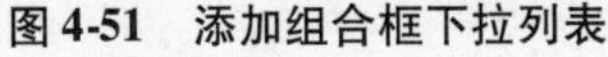
图 4-51　添加组合框下拉列表

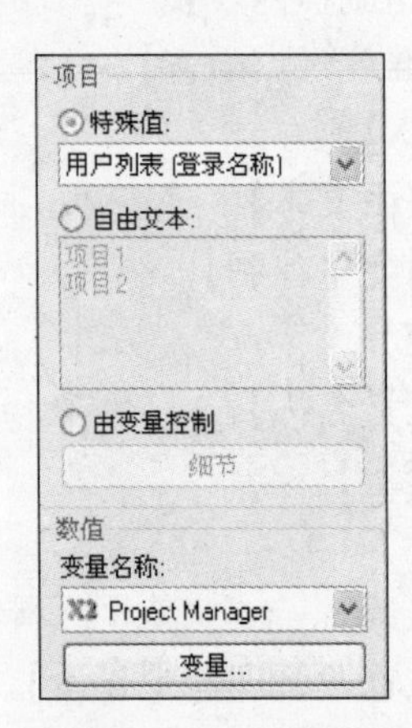

图 4-52　关联变量

4.3.18　选项卡控件

选项卡控件是指在一个包含有多个页面的选项卡内，可以控制各个页面的显示或隐藏，如图 4-53 所示。

控件图标：

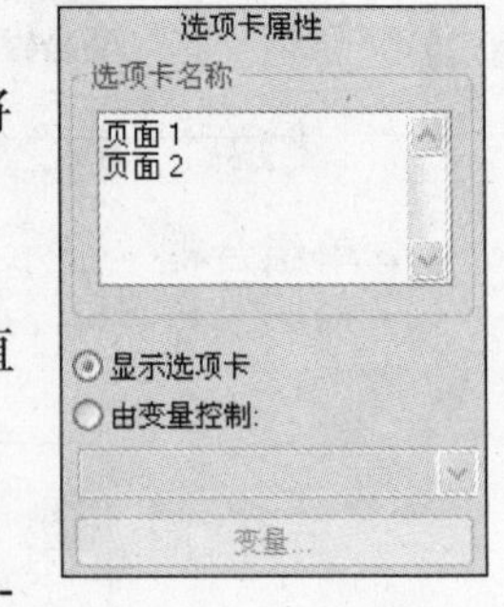

图 4-53　选项卡属性

【选项卡名称】　在此输入标题，每个标题要占一行，删除标题名称即可将该页面删除。

（1）【显示选项卡】：所有的页面都会在数据卡内显示出来。

（2）【由变量控制】：页面默认是隐藏的，只有从控件内的变量返回的数值与页面名称相符的情况下才会显示。

使用选项卡来组织数据和控制卡的大小。

修改文件夹卡，添加一个选项卡，设置成两个选项卡，分别是“Grill Information”和“Comment”。

在添加控件到页面前，需要先在选项卡控件内单击一个页面标题将之激活为当前页面，然后可以在该页面内添加相应控件。

步骤 40　添加选项卡

单击【选项卡控制】。

在数据卡上“Project Manager”选项下方的空白处单击以添加一个选项卡。

拖动数据卡的边框，调整其尺寸大小，以便有空间可以在已有内容的下方添加一个选项卡控件。

步骤 41　命名选项卡

输入“Grill Information”和“Comments”，作为两个页面的名称，如图 4-54 所示。

步骤 42　添加控件到“Comments”页面

选取“Comments”页面。

单击【编辑】，插入一个新编辑框。

调整编辑框的尺寸和位置。

步骤 43　添加变量

为编辑框选取变量“Comment”，并选中【旗标】/【多行】。

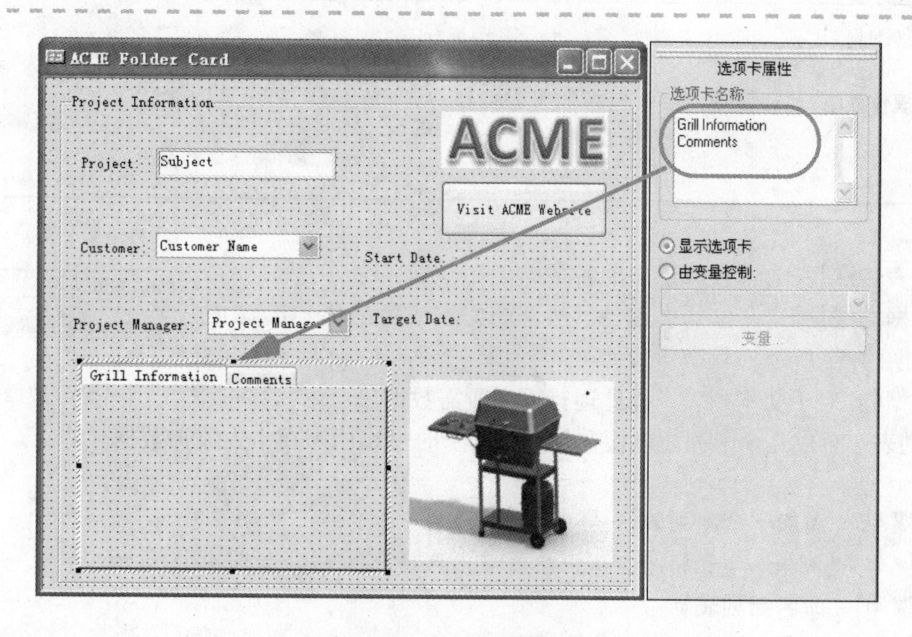

图 4-54　设置选项卡

在编辑框控件上方添加一个静态文本选项，命名为“Comments:”。

步骤 44　保存数据卡

4.3.19　卡列表

在数据卡内被下拉式列表控件或选择框控件所引用的列表值，可以使用卡列表进行维护或更新，而不需要逐一地在数据卡内对该列表数值进行修改，如图 4-55 所示。

在列表内的数据可以是输入的静态文件，也可以是周期更新的数值，因为列表数值可以从外部的 SQL 数据源导入或者是特定的系统列表(如用户名、组名等)。

用户也可以生成一个从动式的列表，即从一个列表内选择某个数值后可以控制另一个列表所显示的内容，如图 4-56 所示。

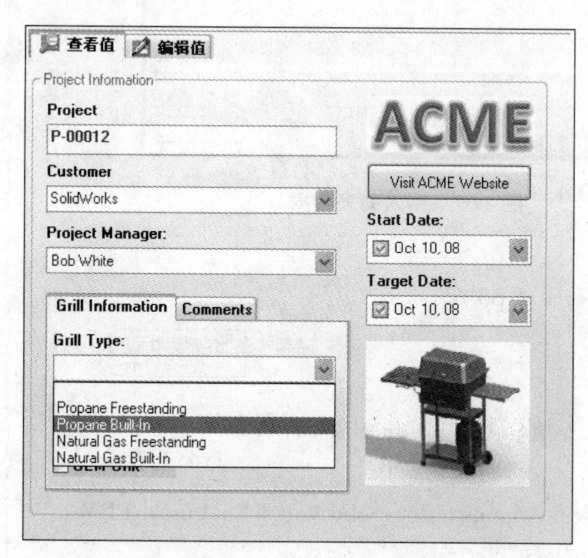

图 4-55　卡列表

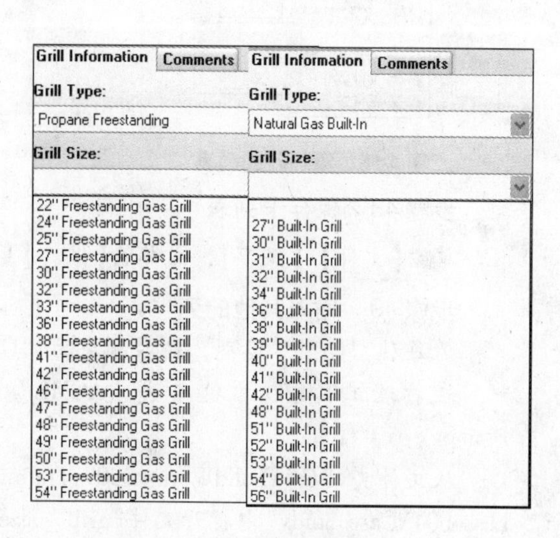

图 4-56　导入列表数据

知识卡片

操作方法	● 右键单击【列表(对于卡)】，从弹出的快捷菜单内选择【新添】。

1. 选项

(1)【列表名称】：为列表赋予一个名字。

(2)【数据类型】：定义该列表是显示静态的文本或者是从 SQL 源内导入数据，如图 4-57 所示。

图 4-57　数据类型选项

(3)【数据】：对于文本列表，在此逐行输入所需数据。

2. 添加列表　生成几个卡列表以便在创建数据卡时可以用来在卡内添加数据。

步骤 45　添加一个新列表

右键单击【列表(对于卡)】，从快捷菜单内选择【新添】，如图 4-58 所示。

步骤 46　命名新列表

在【列表名称】栏内输入“Grill Type”。

在【数据类型】栏内选择【文本】。

步骤 47　添加列表项

在【数据】栏内输入如下所示的名称，如图 4-59 所示。

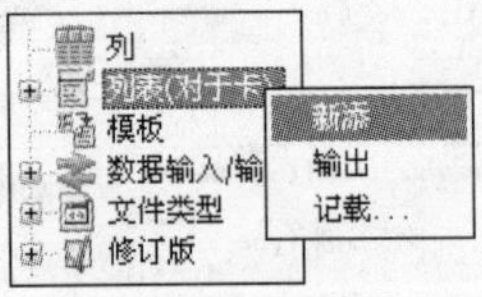

图 4-58　添加新的列表

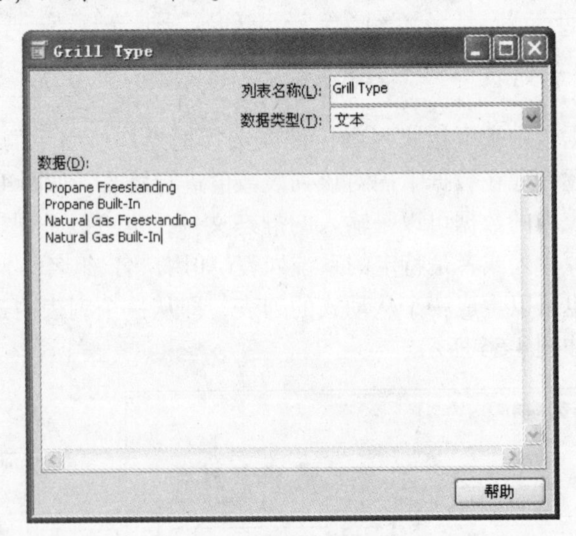

图 4-59　输入列表数据

步骤 48　保存卡列表

单击【文件】/【保存】，或单击【保存】，如图 4-60 所示。

步骤 49　输入其他的列

为每种“Grill”类型，输入相应的“Grill”大小列表。

在管理工具中，右键单击“ACME”库，选择【输入】，如图 4-61 所示。

图 4-60　显示 Grill Type 列表

从文件夹“C:\SolidWorks 2009 Training Files\Administering SolidWorks Enterprise PDM\Lesson04\Case Study”中打开文件“grill _ size _ lists. cex”。

选择【确定】，完成输入，如图 4-62 所示。

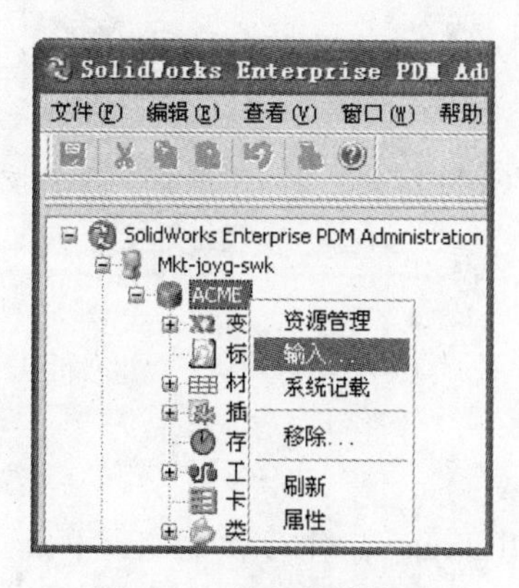

图4-61　输入其他的列

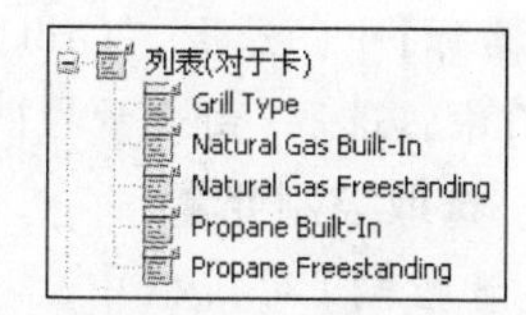

图4-62　显示添加的所有列表

4.3.20　动态列表

所谓动态控制卡列表是指一个列表内的数值可以控制另一个列表的显示。

步骤50　添加一个下拉列表

返回到卡编辑器，选取“Grill Information”页面。

在文件夹卡上单击【组合框下拉式列表】，放置控件到“Grill Information”页面上。根据需要，调整控件的尺寸和位置。

步骤51　添加一个列

在【项目】中选取【特殊值】。

从下拉列表中选取【Grill Type】。

步骤52　关联一个变量

在【变量名称】中，选取“Grill Type”变量。

在列表控件上方添加一个静态文本选项，命名为“Grill Type:”，如图4-63所示。

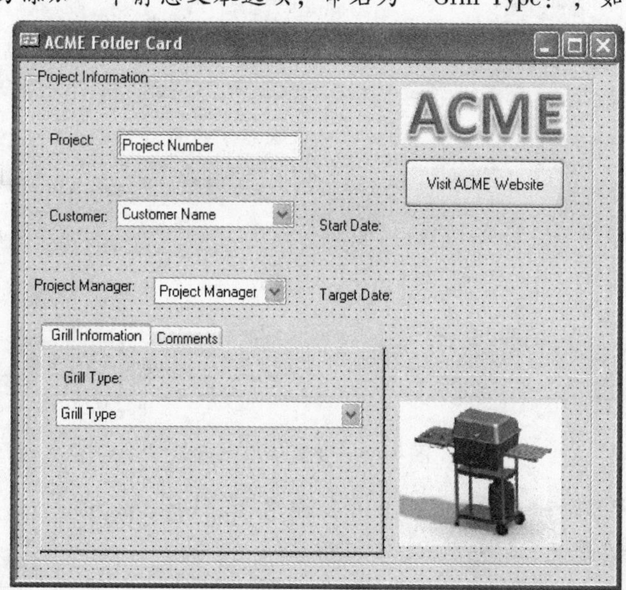

图4-63　关联“Grill Type”变量

步骤 53　添加另一个下拉列表

在文件夹卡上单击【组合框下拉式列表】。

在“Grill Information”页面上单击，放置控件到“Grill Type”控件下方。调整控件到合适的尺寸和位置。

步骤 54　关联一个变量

在【变量名称】中，选取“Grill Size”变量。

在【项目】中，选取【由变量控制】。

步骤 55　选取控制变量

在【由变量控制】对话框中，从列表中选取“Grill Type”，作为控制变量，如图 4-64 所示。

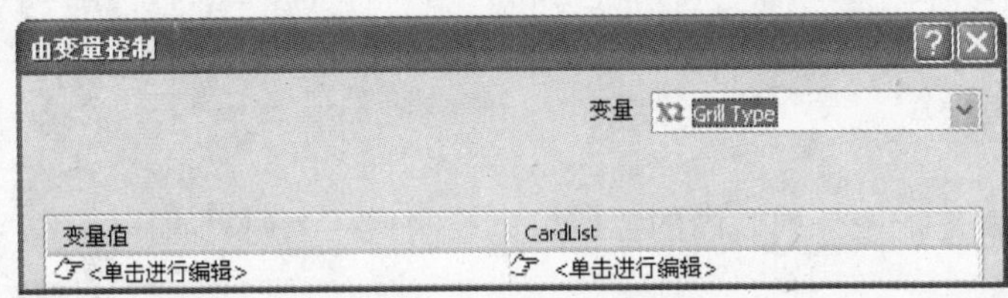

图 4-64　由变量控制对话框

步骤 56　设置变量依赖

通过在【变量值】列中输入一个变量值，再从【Cardlist】(【卡列表】)列中选取相应的列表，进行变量依赖设置。

单击【确定】，如图 4-65 所示。

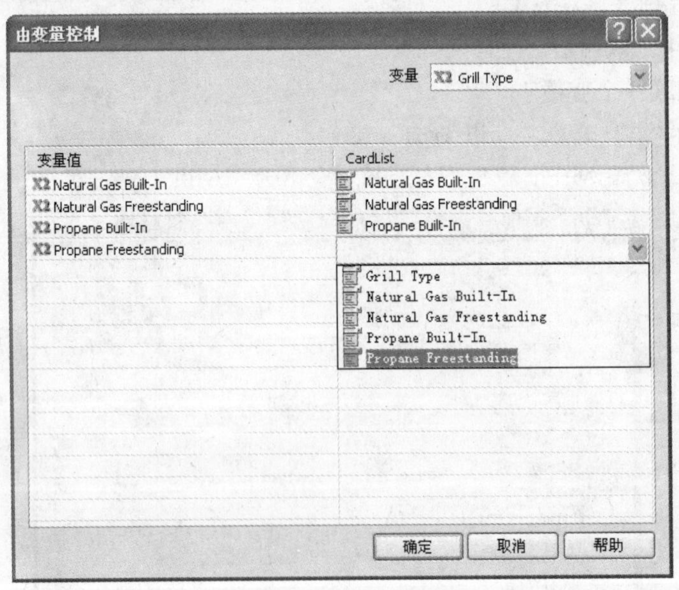

图 4-65　变量依赖设置

在列表控件上方添加一个静态文本选项，命名为“Grill Size:”。

步骤 57　保存数据卡

4.3.21　高级列表

与直接输入静态文本内容生成列表相比，用户还可以建立一个 T-SQL 查询，从外部的 SQL 数据库

内检索出相关数据。例如，可以是一个材料数据库或者是客户名录等，如图 4-66 所示。

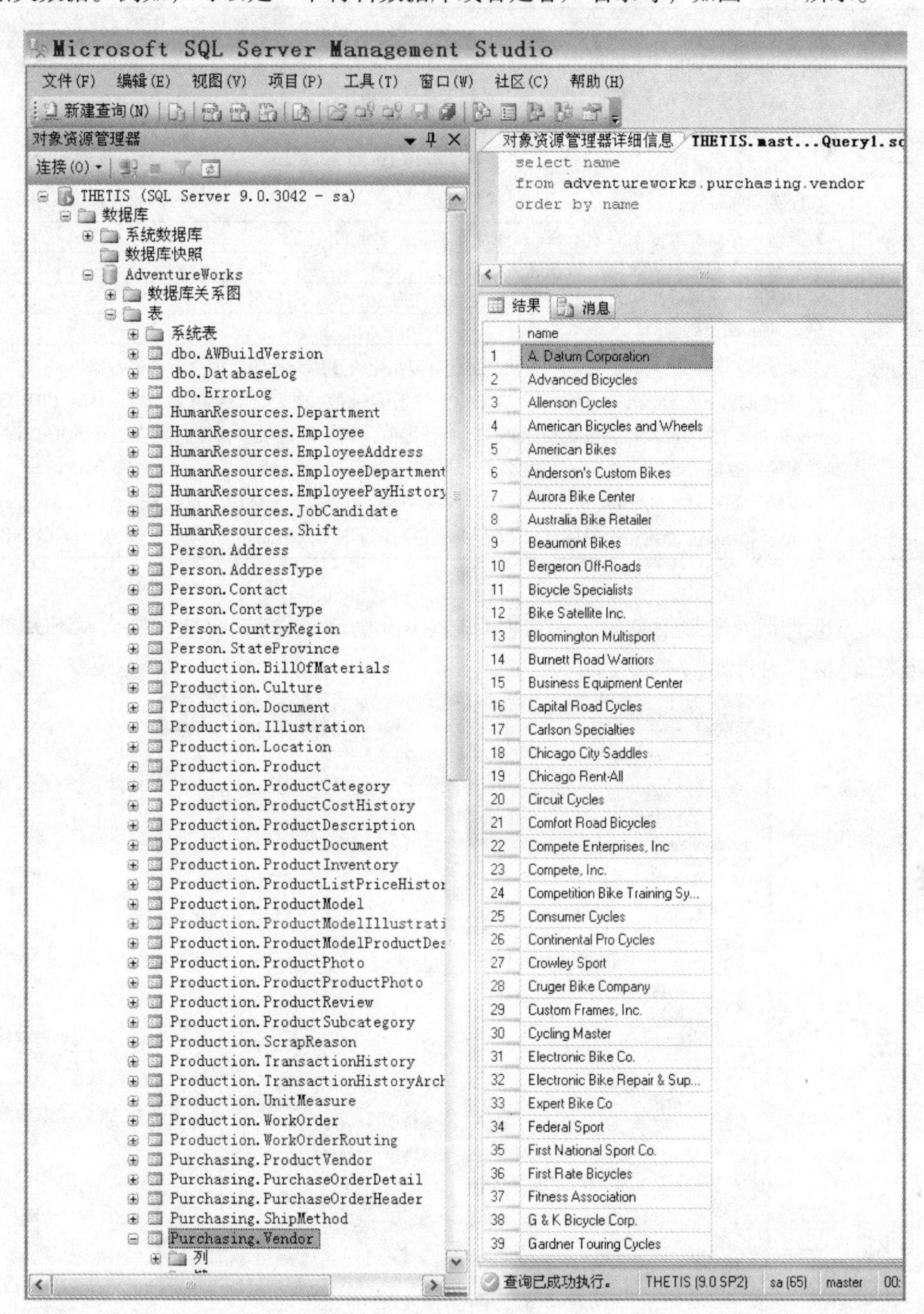

图 4-66　SQL 数据库内检索数据

操作步骤如下：

（1）生成一个新列表，在【数据类型】下拉菜单内选择【来自 SQL 数据库】。

（2）指定 SQL 数据源的位置。使用“SQL Server Management Studio”来定位表名，然后新建一个查询。

（3）填入 SQL 查询及联接相关信息，以便可以正确访问外部数据库，见表 4-2。

表 4-2　SQL 查询

选　项	说　明
列表名称	为列表命名
数据类型	选择【来自 SQL 数据库】来生成一个 SQL 列表

（续）

选　项	说　明
SQL 命令	输入 T-SQL 查询用于从数据表内生成列数据。在本例子中，查询将返回在 SQL Server 内的示例数据库 Adventure Works 内所包含的供应商公司名称。具体查询语句为： Select Name From Purchasing.Vendor Order by Name
服务器	在此输入存储有数据库的 SQL Server 宿主机的机器名或 IP 地址
数据库	在此输入含有列表值的 SQL 数据库名称
登录	在此输入一个可以访问数据库表并可以使用查询命令的 SQL 用户名
密码	输入 SQL 用户的密码
刷新	如果从 SQL 返回的列表需要定期更新，在此可以指定查询刷新间隔以便更新列表数据： ● 在生成以下注册表项时刷新——指定一个注册表键值（在运行 SolidWorks Enterprise PDM 数据库的 SQL Server 机器上）作为触发器，每隔一分钟检查一下键值，如果该键值被修改，就会运行 SQL 查询并刷新列表。确认所输入完整的键名及值，举例说明： "HKEY_LOCAL_MACHINE\SOFTWARE\SolidWorks\Applications\PDMWorks Enterprise\ListUpdate\Update" ● 定期刷新——指定一个时间段（以分钟为单位）作为 SQL 列表刷新的间隔。该数值应不小于 1（分钟）

（4）在输入 SQL 查询及联接信息后，单击【测试】（Test）。如果测试成功，则会从 SQL 源内返回数据并显示在【数值】窗口内，如图 4-67 所示。

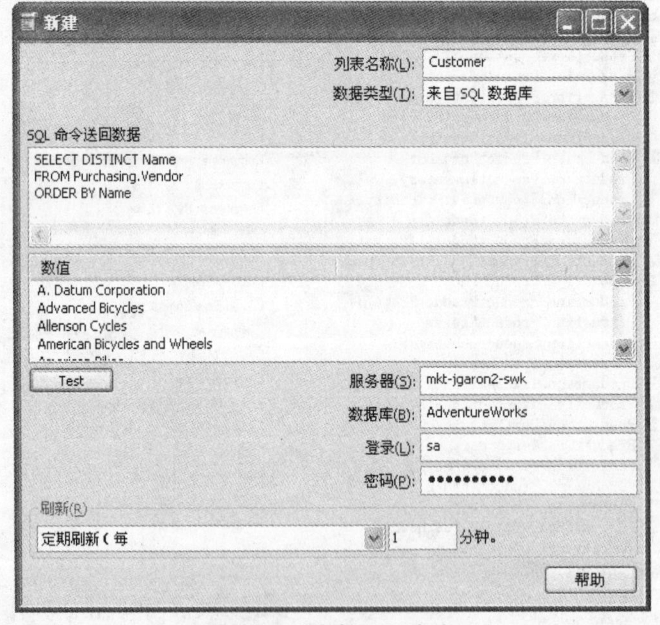

图 4-67　测试 SQL 查询

（5）保存列表并与数据控件关联（作为特殊值）。

其他的例子还可以从《SolidWorks Enterprise PDM 管理员指南》内"生成卡列表"一章内的"以 SQL 数据源生成卡列表"一节里的"SQL 查询范例"内找到。

提示

查询使用 Microsoft 标准的 T-SQL 格式。更多帮助可以参考 SQL Server 在线帮助内关于如何编写查询部分。

SolidWorks Enterprise PDM 列表只能显示一列的值。如果 SQL 查询返回的结果值多于一列，则只会使用第一列内的值而忽略其他的列。

列表的刷新是由列表定义时安装有 SQL Server 的文件库的宿主机内的 SolidWorks Enterprise PDM 数据库服务所决定的。如果列表更新失败，需要检查该服务是否正确安装及配置。

4.3.22　复选框控件

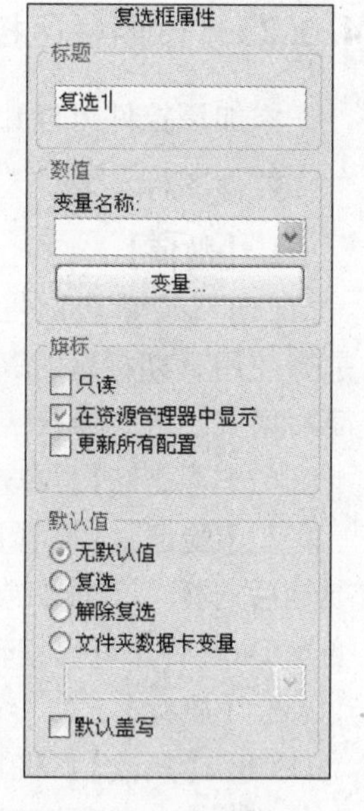

图 4-68　复选框属性

在数据卡内添加一个复选框控件，如图 4-68 所示。

控件图标：

1.【标题】　在此输入复选框控件的标题。

2.【数值】

（1）【变量名称】：选择一个数据卡变量用于存储复选框控件的数值。如果复选框被选中，则值为“1”，如果没有被选中，则值为“0”。

（2）【变量】：单击此处可以打开变量编辑器。

3.【旗标】

（1）【只读】：设定复选框为只读属性，则无法更新。

（2）【在资源管理器中显示】：复选框内的变量名和已存变量值(0 或 1)会显示在资源管理器内的第一个【预览】栏。在复选框属性面板这个选项一般处于未被选中状态。

（3）【更新所有配置】：当在编辑框内输入一个数值后，文件数据卡内所有配置页面都会更新为当前数值。

4.【默认值】　指定一个默认值，当生成一个新文件时，自动作为复选框的数值。

（1）【无默认值】：复选框没有默认值。

（2）【复选】：默认情况下该复选框处于被选中状态。默认情况下可以同时有多个复选框处于被选中状态。

（3）【解除复选】：默认情况下复选框处于未被选中状态。

（4）【文件夹数据卡变量】：指定复选框是否需要从一个文件数据卡变量内继承其的设置(标志或不标志)。举例说明，如果用户在文件夹数据卡内添加了一个复选框并使之与变量“Active”关联，同时在此复选框属性面板内也选择了该变量，则复选框就会从文件夹数据卡内继承该变量的状态。

（5）【文件数据卡变量】：只在条目卡上使用，该值将从相应的文件数据卡的指定变量值读取。

（6）【默认盖写】：如果该变量已被赋值，则当复制或添加文件时，使用默认值覆盖已有值。

在文件夹卡上添加一个复选框，用来标志“OEM Unit”。

步骤 58　添加一个复选框

单击【复选框】。

在数据卡上的“Grill Information”页面中“Grill Size”控件下方单击放置控件。

步骤 59　更新复选框属性

设置标题为“OEM Unit”。

创建一个布尔变量“OEM”(值为:是或否)，用以存储选择项，如图 4-69 所示。

在【变量名称】中选定“OEM”变量。

设置【默认值】为【解除复选】。

步骤 60　保存数据卡

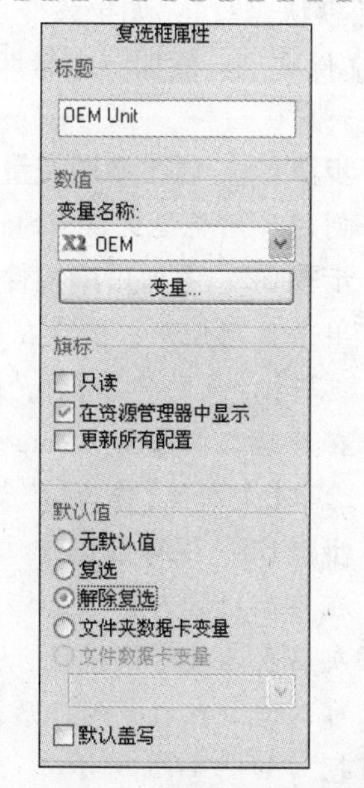

图 4-69　添加“OEM Unit”复选框

4.3.23 日期栏区控件

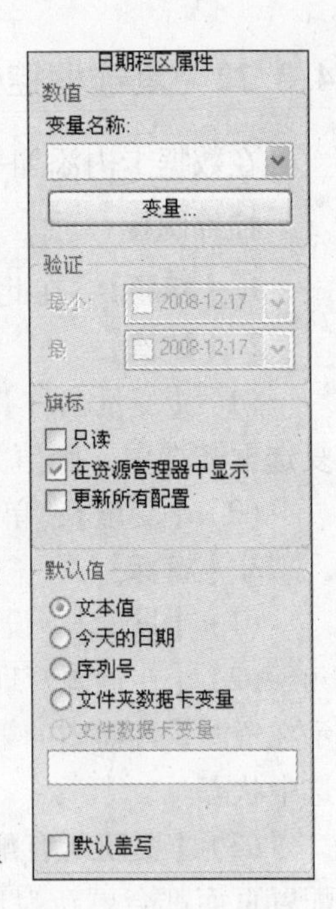

图 4-70 日期栏属性

添加该控件可以让用户从一个日历内选择日期，如图 4-70 所示。

控件图标：

1.【数值】

(1)【变量名称】：选择一个数据卡变量用于存储日期栏区的数值。需注意的是当使用日期栏区时，需输入与客户端系统内的 Windows 区域设置相对应的日期简写格式。

(2)【变量】：单击此处可以打开变量编辑器。

2.【验证】 设置日期栏控件的所使用的日期范围。单击【最小】或【最大】选项然后选择一个日期或者设置一个日期范围。需注意的只有在变量名称内选择了变量 Date 后才可以编辑这些选项。

3.【旗标】

(1)【只读】：将日期栏区设为只读属性，则用户无法修改该数值。

(2)【在资源管理器中显示】：日期栏区的变量名和变量值会显示在资源管理器内的第一个【预览】栏。

(3)【更新所有配置】：当在组合框内输入一个数值后，文件数据卡内所有配置页面内都会更新为当前数值。

4.【默认值】 指定一个默认值，当在文件库生成一个新文件时，自动作为日期栏区的数值。

(1)【文本值】：在此输入一个静态文本值(日期变量)作为控件的默认情况下的日期框区的值。必须输入正确的日期格式。

(2)【今天的日期】：用当前日期给日期栏区赋值。

(3)【序列号】：使用一个序列号作为日期栏区的默认值。序列号内的值必须为正确的日期格式。

(4)【文件夹数据卡变量】：选择一个文件夹数据卡变量作为默认值。举例说明，如果选择了文件夹数据卡变量“Project Deadline”，并且该变量在文件夹数据卡内有个“5/5/2005”的值，则日期栏区控件就被赋值为“5/5/2005”。

(5)【文件数据卡变量】：只在条目中使用，该值将从相应的文件数据卡的指定变量值读取。

(6)【默认盖写】：如果该变量已被赋值，则当复制或添加文件时，使用默认值覆盖已有值。

修改文件夹卡，添加一个日期栏区控件，将当前日期设置为默认值。

步骤 61 创建日期变量

创建日期类型变量“Start Date”和“Target Date”。

步骤 62 添加日期控件

单击日期控件，然后在静态文本选项“Start Date:”的右边单击，放置控件。

选取【今天的日期】作为【默认值】。

在静态文本选项“Target Date:”的右边添加一个日期控件。

选取【文本值】作为【默认值】，如图 4-71 所示。

步骤 63 保存数据卡

在日期栏区内的勾选标志表示该控件已被赋值。清除该勾选标志可以删除日期。日期栏区灰显表示没有被赋值，如图 4-72 所示。

可以通过在打开的日历表内选择一个日期来为控件赋值。如果选择【今天】将会返回当前日期，如图 4-73 所示。

图 4-71　添加日期变量和控件

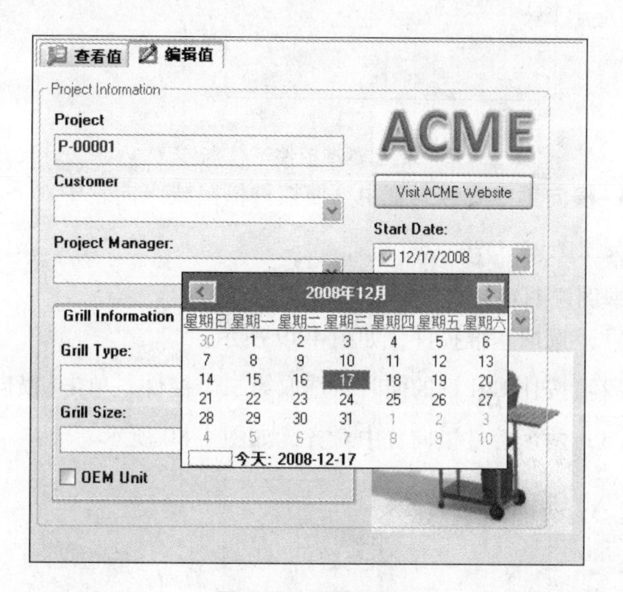

Start Date: Oct 16, 08
Target Date: Oct 16, 08

图 4-72　日期栏没有被赋值

图 4-73　设置日期

4.3.24　排列控件

使用排列工具可以对卡内的控件进行排列或对齐，或者可将其尺寸大小设为相同。如果该工具条没有显示出来，可以从下拉菜单内选择【查看】/【显示工具条】/【排列】，如图 4-74 所示。

图 4-74　排列工具条

1. 靠左或靠右 使控件向左边或右边对齐。

按钮图标：

举例说明：

（1）选取基准控件，如图 4-75 所示。

（2）按住 Ctrl 键的同时，选取第二个控件，单击【靠左】。

（3）两个控件向左对齐，如图 4-76 所示。

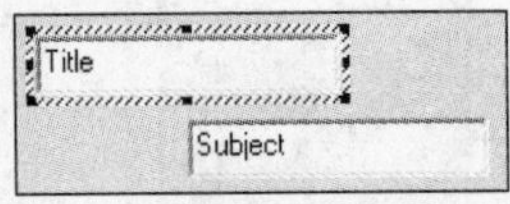

图 4-75 选取基准控件

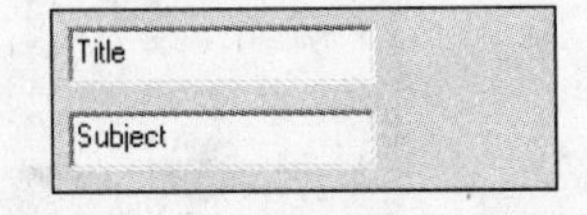

图 4-76 靠左对齐

2. 靠上或靠下 使控件向上边或下边对齐。

按钮图标：

举例说明：

（1）选取基准控件，如图 4-77 所示。

（2）按住 Ctrl 键的同时，选取第二个控件，单击【靠上】。

（3）两个控件向上对齐，如图 4-78 所示。

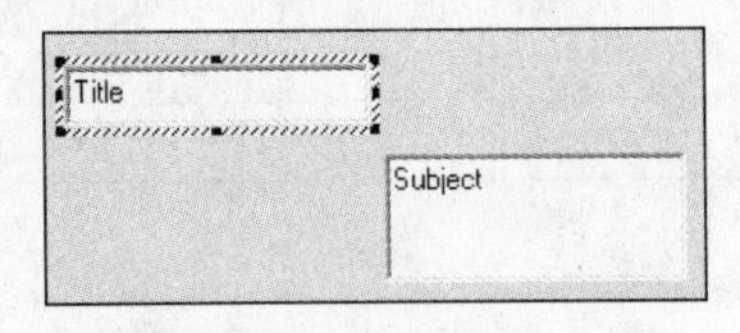

图 4-77 选取基准控件

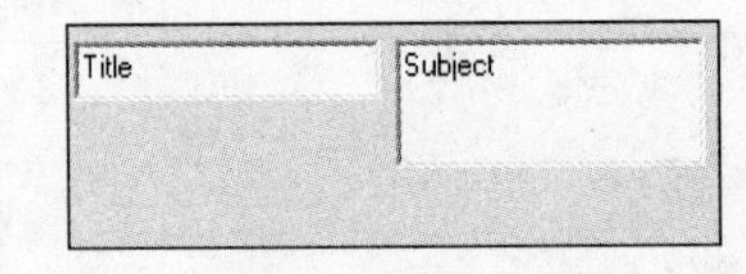

图 4-78 靠上对齐

3. 横向置中或纵向置中 使控件横向或纵向置中对齐。

按钮图标：

举例说明：

（1）选取基准控件，如图 4-79 所示。

（2）按住 Ctrl 键的同时，选取第二个控件，单击【横向置中】。

（3）两个控件横向置中对齐，如图 4-80 所示。

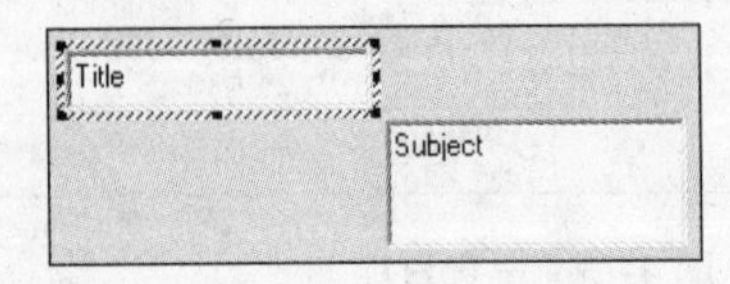

图 4-79 选取基准控件

图 4-80 横向置中对齐

4. 宽度相同、高度相同或大小相同 调整控件尺寸，使之相同。

按钮图标：

举例说明：

（1）选取基准控件，如图 4-81 所示。

（2）按住 Ctrl 键的同时，选取第二个控件，单击【大小相同】。

（3）两个控件的高度和长度变成一样，如图 4-82 所示。

4.3.25　卡网格设置

利用卡网格可以更容易对控件进行定位。显示网格时，在数据卡内添加控件时会自动捕捉到临近的网格点上，如图 4-83 所示。

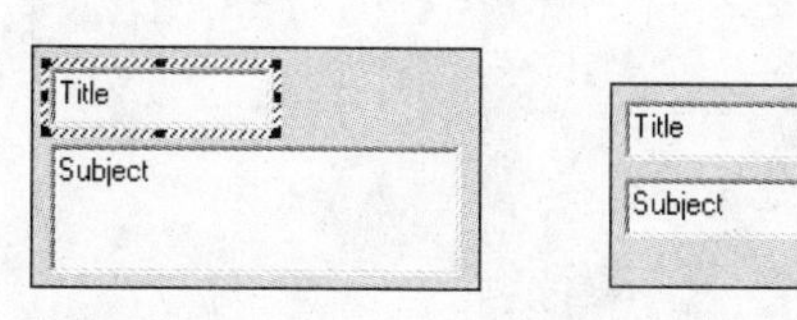

图 4-81　选取基准控件

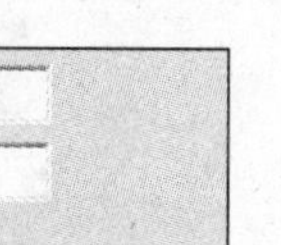

图 4-82　大小相同对齐

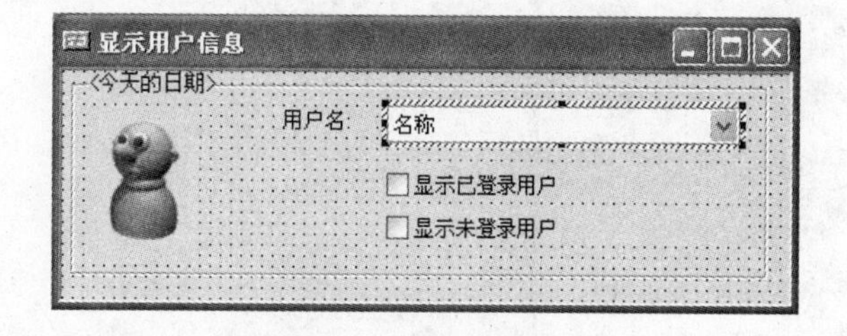

图 4-83　捕捉卡网格点

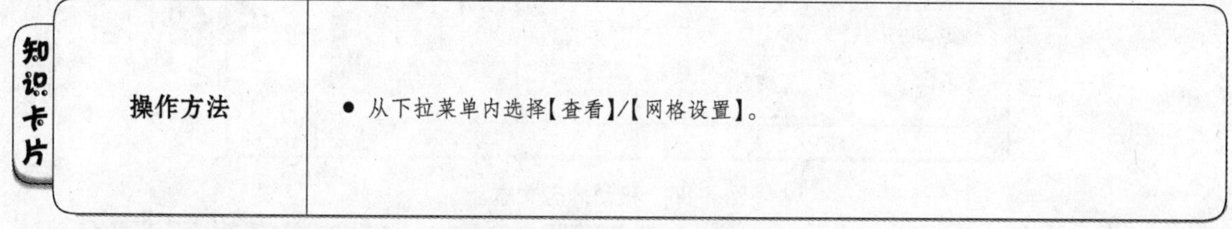

知识卡片	操作方法	● 从下拉菜单内选择【查看】/【网格设置】。

显示网格设置窗口，消除【显示网格】选项则不显示网格，如图 4-84 所示。

不显示网格时，控件位置则可以自由移动，如图 4-85 所示。

图 4-84　不显示网格

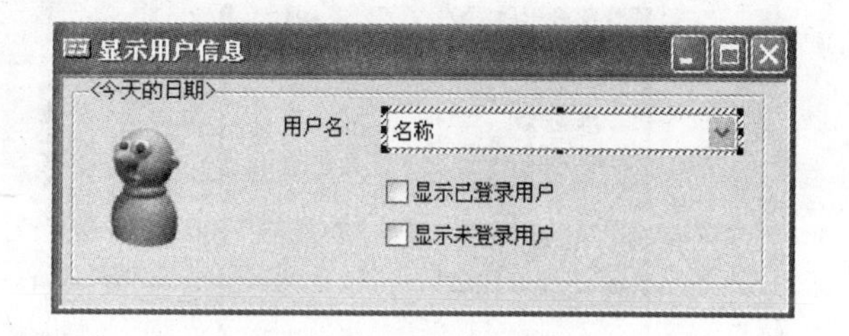

图 4-85　控件位置自由移动

通过对控件的尺寸进行调整，在控件之间进行对齐，使数据卡显得更整洁，更专业。

步骤 64　移动静态文本

排列控件之前，先调整静态文本选项的位置，使之位于控件的上方。根据需要，调整控件的尺寸，如图 4-86 所示。

步骤 65　排列控件

首先选取作为排列基准的控件。在文件夹卡上，选取静态文本控件【Project:】，如图 4-87 所示。

按住 Ctrl 键，选取【Project Number】、【Customer:】、【Customer Name】、【Project Manager:】和【Project Manager】等控件，如图 4-88 所示。

重复上述过程，排列【Start Date:】、【Start Date】、【Target Date:】和【Target Date】等控件，如图 4-89 所示。

步骤 66　设置控件尺寸

调整【Project Number】控件到需要的尺寸。

按次序同时选取【Project Number】、【Customer Name】和【Project Manager】控件。

单击工具栏上【大小相同】。

调整所选控件的尺寸，使之相同大小，如图 4-90 所示。

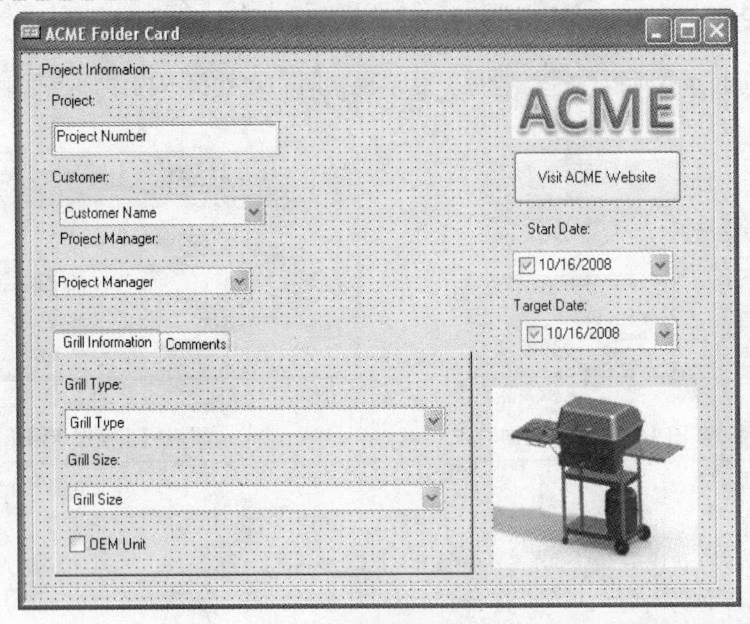

图 4-86　移动静态文本

图 4-87　排列控件

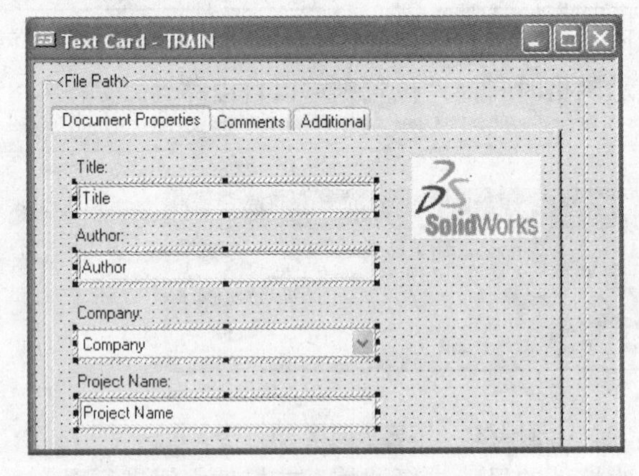

图 4-88　多选控件

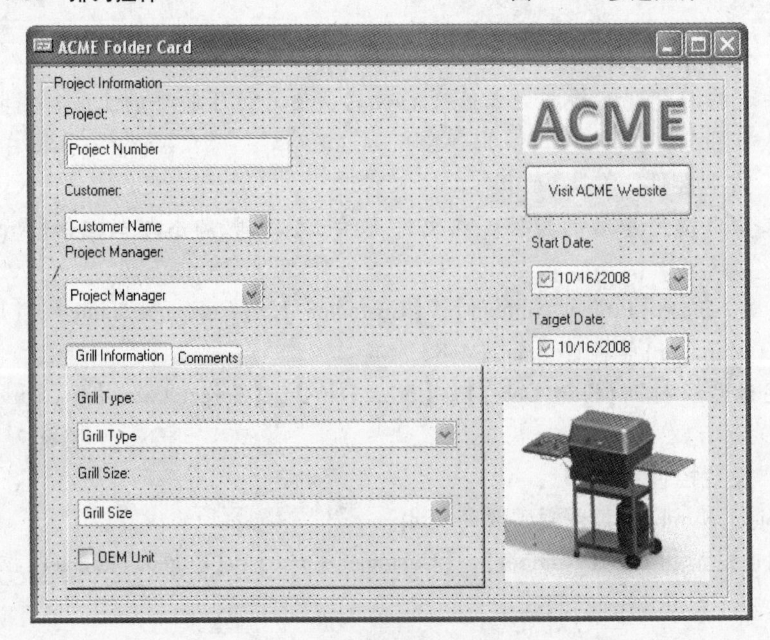

图 4-89　排列其他控件

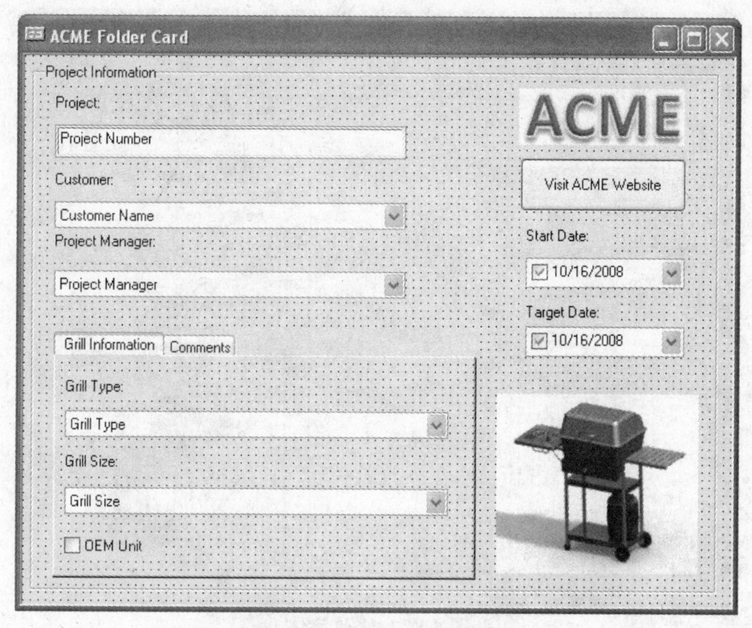

图 4-90　调整所选控件大小

4.3.26　选取字体

修改文本字形、大小和颜色，使显示更突出或者看起来更专业，如图 4-91 所示。

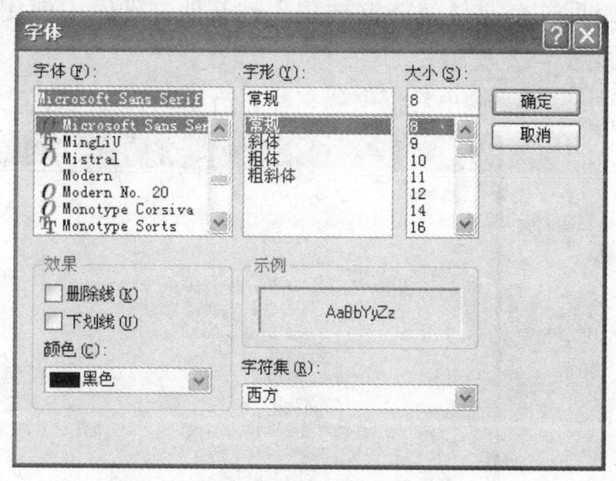

图 4-91　选取字体

控件按钮：**A**

1. **字体**　选择显示的字体。
2. **字形**　选择字形：常规、斜体、粗体、粗斜体。
3. **大小**　选择大小。
4. **效果**　选择效果：删除线、下划线、颜色。

为了使卡片更专业，修改静态文本控件，使用 Arial 字体和粗体。

步骤 67　修改静态文本字体

同时按住 Ctrl 选择所有静态文本控件，并单击【选取字体】**A**。

选择【字体】："Arial"，【字形】："粗体"，单击【确定】，如图 4-92 所示。

步骤 68　保存数据卡

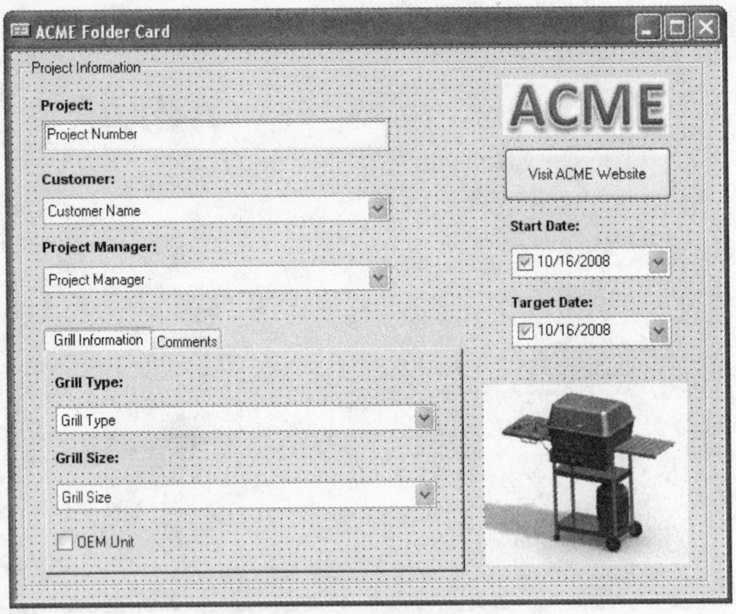

图 4-92　修改字体

4.3.27　输出、输入数据卡

如果用户已经生成或修改了一个数据卡并想在另一个文件库中再使用，或者要简单做个备份，用户可以输出卡到一个文件。以后这个文件就能够被输入到其他文件库中使用。

单击【文件】/【输出】，如图 4-93 所示。

在弹出的【另存为】对话框，输入要输出数据卡的名称和路径。默认后缀名为“. crd”，如图 4-94 所示。

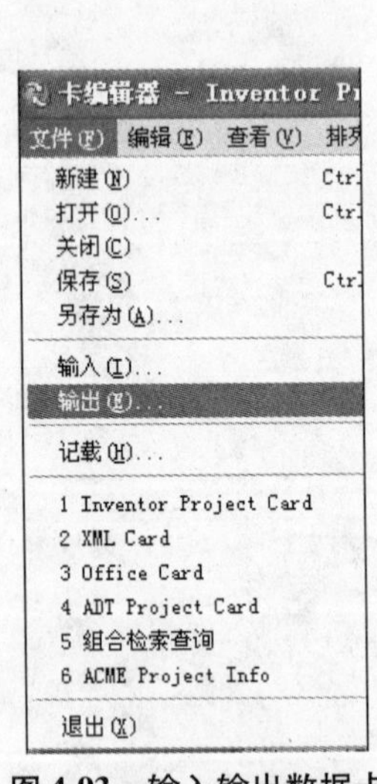

图 4-93　输入输出数据卡

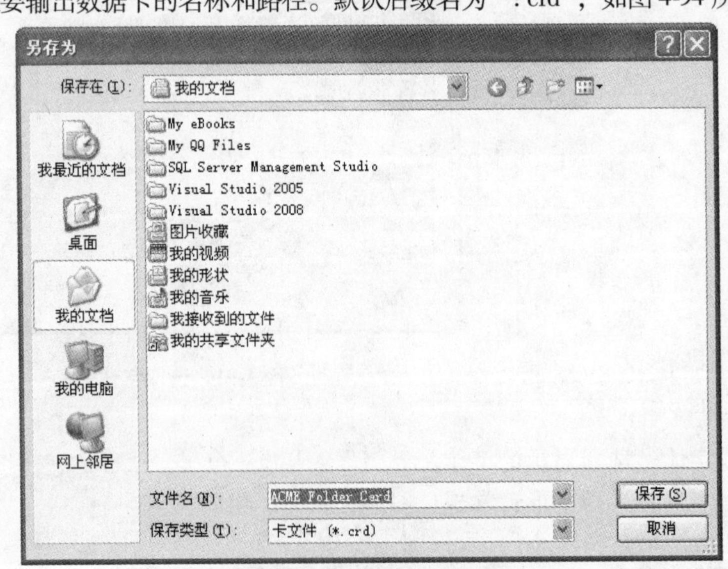

图 4-94　【另存为】对话框

提示

在输出数据卡时：

（1）数据卡内的所有控件、变量、图片、内置列表等，都会保存在输出文件内。

（2）可以双击一个已输出的卡文件，或者使用【文件】/【输入】方式输入一个文件到库内。

（3）输入数据卡时，其中的变量如果在文件库中已经存在并设置了变量映射，则新输入的变量的映射将会被合并到已存在的同名变量的映射中。务必确保输入的变量没有不正确的重复。

输入的数据卡必须经过保存到此文件库后才能被使用。

4.4　学习实例：设计一个文件数据卡

在本学习实例中，用户将输入和修改一个文件数据卡，作为 ACME CAD 文件的数据卡，如图 4-95 所示。

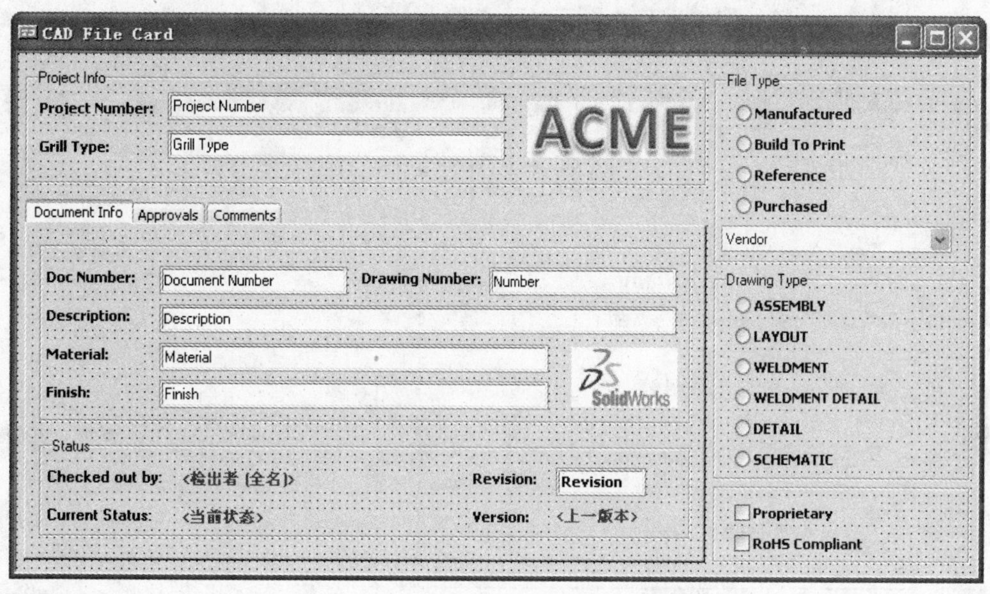

图 4-95　文件数据卡

操作步骤

步骤 1　打开卡编辑器

双击【卡】节点。

步骤 2　输入一个数据卡

单击【文件】/【输入】，浏览找到“ACME CAD File Card. crd”，位于“C：\\SolidWorks 2009 Training Files\Administering SolidWorks Enterprise PDM\Lesson04\Case Study”，如图 4-96 所示。

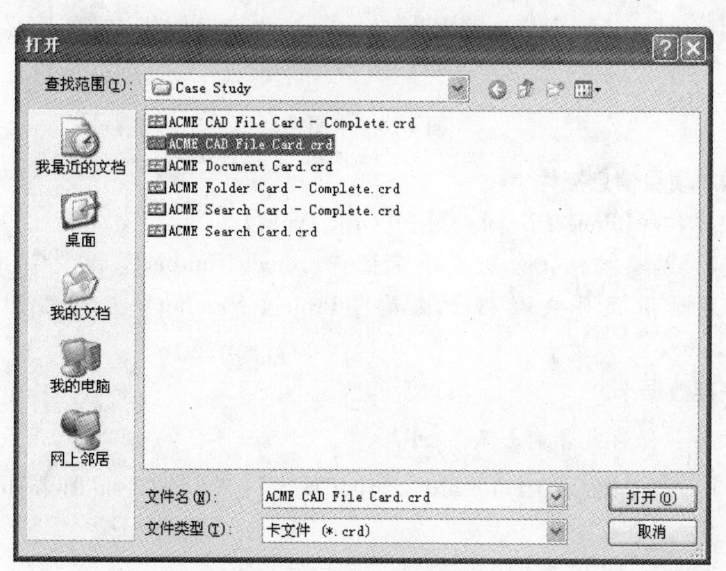

图 4-96　打开“CAD File Card”卡

单击【打开】。

已部分完成的卡被打开，如图4-97所示。

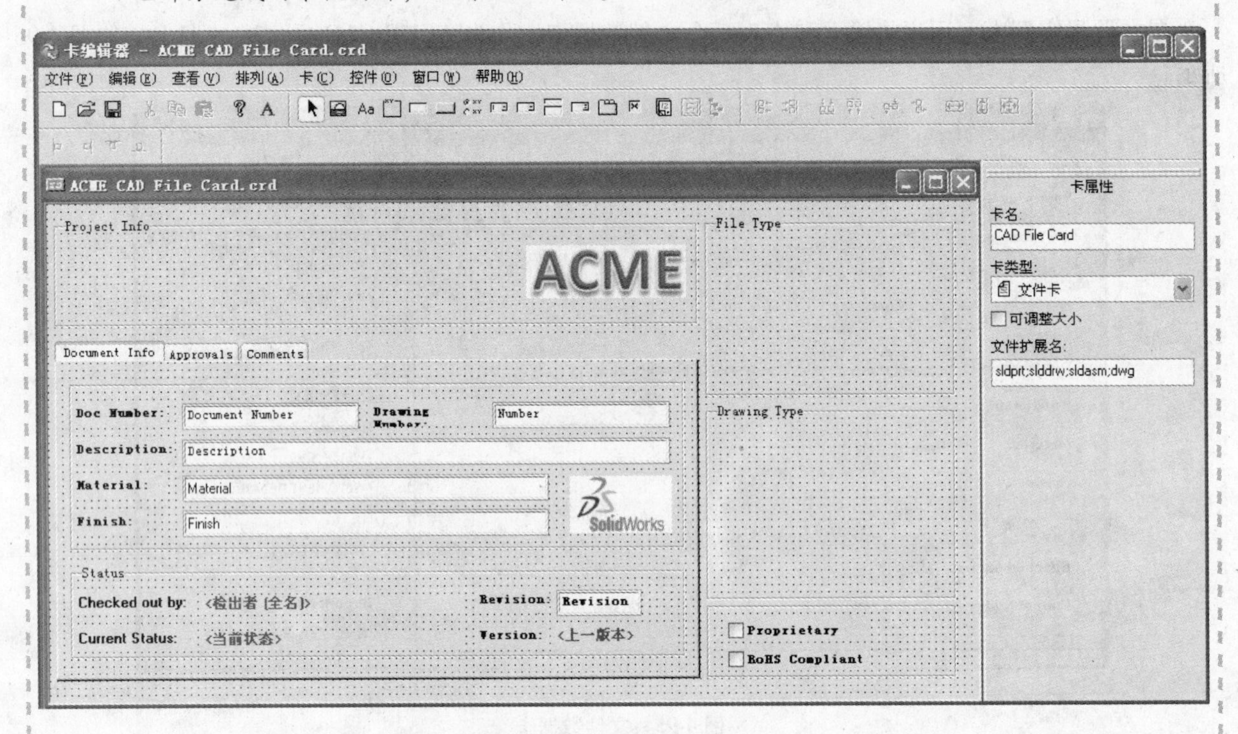

图4-97　部分完成的文件卡

这个文件数据卡将用于SolidWorks零件(.sldprt)、装配体(.sldasm)和工程图(.slddrw)文件和AutoCAD图纸(.dwg)文件，如图4-98所示。

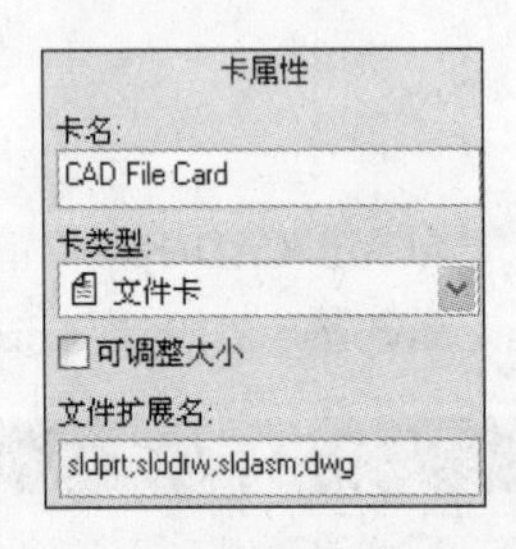

图4-98　卡属性

步骤3　添加项目信息控件

添加静态文本控件【Project Number:】和【Grill Type:】。

添加两个只读编辑控件，分别选择变量“Project Number”和“Grill Type”，并设置默认值为分别读取文件夹数据卡变量“Project Number”和“Grill Type”，如图4-99所示。

步骤4　保存数据卡

选择菜单文件，保存或者单击保存。

输入【卡名】：“ACME CAD File Card”和【扩展名】：“sldprt；slddrw；sldasm；dwg”。

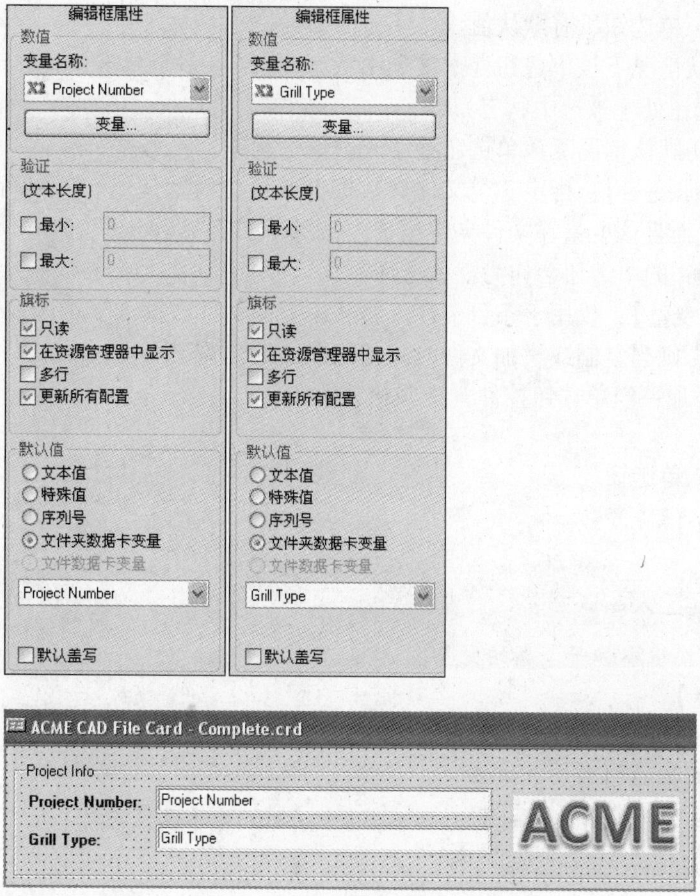

图 4-99　添加项目信息控件

4.4.1　单选钮控件

在数据卡内添加一个单选钮控件，可以让用户选择一个预先设定的数值，将之存储在数据卡的变量内，如图 4-100 所示。

控件按钮：

1. 标题　输入一个静态文本作为当用户选择这个单选钮时的变量值。举例说明，标题“English”会将“English”存储在已定义的变量内。

2. 数值

（1）【变量名称】：选择一个数据卡变量用于存储标题数据。如果添加了多个不同标题的单选钮，并且所有的单选钮都采用同一个变量，只有被选中的单选钮的标题才被存储在该变量内。使用这个方法可以将多个单选钮合并在一个组内，用于在多个数值内进行切换。

（2）【变量】：单击此按钮可以打开变量编辑器。

3. 旗标

（1）【只读】：将单选钮设为只读属性，这样用户无法修改该数值。

（2）【在资源管理器中显示】：所选中的变量名和在变量内保存的标题值会显示在资源管理器内的【预览】选项卡内。

（3）【更新所有配置】：当单击单选钮后，在编辑框内输入一个数值，文件数据卡内的所有配置页都会更新为当前数值。

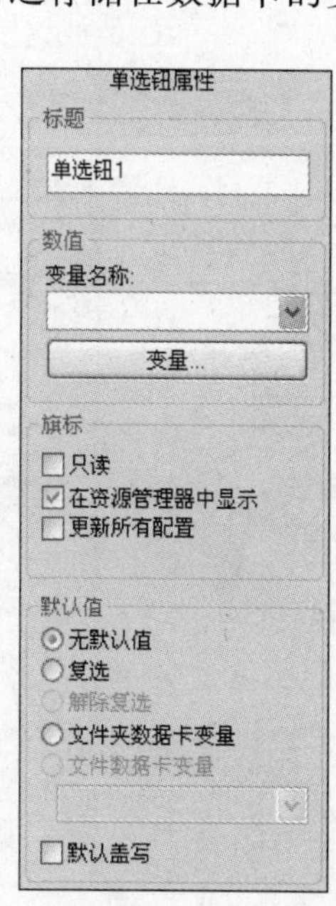

图 4-100　单选钮属性

4. 默认值 指定一个默认值，当生成一个新文件时，自动作为单选钮的数值。

（1）【无默认值】：单选钮没有默认值。

（2）【复选】：默认情况下该单选钮处于被选中状态（如果有多个单选钮连接到同一个变量，则在一个组内只能有一个单选钮处于被选中状态）。

（3）【解除复选】：默认情况下该单选钮处于未被选中状态。

（4）【文件夹数据卡变量】：指定一个文件夹数据卡变量作为默认值。（举例说明，如果选择文件夹数据卡变量“Language”而且该变量在文件夹数据卡内被赋予了值“Swedish”，则在该文件夹下创建一个新文件时，标题为“Swedish”的单选钮会作为默认选项）。

（5）【文件数据卡变量】：仅用于条目卡片。将从相应的文件数据卡变量读取值。

（6）【默认盖写】：则当复制或添加文件时，使用默认值覆盖已有值。

在文件数据卡内添加一组单选钮控件，指向相关的变量。

步骤 5 插入单选钮

单击【单选钮】。

在“File Type”框内添加单选钮，调整其位置及尺寸大小。

步骤 6 生成一个变量

单击【变量】按钮添加一个新的变量。

单击【新变量】。

在【变量名称】内输入“File Type”，【变量类型】设为【文本】。

步骤 7 关联到变量到文件属性

单击【新属性】，设置【块名称】为“Custom Property”，【属性名称】为“File Type”，【文件扩展名】为“slddrw，sldasm，sldprt”。

单击【确定】，关闭变量编辑器，如图 4-101 所示。

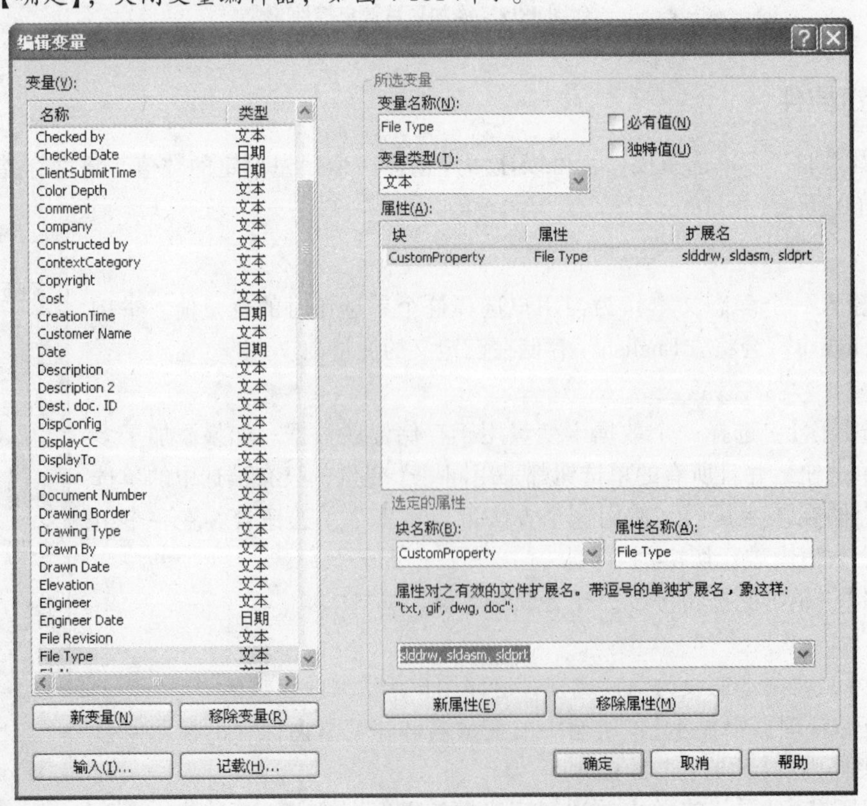

图 4-101 新建“File Type”变量

步骤8 设置单选钮属性

在【标题】栏内输入"Manufactured"。

在【变量名称】内选择【File Type】。

勾选【在资源管理器中显示】复选框和【复选】单选项，如图4-102所示。

步骤9 添加其他的单选钮

另外添加三个标题分别为"Build to Print"、"Reference"和"Purchased"的按钮，三个单选钮在【变量名称】栏内都选择【File Type】，如图4-103所示。

步骤10 再添加其他的单选钮

在【Drawing Type】框内插入一个单选钮，适当调整大小和位置，如图4-104所示。

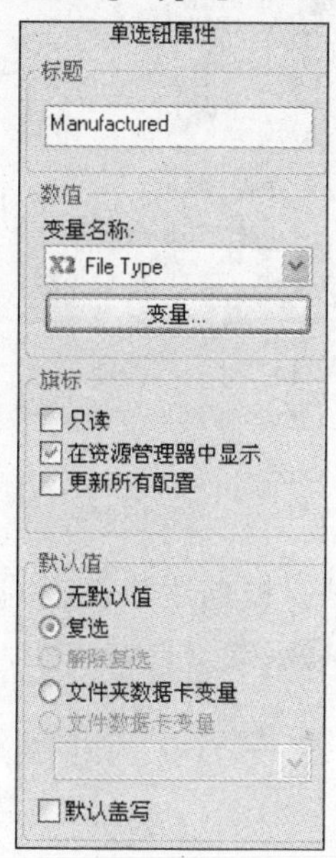

图4-102 设置单选钮属性

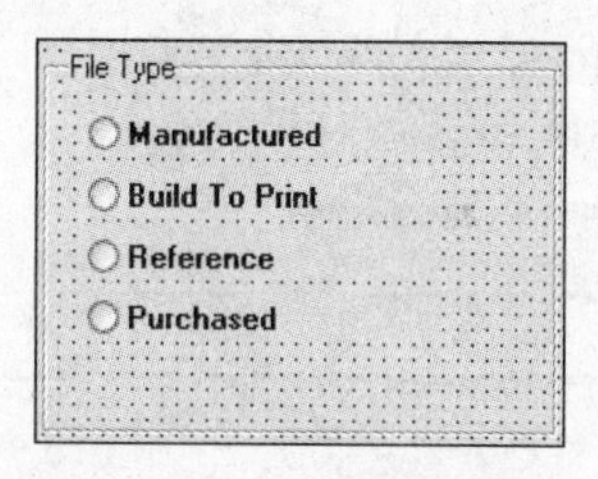

图4-103 添加其他单选钮

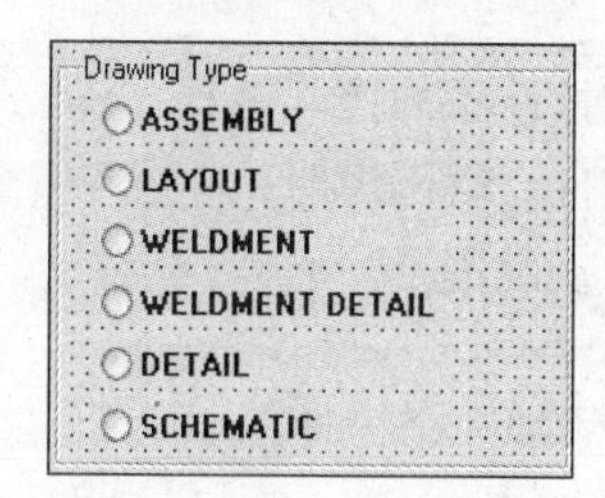

图4-104 在Drawing Type框内添加单选钮

步骤11 生成一个变量

单击【变量】，添加一个新的变量。

单击【新变量】。

在【变量名称】内输入"Drawing Type"，【变量类型】设为【文本】。

步骤12 关联到变量到文件属性

单击【新属性】，设置【块名称】为"CustomProperty"，【属性名称】为"Drawing Type"，【文件扩展名】为"slddrw，sldasm，sldprt"。

单击【确定】，关闭变量编辑器。

步骤13 设置单选钮属性

在【标题】栏内输入"ASSEMBLY"。

在【变量名称】内选择【Drawing Type】。

勾选【在资源管理器中显示】复选框和【无默认值】单选项。

步骤14 添加其他的单选钮

添加其他单选钮，标题分别是"LAYOUT"、"WELDMENT"、"WELDMENT DETAIL"、"DETAIL"和"SCHEMATIC"，所有单选钮在【变量名称】栏内都选择"Drawing Type"，保存数据卡。

所选中的单选钮的标题会保存在变量"Drawing Type"内，如图4-105所示。

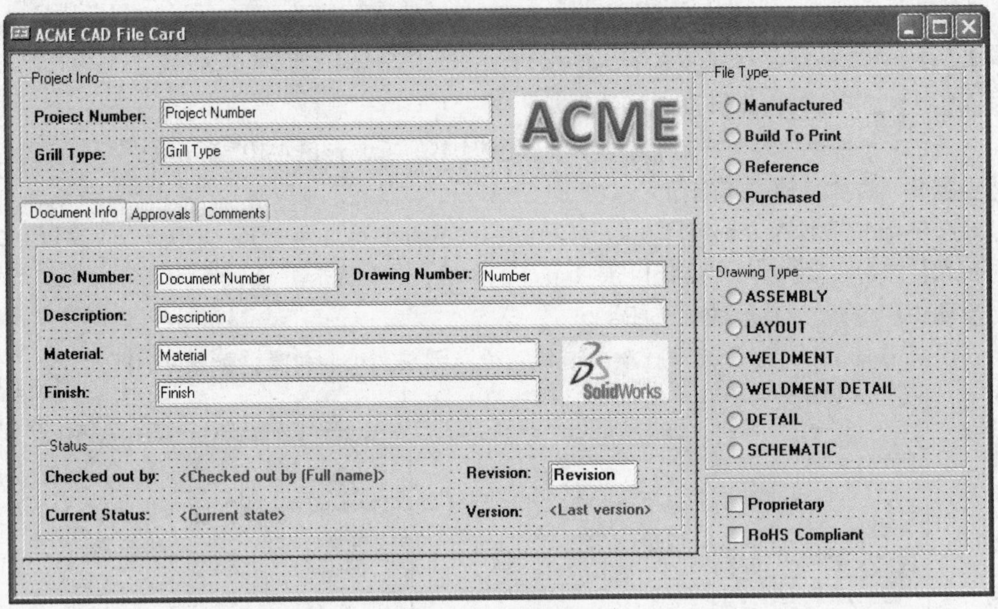

图 4-105　保存数据卡

4.4.2　卡控制逻辑

通过在对数据卡控件添加控制逻辑，SolidWorks Enterprise PDM 可以根据用户设置的特定规则自动显示、隐藏或禁用控件。举例说明，单击一个语言复选框可以显示出特定的语言输入框。

在卡内添加一个控制逻辑。

步骤 15　添加一个控件

打开“ACME CAD File Card”，在【Purchased】单选钮下方添加一个组合框下拉式列表控件。

指定控件变量【Vendor】。

在【自由文本】中输入一组“Vendors”名称：“Cogwell Cogs”、“Spacely Sprockets”、“Oceanic Airlines”、“Warbucks Industries”和“Wonka Industries”，如图 4-106 所示。

步骤 16　添加控件逻辑

选择控件，然后单击菜单【控件】/【控件逻辑】，如图 4-107 所示。

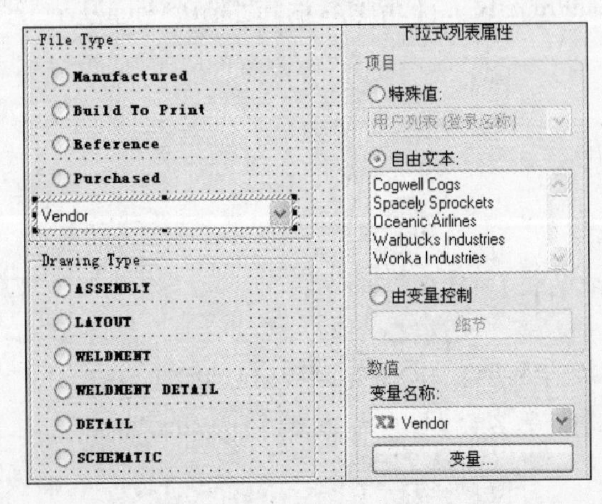

图 4-106　添加组合框下拉式列表控件

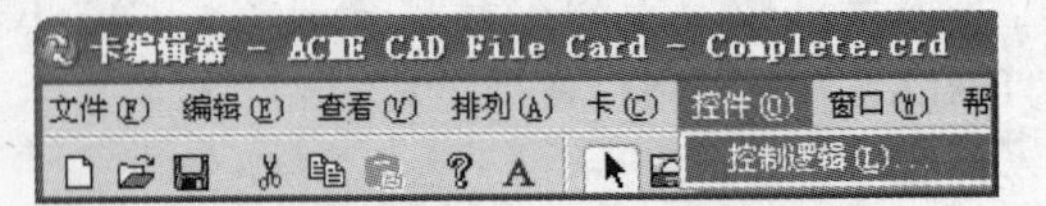

图 4-107　添加控件逻辑

步骤 17　添加一个新操作

在【控制逻辑】对话框内，单击【单击此处来添加操作】可以添加一个新操作，如图 4-108 所示。

步骤 18　选择操作

在下拉列表内选择【灰色显示】。

1.【灰色显示】　禁用卡上该控件，即控件虽然被显示但无法进行修改(例如只读)。

2.【隐藏】　隐藏卡上该控件。

步骤 19　设定条件

选中一个动作，选择【单击此处来添加条件】来生成一个触发该操作的条件，如图 4-109 所示。

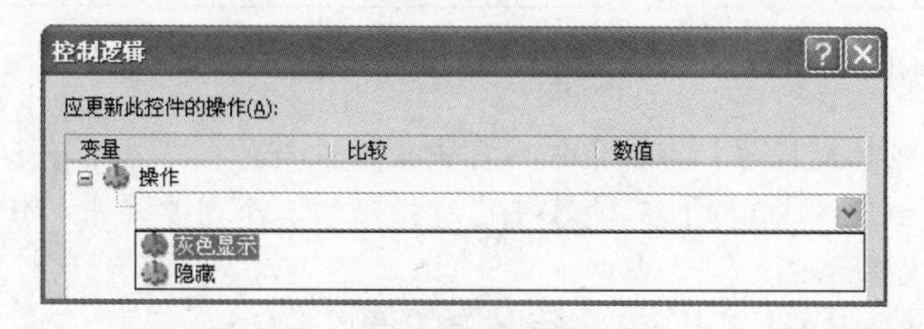

图 4-108　选择操作

图 4-109　设定条件

步骤 20　选择一个变量

从弹出的变量列表内选择一个变量，该变量的值将决定(触发)所选中的控制逻辑的操作，如图 4-110 所示。

提示　该变量必须存在于同一卡上某个控件。

步骤 21　添加条件

输入一个条件，以匹配引发该控制操作。从列表中选择【文本不包含】，然后在数值处输入“Purchased”，单击【确定】，如图 4-111 所示。

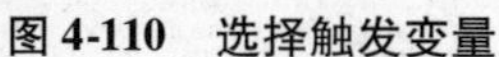

图 4-110　选择触发变量

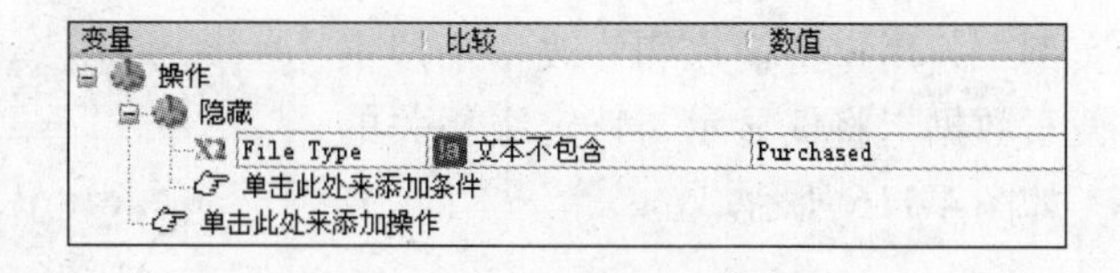

图 4-111　添加条件

这意味着如果变量【File Type】的值内不包含有文本“Purchased”，则该控件将变为灰色显示，如图 4-112 所示。

步骤 22　保存数据卡

提示

- 无法同时对多个选中的控件添加控制逻辑，只能对控件逐一进行设置。
- 多个条件之间的逻辑关系总是被认为“与”的关系，意思是每个条件都必须满足才能最终触发该动作。例如，只有在“Author”和“Title”变量都被赋予正确的值才能激活这个控件，如图 4-113 所示。

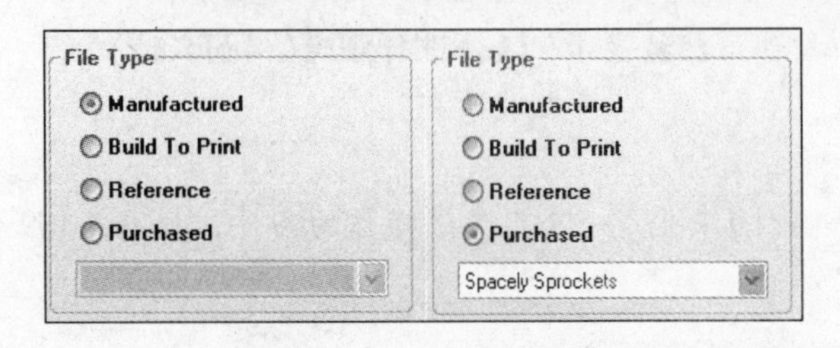

图 4-112　触发控件对比

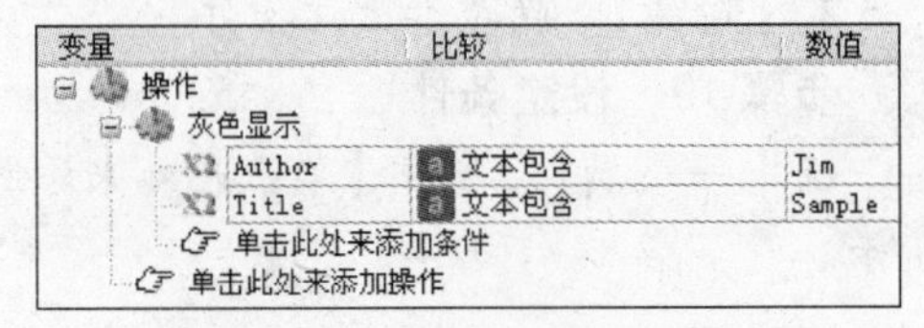

图 4-113　多条件触发设置

要想多个条件中任意一个都能触发操作，可在条件列表中使用或符号，并在它下面设置条件及变量。例如，下面的例子内“Author”变量只要是所指定的三个用户名中的任一个，就会隐藏该控件，如图 4-114 所示。

选中一个条件或动作，从列表内选择【删除】可以将之删除，如图 4-115 所示。

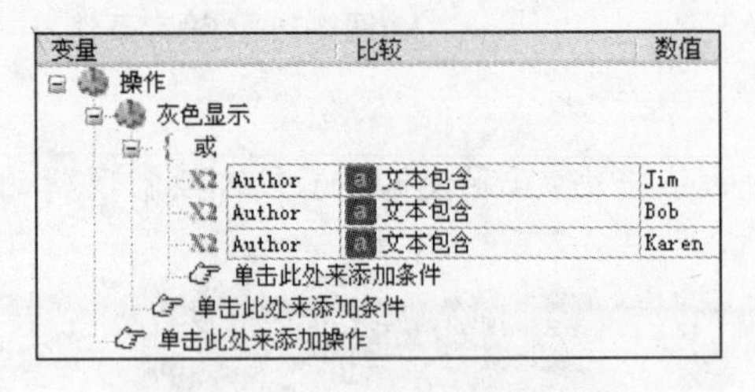

图 4-114　“或”条件触发设置

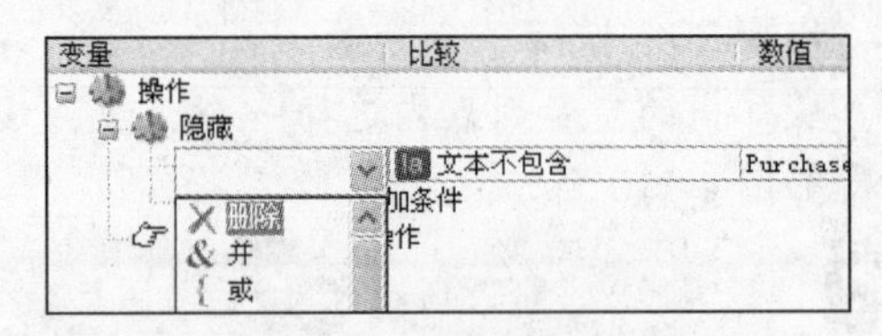

图 4-115　删除触发条件

4.4.3　控制选项卡

选项卡页面的显示可以由一个变量、用户或者组进行控制。一个数据卡可以有多个布局，根据在卡上选择了什么作相应显示。例如，用户有一个用于 Office 文件的文件数据卡，但会根据 Office 文件类型不同显示卡上特定内容。

4.5　学习实例：设计一个搜索数据卡

在本实例中，用户将输入和修改一个搜索数据卡。搜索数据卡将仅显示与特定组相关的搜索条件，如图 4-116 所示。

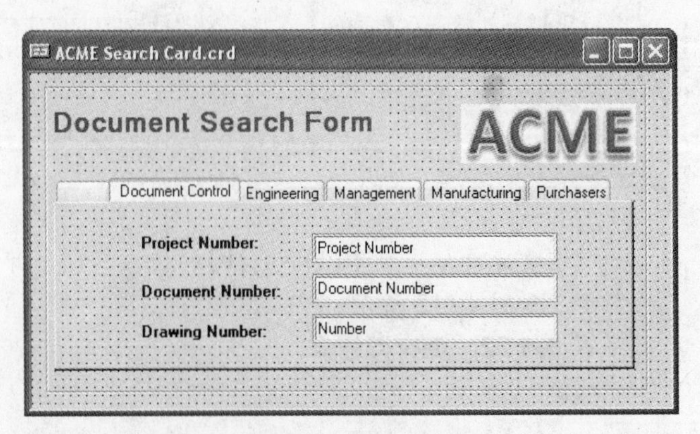

图 4-116　搜索数据卡

操作步骤

步骤 1　打开卡编辑器

双击【卡】节点。

步骤 2　输入一个数据卡

单击【文件】/【输入】，浏览找到 "ACME Search Card. crd" 文件，位于文件夹 "C:\SolidWorks 2009 Training Files\Administering SolidWorks Enterprise PDM\Lesson04\Case Study"，如图 4-117 所示。

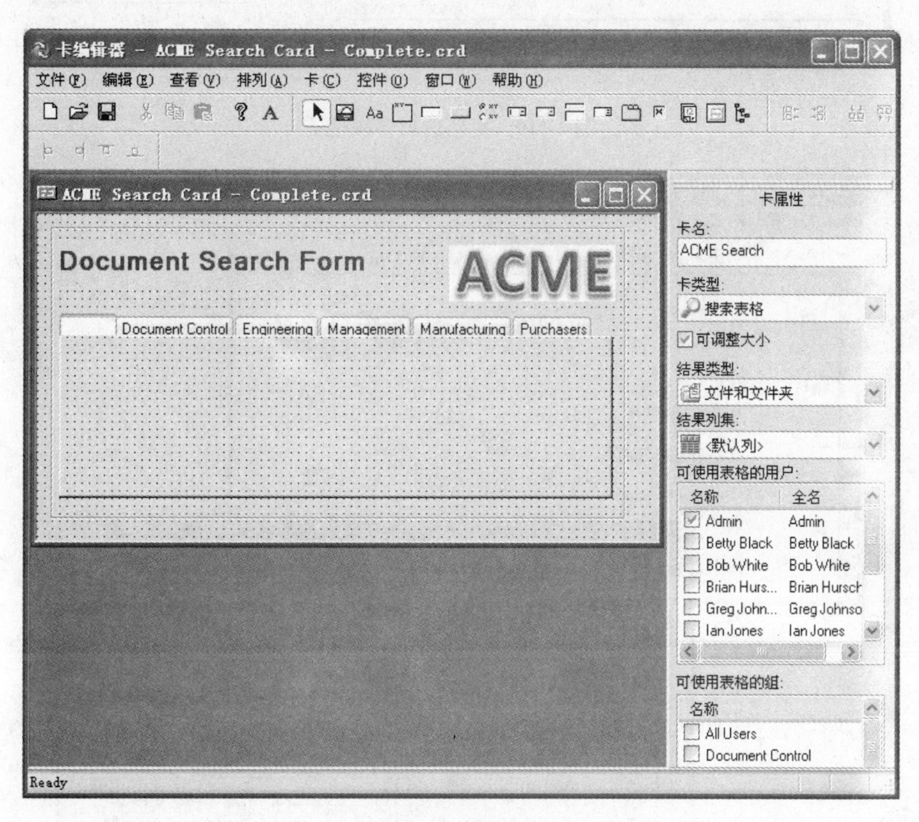

图 4-117　输入数据卡

步骤 3　设置权限

在【可使用表格的组】中选择所有组，如图 4-118 所示。

图 4-118　设置使用表权限

步骤 4　更新选项卡属性

选择选项卡控件。

选择【由变量控制】，并选择 <组的名称>，如图 4-119 所示。

> 提示　选项卡名称必须与组的名称正确匹配。

步骤 5　保存数据卡

根据登录用户所在的组显示相应选项卡，其他选项卡不显示，如图 4-120 所示。

> 提示　如果登录用户不属于选项卡控件中定义的任何组，选项卡则将显示空白。

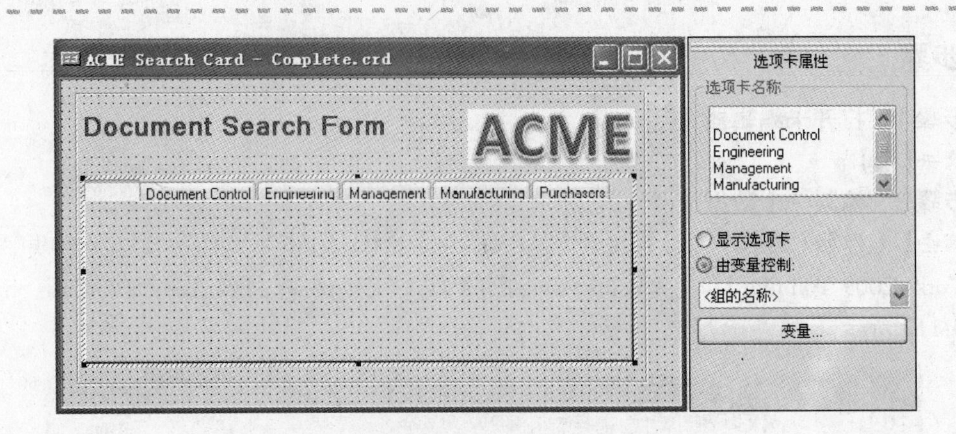

图 4-119　更新选项卡属性

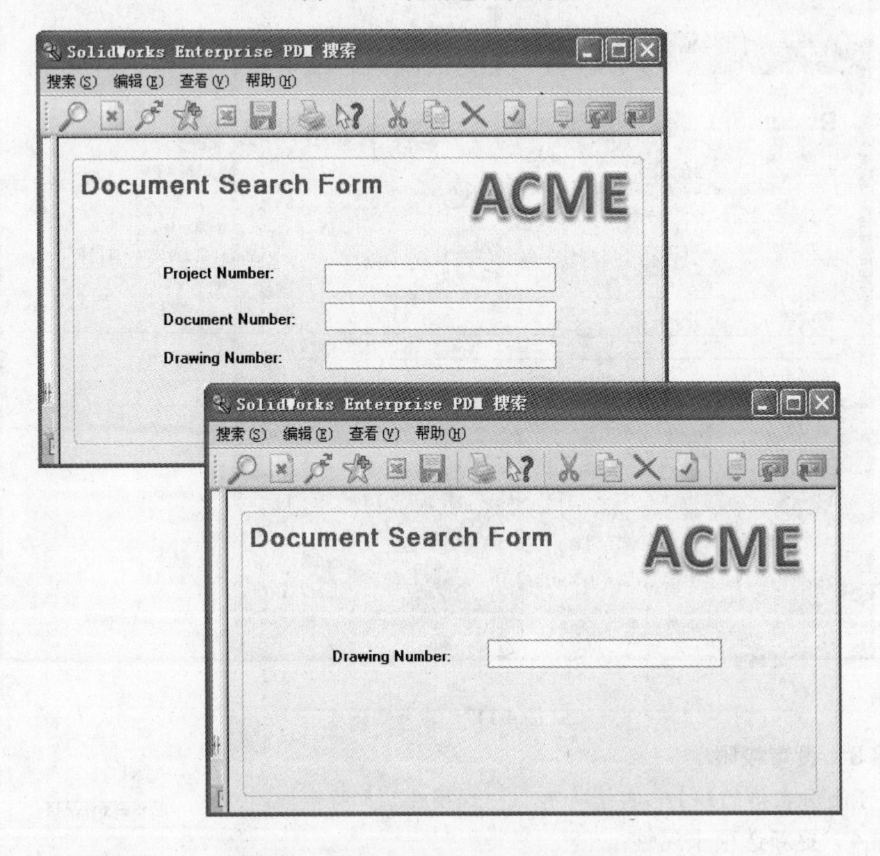

图 4-120　显示登录用户相对应的选项卡

4.5.1　粘合控件

可以在一个可调整大小的搜索表格中使控件被固定在卡的一边。

粘合按钮：

例如：

（1）确认在卡属性面板内已勾选【可调整大小】复选框，如图 4-121 所示。

（2）选中需要调整大小的控件，使用粘合功能，如图 4-122 所示。

（3）选择相应的按钮来定义控件需根据表格的哪个边来自动调整，在本例中选择靠左粘合和靠右粘合。

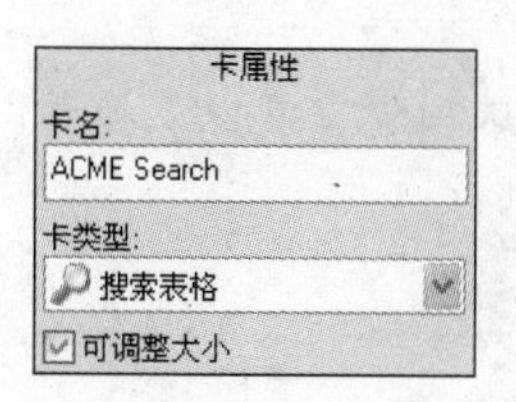

图 4-121　勾选【可调整大小】

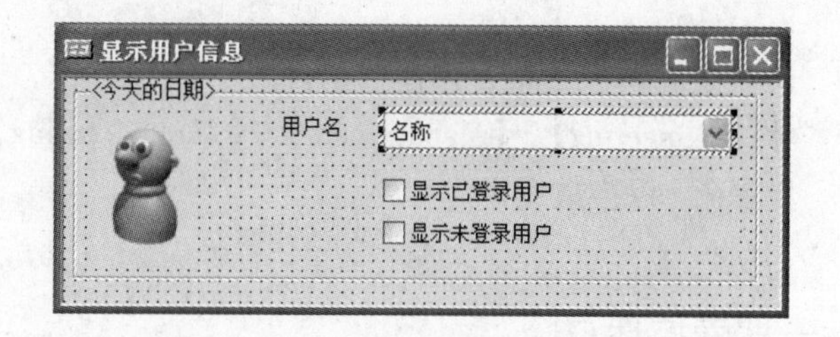

图 4-122　对所选控件使用粘合命令

（4）在使用搜索表格时，被定义为粘合的控件尺寸大小会随着表格的大小改变而改变，如图 4-123 所示。

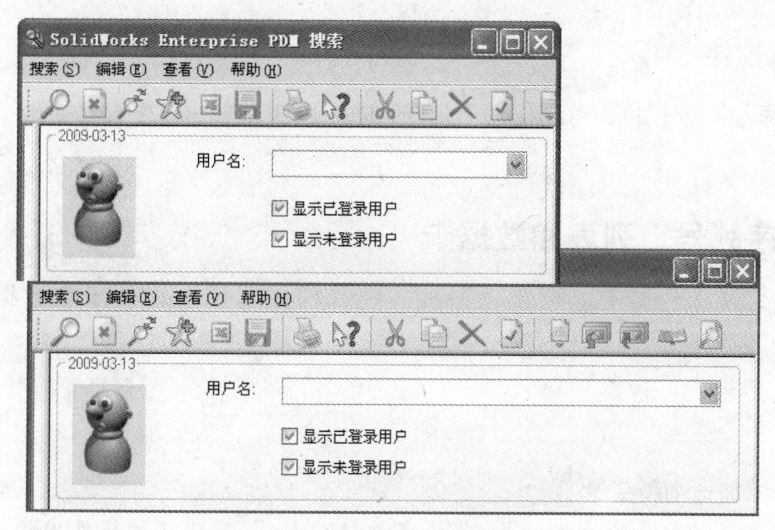

图 4-123　控件尺寸随表格大小变化

修改搜索表格，确保编辑控件可随搜索表格改变大小。

步骤 6　设置粘合控件

选择【Document Control】选项卡，选择【Project Number】、【Document Number】和【Number】编辑控件，如图 4-124 所示。

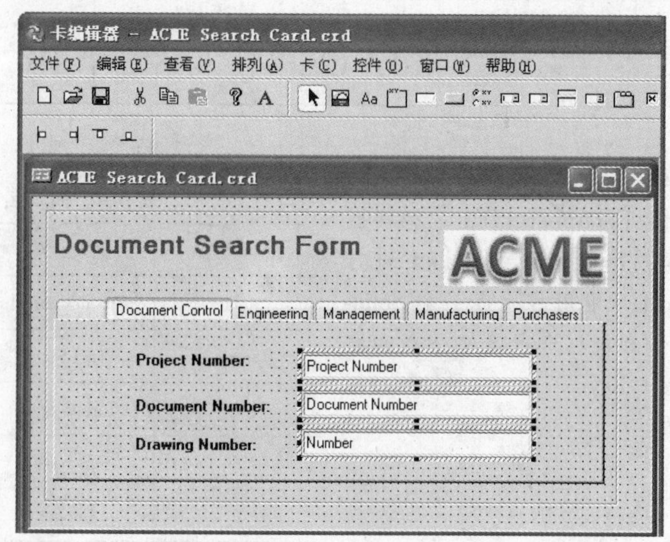

图 4-124　设置粘合控件

设置靠右和靠左粘合控件。

对【Engineering】、【Management】、【Manufacturing】和【Purchasers】选项卡重复以上操作。

步骤 7　保存数据卡

4.5.2　卡搜索控件

在搜索表格内添加一个栏目，可以让用户从中选择使用哪个文件数据卡格式。

控件按钮：

4.5.3　变量搜索控件

在搜索表格内添加一个栏目，可以让用户在搜索中使用变量来建立搜索规则。

控件按钮：

练习　变量、序列号、列表和数据卡

在设计数据卡之前，经常有必要预先添加一些“构成要素”以便于在数据卡内显示及选择之用。

操作步骤

步骤 1　添加一个新变量

命名新变量为“Document type”。将该变量与“doc”后缀名的文件内的“CustomProperty”块的“Document type”属性进行关联。创建如下所示的所需序列号及列表。

步骤 2　添加表 4-3 所示序列号

表 4-3　序列号名称

序列号	格式	序列号	格式
Part Number	P-xxxx	Document Number	DOC-xxxxxx
Assembly Number	A-xxxx	Project Number	PROJ-xxxxxx
Drawing Number	D-xxxx		

步骤 3　添加表 4-4 所示列表

使用 SolidWorks Enterprise PDM 卡编辑器可以对一个文件库内所使用到的数据卡进行添加或修改。在本练习中用户生成一个 SolidWorks 零件文件类型的数据卡以及一个新的文件夹数据卡。

表 4-4　列表名称

材料类型	金属材料	塑料材料
Metal	Stainless Steel	ABS
Plastic	Tool Steel	Acrylic
	Carbon Steel	Nylon
	Brass	PBT
	Copper	PVC

步骤4　生成一个如图4-125所示的文件数据卡，并将之与SolidWorks零件类型文件进行关联

使用如下的约定：

(1) 零件编号(Part Number)使用序列号“Part Number”。

(2) 项目编号(Project Number)和项目名称(Project Name)的值从文件夹数据卡内继承。

(3) 材料类别(Material Type)列表。

(4) 材料(Material)条件列表，由“Material Type”列表驱动的。

(5) 零件分类默认设定为自制(Manufactured)。

(6) 零件分类设定为外购(Purchased)时，会弹出供应商(Vendor)列表(提示：需要添加一个逻辑控制)。

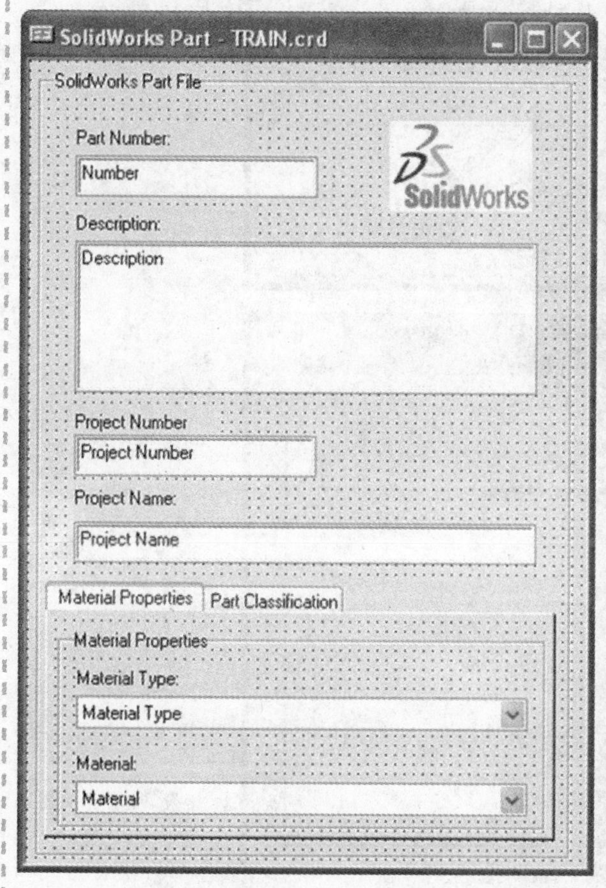

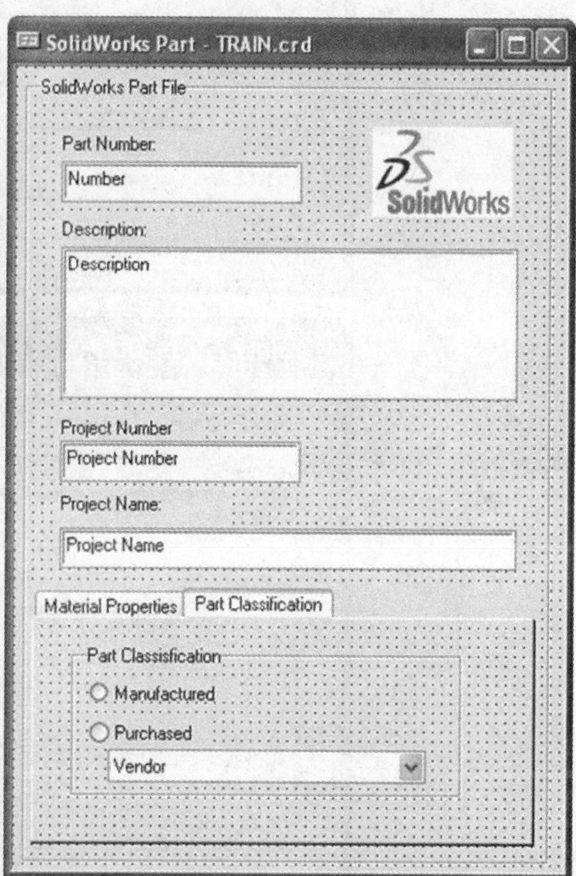

图4-125　文件数据卡

步骤5　生成如图4-126所示的文件夹数据卡

使用如下的约定：

(1) 项目编号(Project Number)使用序列号“Project Number”。

(2) 作者(Author)使用用户列表(登录名称)。

(3) 项目状态(Project State)使用状态(State)列表。

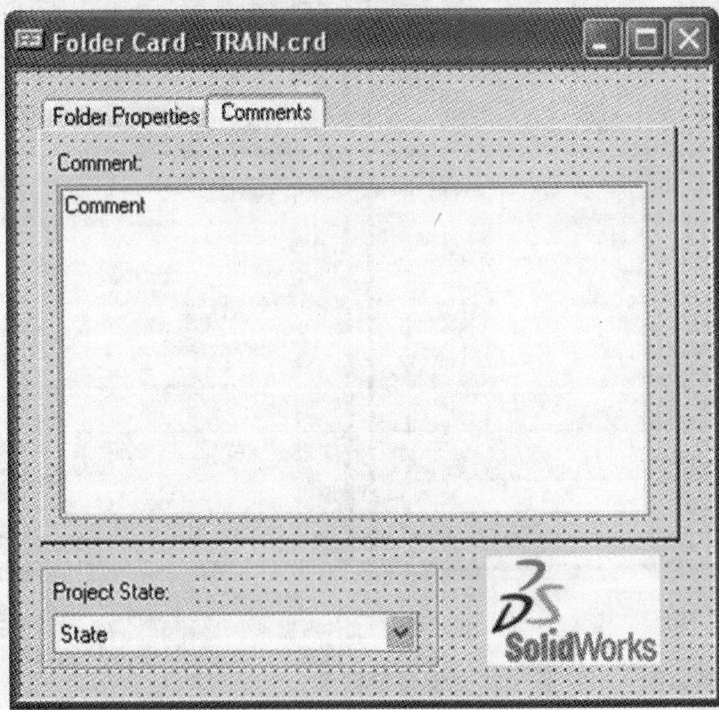

图 4-126　文件数据卡具体控件

第5章　模　　板

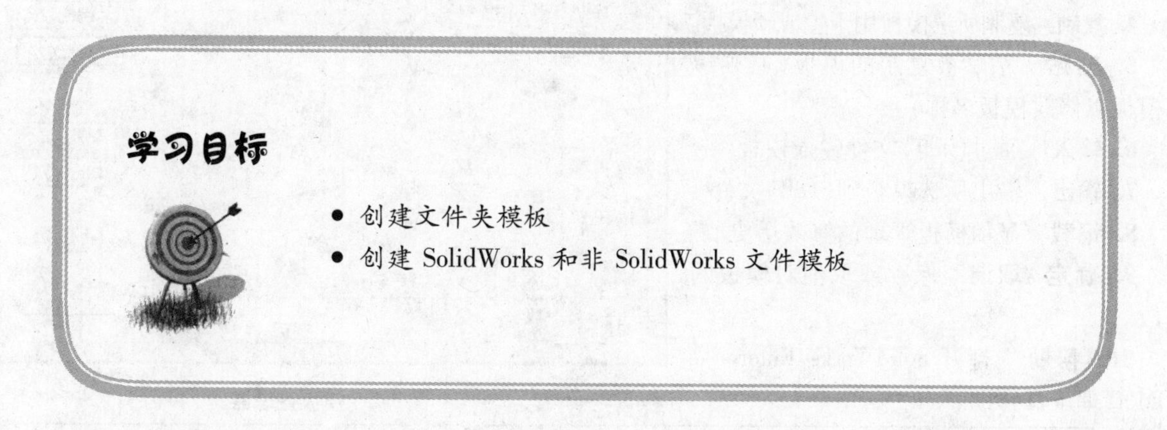

5.1　模板概述

模板用来自动生成新的文件和文件夹结构。模板能生成项目结构，自动命名文件夹，并填写项目数据卡信息，如图 5-1 所示。

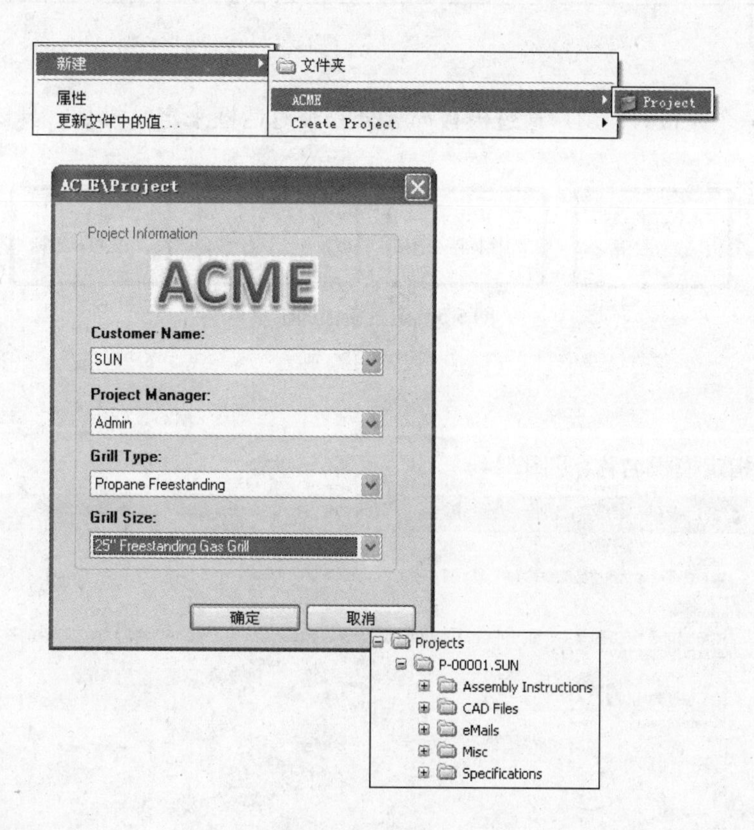

图 5-1　模板

5.1.1　模板管理器

模板管理器可用来生成和修改模板，如图 5-2 所示。

1. 安装的模板 列出文件库中所有可用的模板。

2. 添加 生成一个新模板。

3. 移除 删除一个或多个模板。

4. 复制 复制所选模板用于生成新模板。

5. 粘贴 粘贴被复制的模板(必须编辑模板以修改模板名称)。

6. 输入 通过(.cft)文件输入模板。

7. 输出 输出所选模板到(.cft)文件。

8. 记载 显示模板管理的修改历史。

9. 确定/取消 保存或取消对模板的更改。

10. 帮助 打开 SolidWorks Enterprise PDM 管理工具帮助。

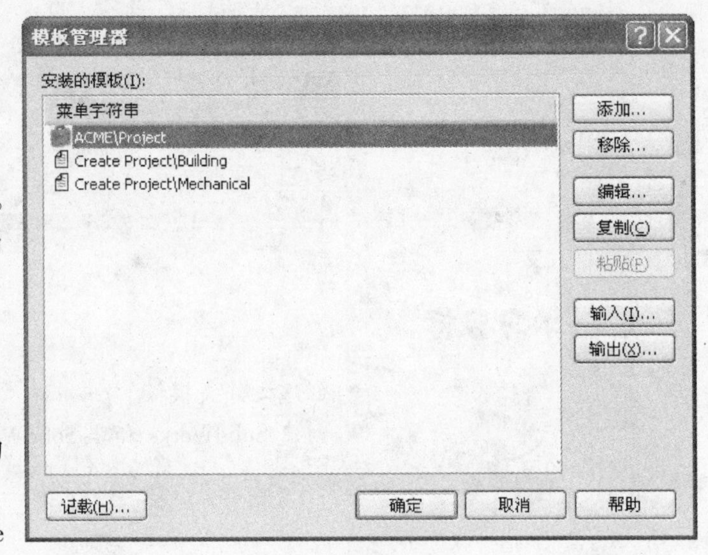

图 5-2 模板管理器

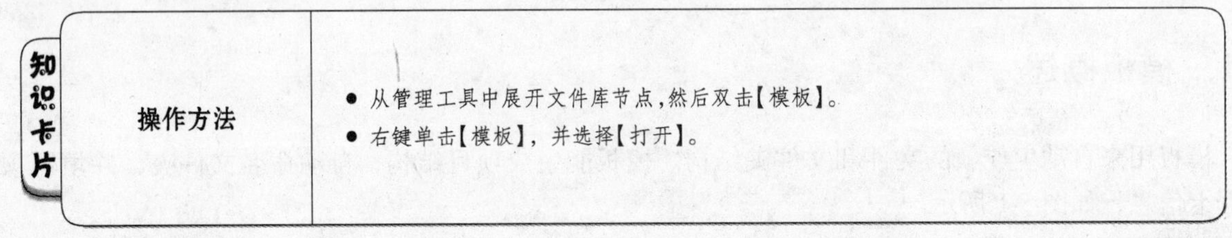

知识卡片

操作方法	• 从管理工具中展开文件库节点,然后双击【模板】。 • 右键单击【模板】,并选择【打开】。

5.1.2 模板向导

当创建或修改一个模板时，用户通过模板向导分几个对话框来定义模板。具体过程分以下六个步骤，如图 5-3 所示。

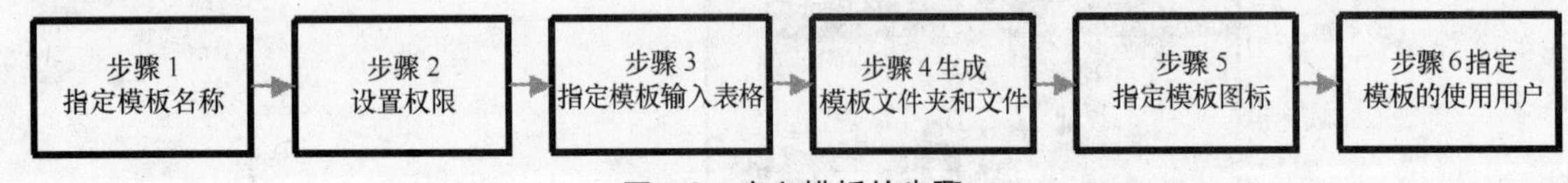

图 5-3 定义模板的步骤

操作步骤

步骤 1 指定模板名称(见图 5-4)

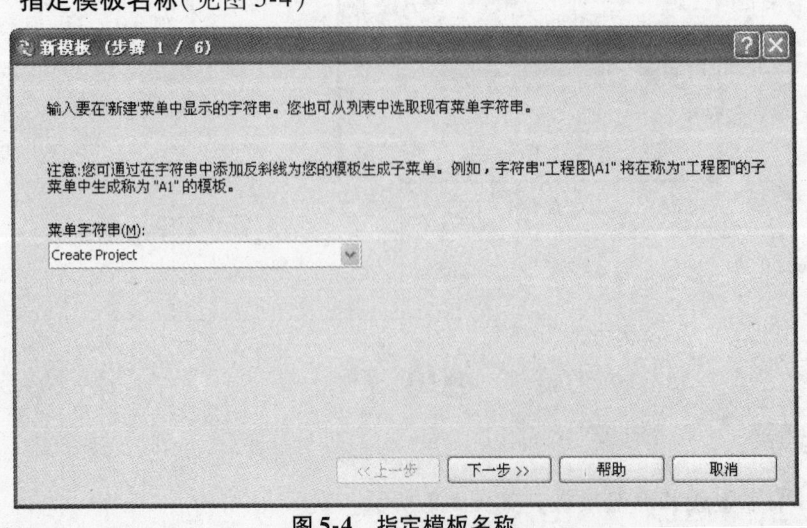

图 5-4 指定模板名称

用户在文件夹里单击右键，在弹出的快捷菜单【新建】选项里会显示所指定的模板名称。可用的模板显示在【文件夹】和标准的 Windows 模板之间，如图 5-5 所示。

图 5-5 显示新模板

用户可以使用斜杠(\)分组多个模板到子菜单。例如，【Create Project】\【Mechanical】和【Create Project】\【Building】两个模板显示在下面的菜单里，如图 5-6 所示。

图 5-6 新建项目

步骤 2 设置权限

选择运行这个模板的用户权限，如图 5-7 所示。

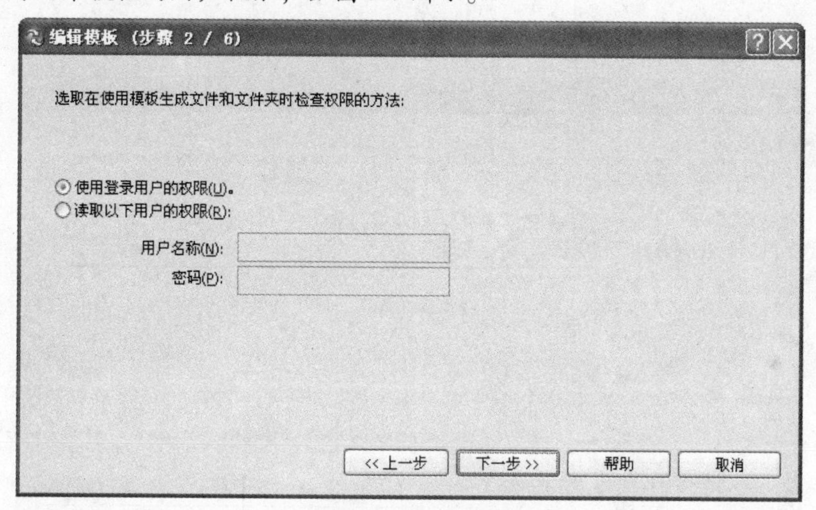

图 5-7 设置权限

1. 使用登录用户的权限 运行模板需要登录用户的文件夹权限和状态权限。用户必须拥有在文件库生成新的文件夹和文件权限。

2. 读取以下用户的权限 输入具有足够库权限、可生成文件夹和文件的用户的用户名和密码。当用户运行模板时，系统将临时使用指派的用户权限。

步骤 3 指定模板的输入表格(可选)

指定模板的输入表格，如图 5-8 所示。

1. 所选的卡 显示所选模板的输入表格，最好只选择一个模板输入表格。

2. 为所选卡复制的变量 定义模板变量，用于记录在模板输入表格内的变量值。

3. 添加卡 添加模板输入表格到当前使用的模板，最好只选择一个模板输入表格。

4. 移除卡 删除所选的模板输入表格。

5. 卡编辑器 打开卡编辑器对话框，用户可以生成或修改模板输入表格。

6. 模板变量 显示组织模板变量对话框。

步骤 4 生成模板文件夹和文件

定义运行模板所要创建的文件夹和文件，如图 5-9 所示。

模板可以创建两种类型的文件夹：根文件夹和子文件夹。文件夹可以通过单击工具栏按钮或者在结构树上单击右键来创建。

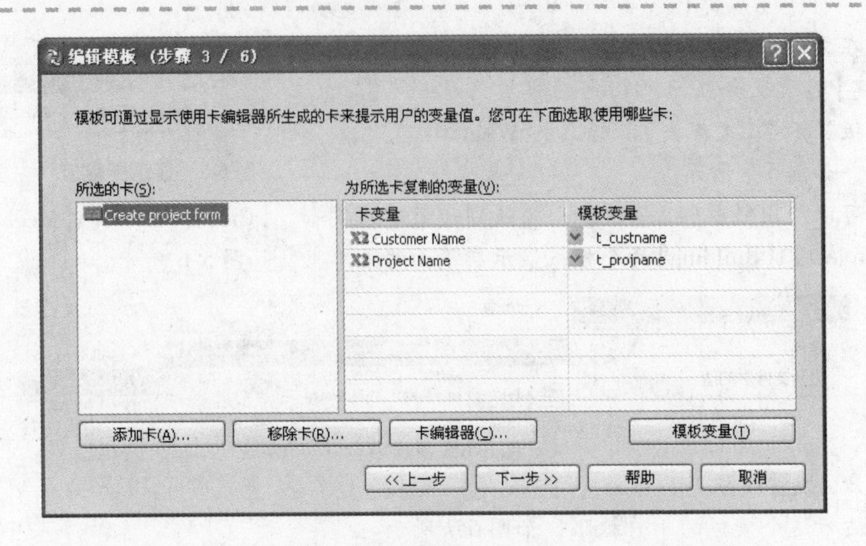

图 5-8 指定模板的输入表格

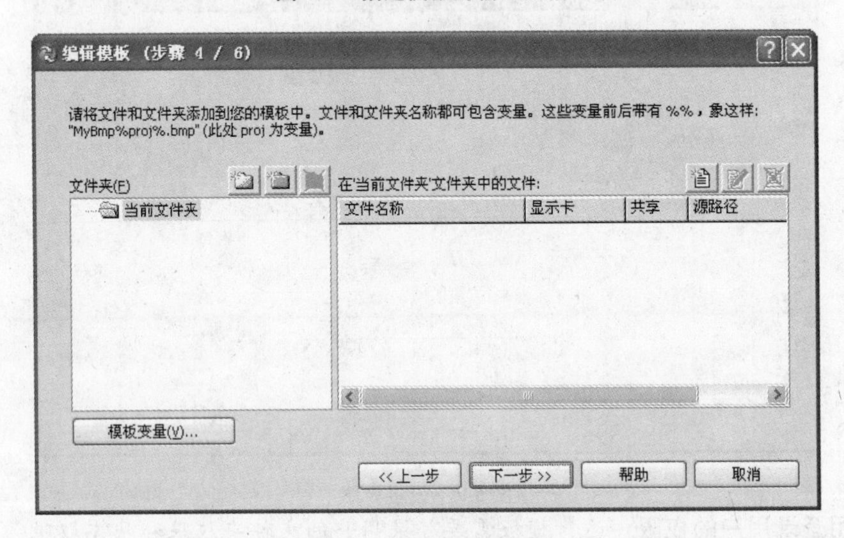

图 5-9 生成模板文件夹

1. 根文件夹 选择黄色的根文件夹图标，输入文件夹名称。不管用户在哪个文件夹内使用模板，新生成的文件夹总是在文件库的根目录里。在本例中，创建了一个根文件夹“Projects”，如图 5-10 所示。

图 5-10 根文件夹

2. 子文件夹 子文件夹可在当前文件夹或某个具体模板文件夹下创建。选择要建立子文件夹的位置，单击子文件夹图标，输入文件夹名称。在下面的例子里，在当前文件夹位置创建文件夹“Customer A”，如图 5-11 所示。

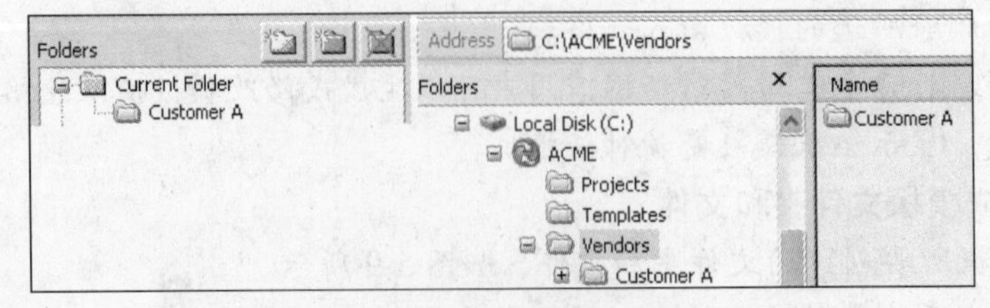

图 5-11 创建子文件夹

在下面的例子里，在“Projects”文件夹下创建“Customer A”文件夹，如图 5-12 所示。

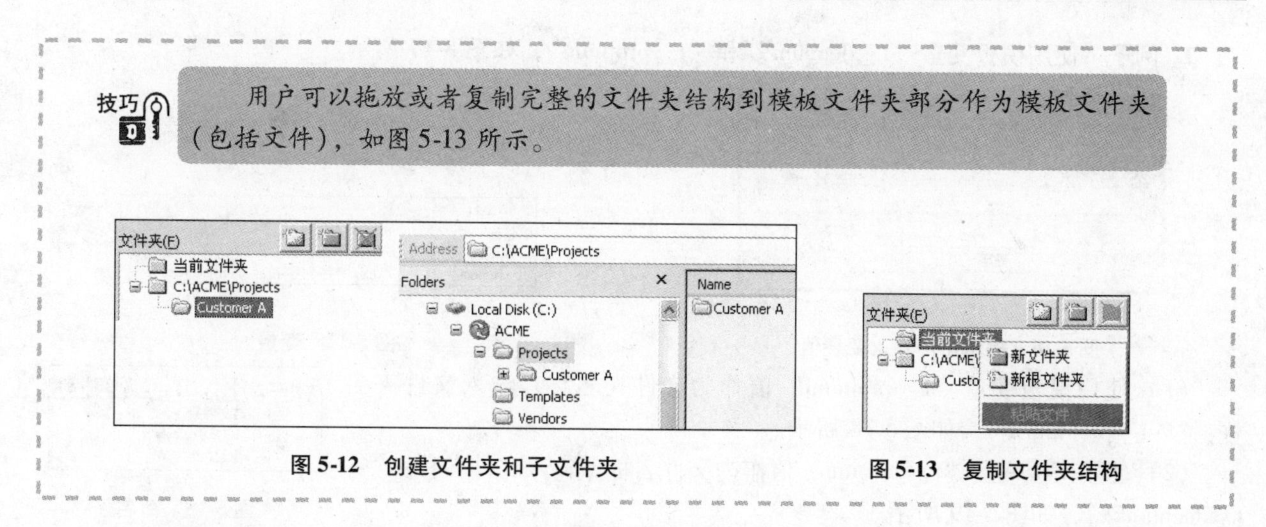

技巧 用户可以拖放或者复制完整的文件夹结构到模板文件夹部分作为模板文件夹（包括文件），如图5-13所示。

图5-12　创建文件夹和子文件夹

图5-13　复制文件夹结构

5.1.3　模板变量

模板变量允许用户动态的创建文件夹或者文件名称并输入值到数据卡。单击【模板变量】进入【组织模板变量】对话框，如图5-14所示。

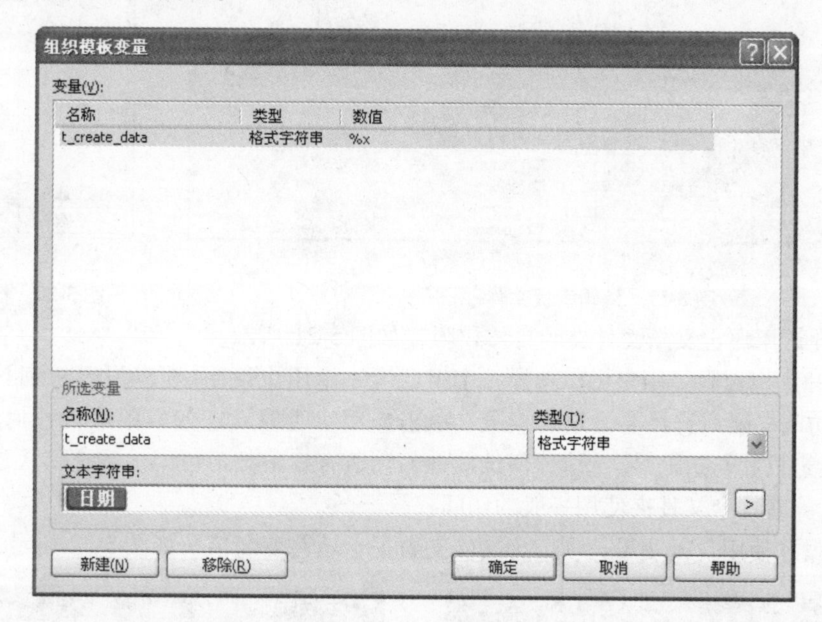

图5-14　模板变量

（1）名称：模板变量的名称。这个名称可以用来命名文件夹和文件名称（例如:%变量名称%），其值可被复制到数据卡使用。

（2）类型：从下拉列表中选择特定的变量类型。

1）环境变量：从列表中选择一个系统定义值作为模板变量的值。

2）格式字符串：通过使用可选静态文本和选取动态变量建立一个可变的字符串。单击选择图标 > 读取变量列表，如图5-15所示。

文本字符串:
日期

图5-15　格式字符串

3）登录用户的名称：当模板运行时，返回当前登录的用户名称。

4）提示用户：当模板运行时，提示用户要输入的变量值，如图5-16所示。

5）序列号：从下拉列表中选择一个序列号指定给模板变量。

（3）文本字符串：输入或者根据变量类型选择一个值。

模板变量可通过用百分号（%）将变量名括起来方式加以引用。

1. 例子　使用模板变量“t _ docnum”和“t _ projnum”，如图 5-17 所示。

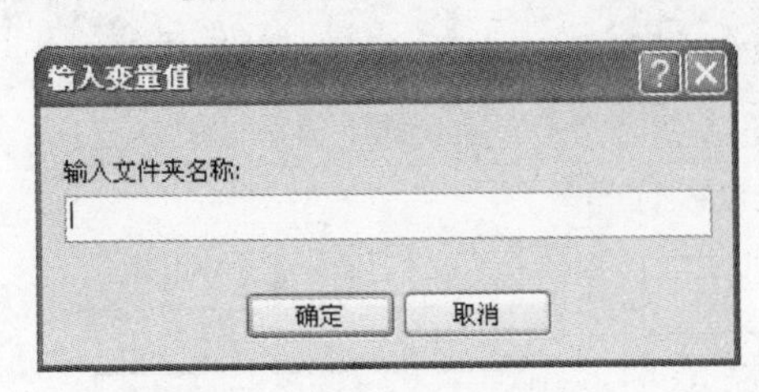

图 5-16　提示用户输入变量值

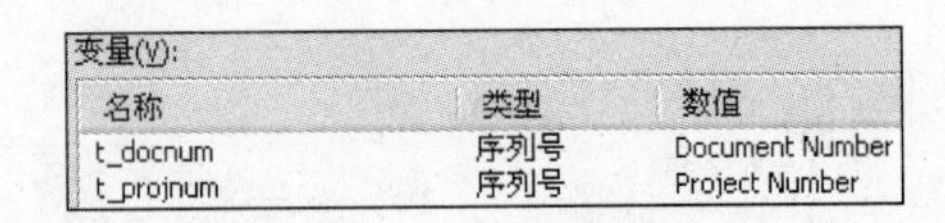

变量(V):

名称	类型	数值
t_docnum	序列号	Document Number
t_projnum	序列号	Project Number

图 5-17　变量

（1）使用模板变量“t _ projnum”值作为文件夹名称，输入文件夹名称：“%t _ projnum%”，如图 5-18 所示。

图 5-18　命名

（2）使用模板变量“t _ docnum”值作为文件名称，输入文件名称：“%t _ docnum%”，如图 5-19 所示。

2. 模板文件夹属性　在结构树中用右键单击文件夹，选择【属性】，用户可以指定要创建的文件夹的具体权限和属性，如图 5-20 所示。

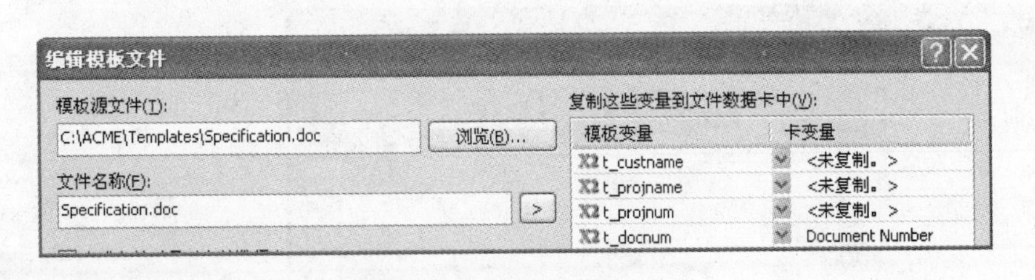

图 5-19　编辑模板文件

图 5-20　模板文件夹属性

属性对话框允许用户定义新文件夹的具体权限，如图 5-21 所示。

（1）组权限和用户权限：用户可以选择一个组或者一个用户使用【明确设定权利】选项为新建的文件夹指定明确的访问权限。选择要设定的权限，单击应用。明确设定的权限取代任何继承的文件夹权限。选择【明确设定权利】选项，不选取任何选取框，让所有权限都不可用。系统默认是应用【父文件夹的权利】，这就意味着这个文件夹使用一般的访问权限。

（2）复制变量：使用复制变量选项卡为文件夹数据卡填写变量值，如图 5-22 所示。

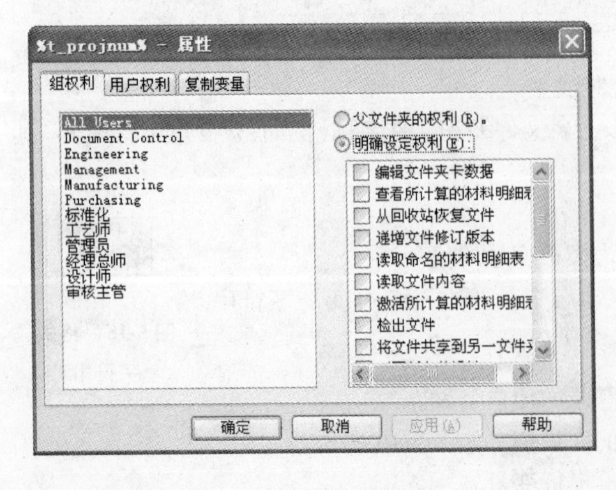

图 5-21　定义文件夹权限

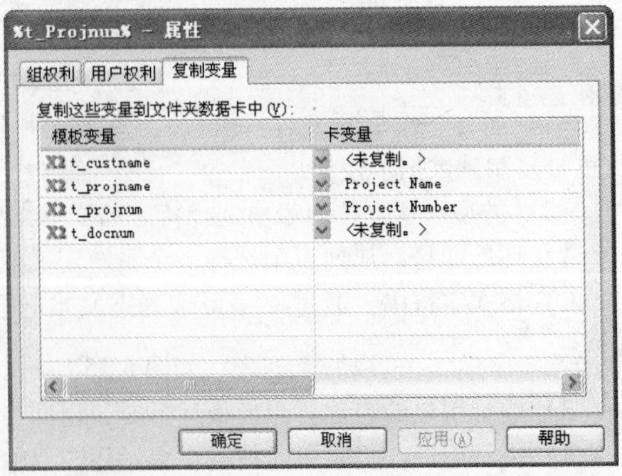

图 5-22　复制变量

3. 文件模板　生成一个新的文件模板。

（1）选择要放置文件的文件夹。

1）选择“当前文件夹”，则将在运行此模板的文件夹内放置这个新文件，如图5-23所示。

图5-23　放置文件模板

2）选择子文件夹则将在所选文件夹内放置新文件，如图5-24所示。

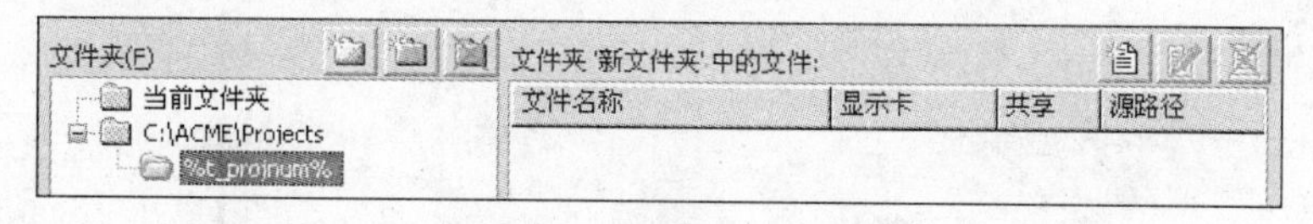

图5-24　选择文件夹

（2）单击【新模板文件】图标，如图5-25所示。

（3）浏览模板源文件，如图5-26所示。

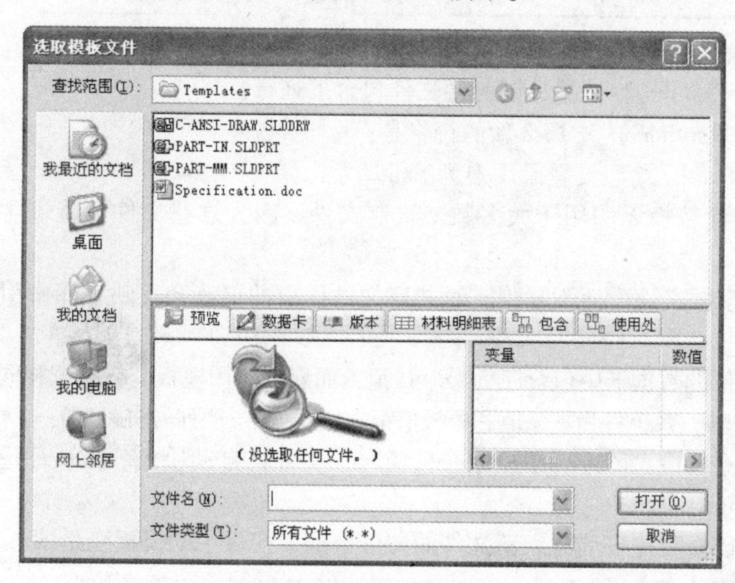

图5-25　选择模板源文件

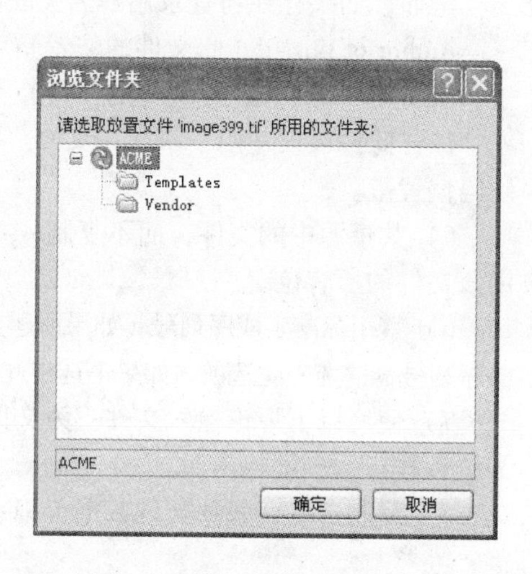

图5-26　保存文件

1）这个源文件可以是任何可用的文件，文件格式最好与要从模板创建的新文件相同。举例说明，当要从模板创建“.doc”文件时，应当使用“.doc”文件作为源文件。

2）模板源文件必须能被库中的用户访问，并且必须储存在文件库中。如果选择了一个位于文件库之外的文件，则将弹出一个对话框提示用户选择一个库位置保存该文件。

（4）完成填写文件属性对话框（见图5-27）。

1）模板源文件：显示这个模板源文件的路径和名称。

2）文件名称：输入运行模板将创建的新文件名称。若要指定一个已存在的模板变量作为文件名，可按 > 按钮选择一个变量。

所选的变量是用“%”括起来的，并且当模板运行时，计算得到一个固定值。用户可以用静态文本和变量组合的方式作为新文件的名称。

3）生成文件时显示文件数据卡：用户运行模板时，将显示文件数据卡对话框。此时，用户可以更改文件的名称和变量值。还可以从卡对话框中打开或生成文件。设置【默认卡页】，可为SolidWorks配置或AutoCAD模型空间选择一个默认选项卡页。

4）在文件中扩展变量：当模板生成文件时，Enterprise PDM会扫描文件并用相应的值替换所有经识别的变量（%variable_name%）。

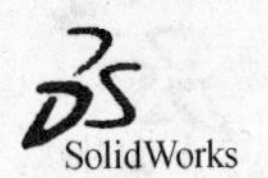

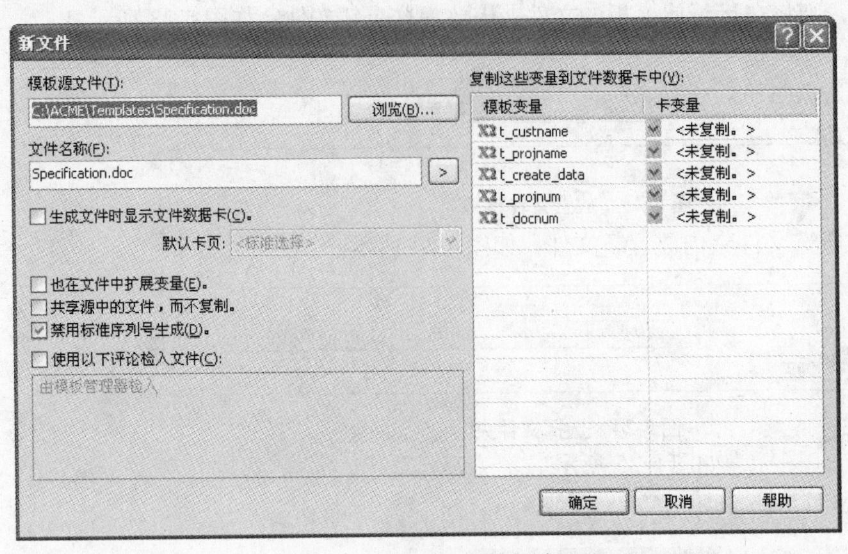

图 5-27　完成填写文件属性

图 5-28　指定模板变量

例如，如果存在与登录用户名关联的“author”变量，同时源文件包含下列行：

Author of this file(此文件的作者)：“% author%”。那么新的行将是：

Author of this file(此文件的作者)：“Smith”（假设登录用户为 Smith）。

注：此选项仅适用于 ASCII 文件。变量替换无法用于大多数二进制文件，因为这些文件可能包含硬码偏置量。

5）共享源中的文件，而不复制：共享源文件，而不复制。对共享文件作出的更改会反映在库中引用该文件的所有位置。

6）禁用标准生成序列号：如果所建文件的数据卡中包含序列号默认值，而您想使用模板变量指派相同的序列号，请选中此选项。如果不选中此选项，系统将为默认值和模板值都生成序列号(序列号将跳过)。

7）使用以下评论检入文件：为文件输入检入评论。用户运行模板时，文件将自动检入。默认评论为“由模板管理器检入”。

8）复制这些变量到文件数据卡中：选择希望自动写入新文件的文件数据卡变量中的模板变量值。

步骤 5　指定模板图标

选择一个能代表模板的图标，以便用户在文件的【新建】菜单中看到。选择的图标不需要与模板生成的文件匹配，如图 5-29 所示。

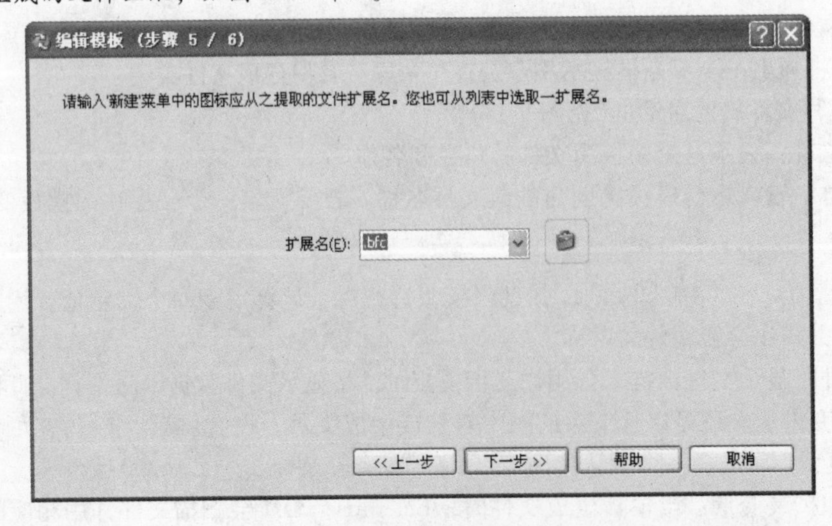

图 5-29　指定图标

步骤6　指定模板的使用用户

最后一步，选择有权限运行此模板的用户和组，使其在库文件夹中右键单击弹出的【新建】菜单中运行此模板。未被选择的用户和组不能运行此模板，如图5-30所示。

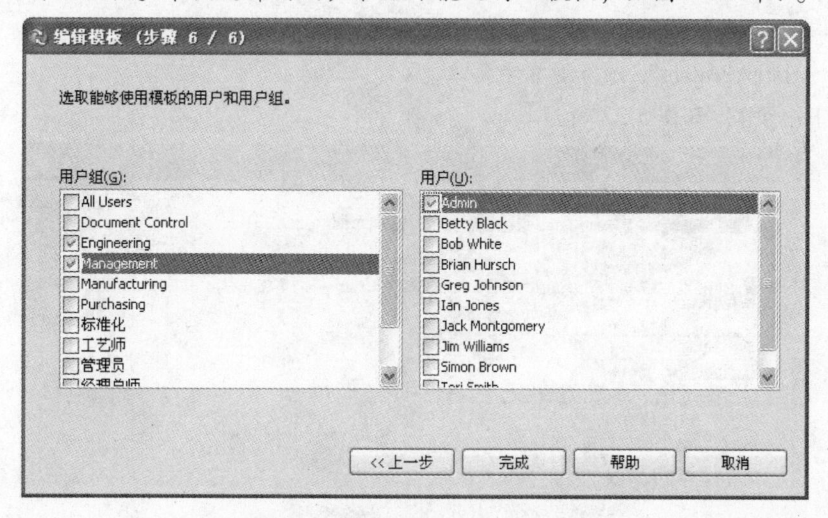

图5-30　指定模板的使用用户

单击【完成】，结束模板向导。务必使用【确定】按钮关闭模板管理器以便保存已创建或修改的模板。

5.2　学习实例：文件夹模板

在本例学习中，用户将创建一个项目文件夹模板。

ACME公司想要建立一个项目结构，这个项目中的所有文件都要放在正确的项目文件夹中，而这些文件从某种意义上讲是预先被命名的。每个项目文件夹有如图5-31所示显示的子文件夹。

为建立这样的模板，用户需要新的序列号和其他模板输入表格。

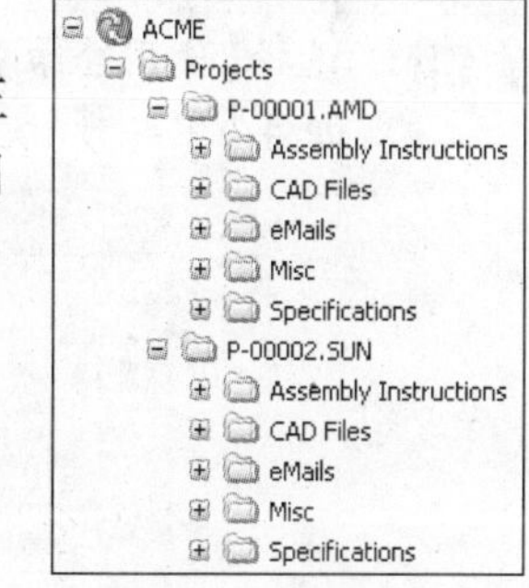

图5-31　项目文件夹

操作步骤

步骤1　准备序列号

确保表5-1中序列号已被创建。

表5-1　序列号

Serial Number	Format
Drawing Number	CAD-xxxxxxxx
Document Number	DOC-xxxxxxxx
Project Number	P-xxxxx

步骤2　使用模板管理器

在 Administration 管理工具里，右键单击【模板】，选择【打开】。

步骤3　打开模板向导

单击【添加】。

步骤4　生成一个新的模板

输入“ACME\Project”作为菜单字符串。

单击【下一步】，如图5-32所示。

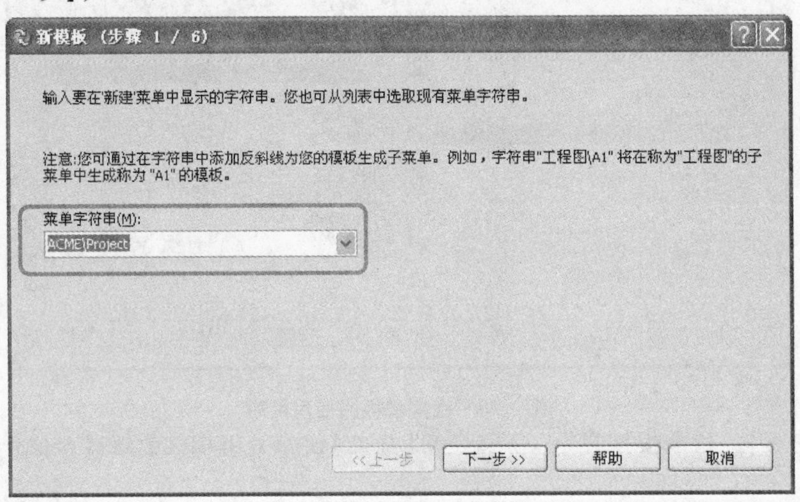

图5-32　创建新模板

步骤5　选择权限

用户想要哪些用户有权限使用该模板创建这些新文件夹。

选择【使用登录用户的权限】。

单击【下一步】，如图5-33所示。

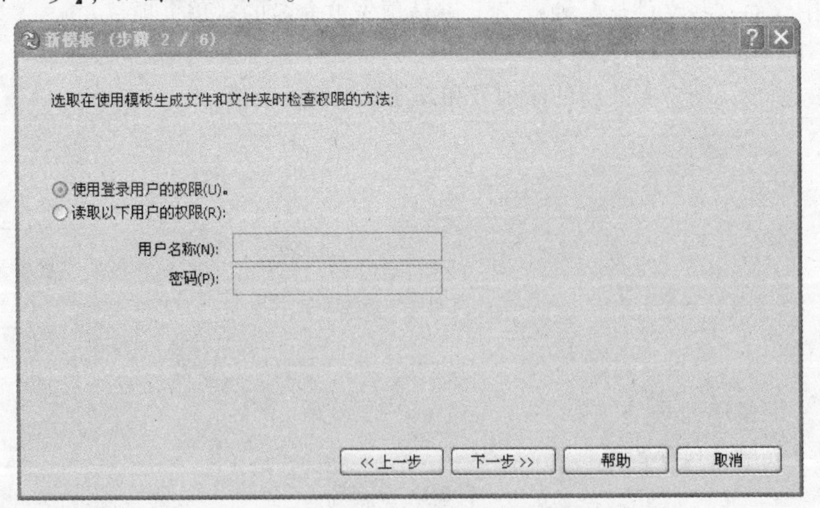

图5-33　选择权限

步骤6　检查数据卡

对于最初的文件夹模板，用户还不能使用模板输入表格，如果需要，用户可以在以后再添加数据卡。

单击【下一步】，如图5-34所示。

步骤7　创建文件夹结构

定义怎样命名项目文件夹。可以以“P0001、P0002…”这样的序列作为项目号。

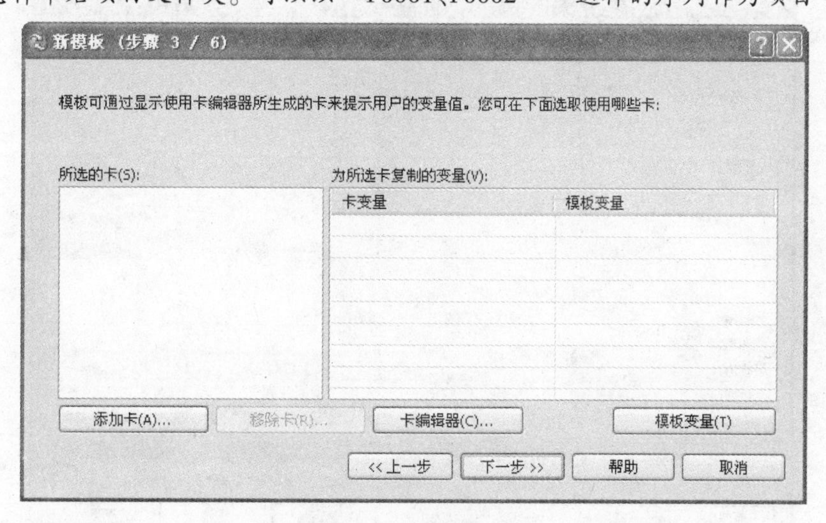

图 5-34　检查数据卡

单击生成一个新的根文件夹，命名为“Projects”，如图 5-35 所示。

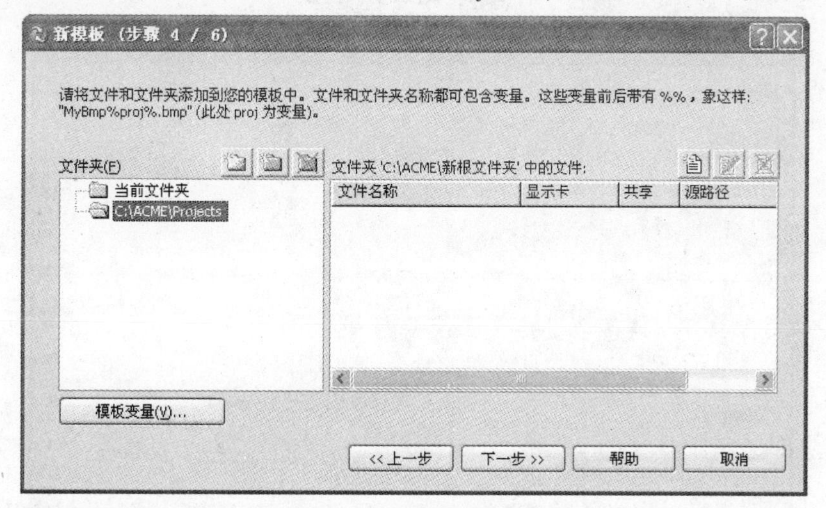

图 5-35　创建文件夹结构

步骤 8　创建模板变量

为了生成连续项目号，使用一个临时变量来调用之前建立的序列号。

单击【模板变量】。

单击【新建】。

命名变量为“t _ Projnum”。【类型】选择【序列号】，在【序列号】一栏选择【Project Number】，如图 5-36 所示。

单击【新建】。

命名变量为“t _ Custname”。在【类型】选择【提示用户】，在【提示为用户显示】一栏输入“输入用户名称:”，如图 5-37 所示。

单击【确定】。

技巧　虽然不是必须，但是一般都会以小写字母“t”开头命名模板变量名，以便于识别。

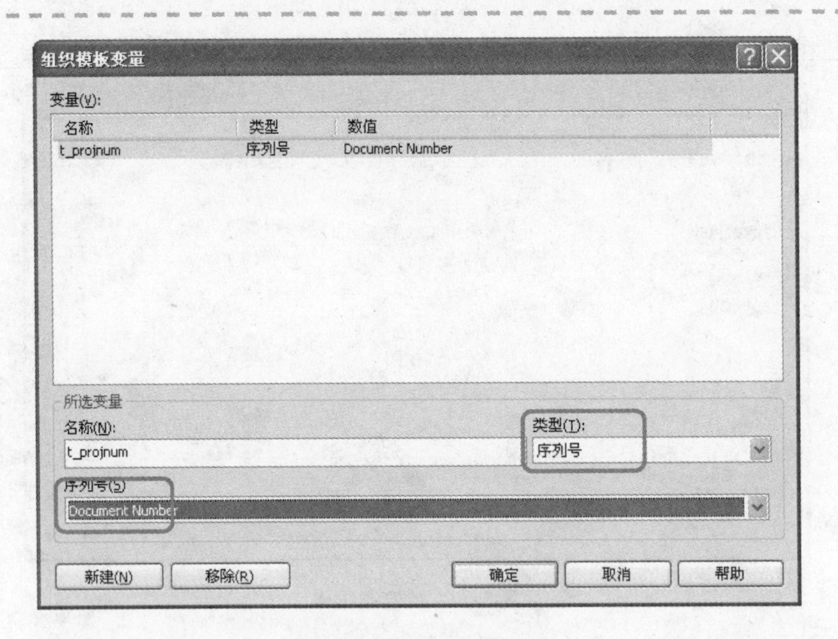

图 5-36　组织模板变量

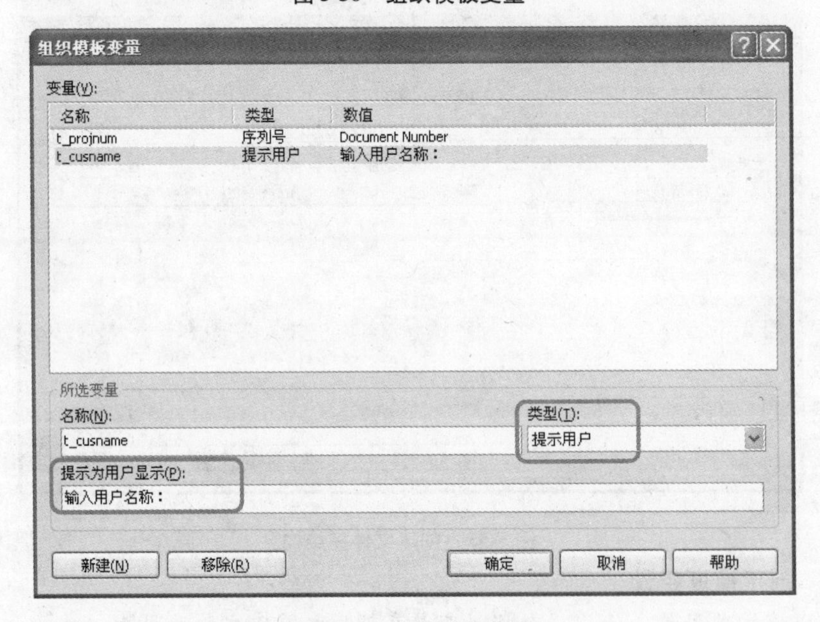

图 5-37　输入用户名称

步骤 9　创建一个自动编号的项目

选中"Projects"文件夹，单击，创建一个子文件夹。

输入"%t_projnum%.%t_custname%"作为项目名称。这个项目名称将由序列号和来自模板变量的客户名称组成，如图 5-38 所示。

步骤 10　创建子文件夹

选中"%t_projnum%.%t_custname%"文件夹，单击创建一个子文件夹。

命名子文件夹为"Assembly Instructions"。

添加以下子文件夹，如图 5-39 所示。

- CAD Files。
- eMails。
- Misc。

图 5-38　创建自动编号的项

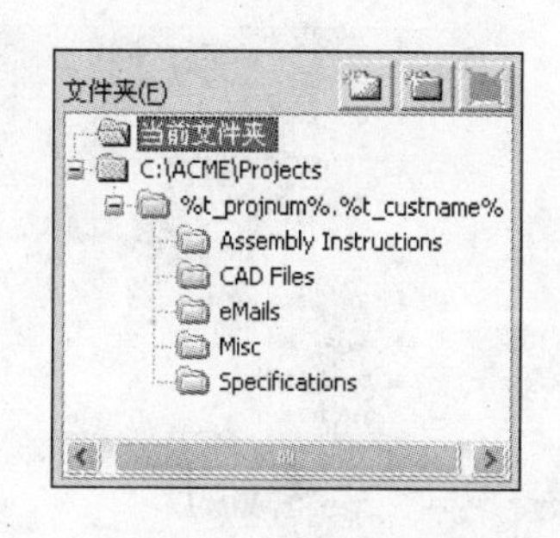

图 5-39　创建子文件夹

- Specifications。

单击【下一步】。

步骤 11　选择图标

从下拉列表中选择【bfc】。选择的图标不需要与创建的模板类型相匹配。作为用户建立的文件夹，这个公文包图标还是合适的。

单击【下一步】，如图 5-40 所示。

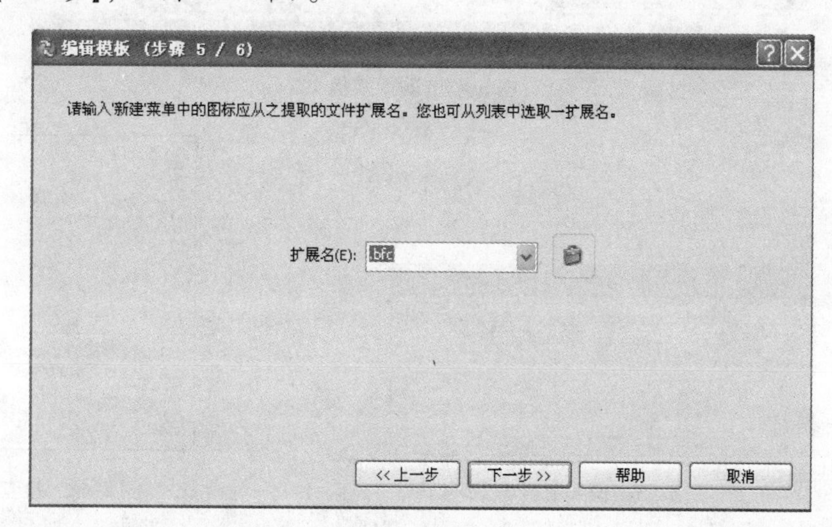

图 5-40　选择图标

步骤 12　更新权限

如果用户想要【Engineering】和【Management】组成员能够创建新的项目文件夹，则选择【Engineering】和【Management】组和用户【Admin】。

单击【完成】，如图 5-41 所示。

步骤 13　保存模板

在模板管理器单击【确定】，保存模板。

步骤 14　测试模板

在 Windows 浏览器里，选择【ACME】，右键单击右侧窗格空白处，选择【新建】/【ACME】/【Project】，如图 5-42 所示。

在提示对话框中输入“AMD”，如图 5-43 所示。

步骤 15　检查库

检查库，项目名称应该显示为“P-00001. AMD”，如图 5-44 所示。

再添加项目，输入“SUN”作为客户名称(customer name)，这次应该显示“P-00002. SUN”，如图 5-44 所示。

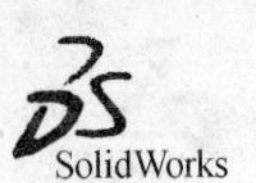

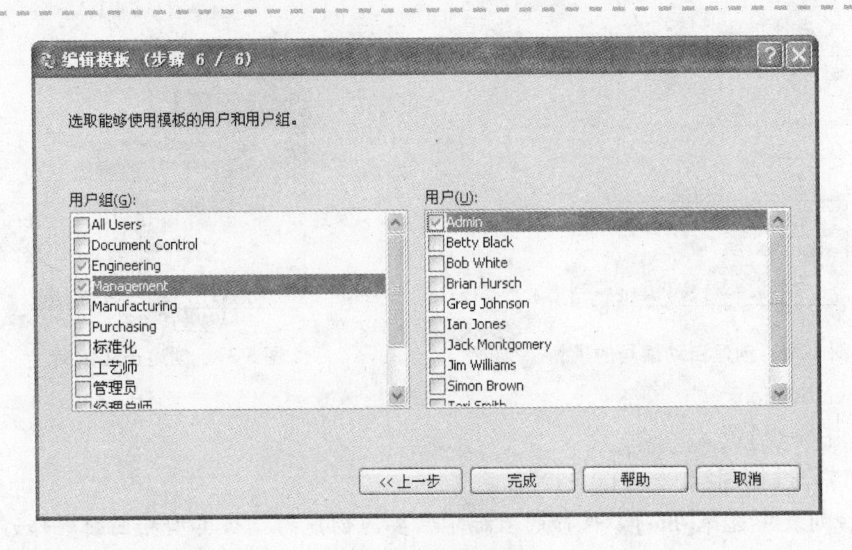

图 5-41　更新权限

图 5-42　测试模板

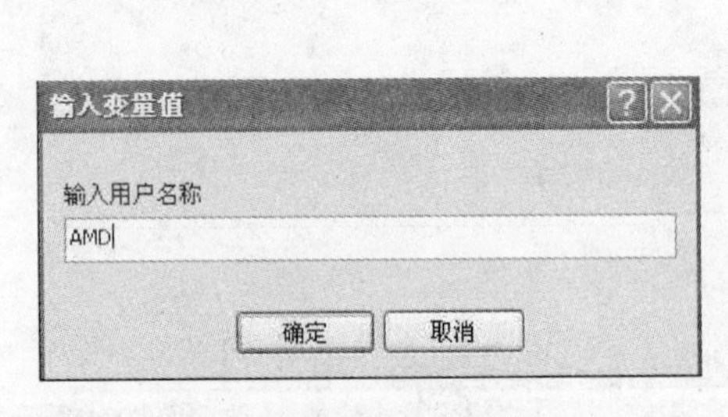

图 5-43　输入项目名

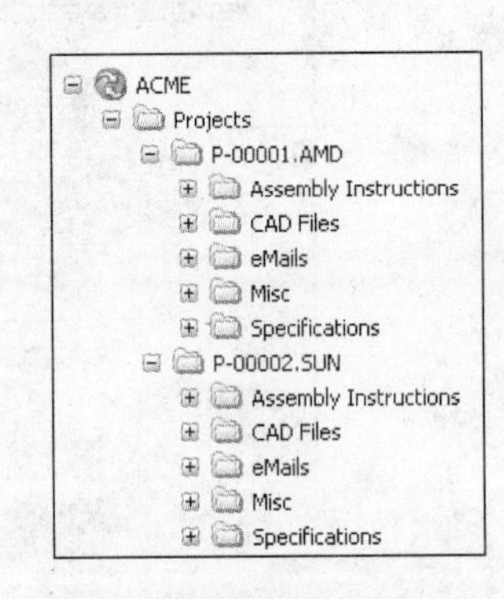

图 5-44　检查库

注意　用户见到的项目编号可能与图中描述的不同，这取决于当前生成的序列号值。

提示

如果项目编号没有递增 1，则文件夹数据卡上项目编号的变量“Project Number”将从设置的序列号中读取值。由于序列号是通过模板获取的，在赋给数据卡变量时会修改为文本值。

要注意文件数据卡中变量“Project”和“Customer”的值都为空。这是因为没有设置把模板变量值写到数据卡，而是仅使用模板变量值命名所创建的文件夹。

同样，我们设置了提示用户输入客户名称（customer name），如果查看文件夹数据卡结果，能够看到这个值从一个列表中选取的特定值。因此，需要修改这个模板，如下：

（1）允许客户名称（customer name）从一个列表中选取。

（2）把模板变量的值写入文件夹数据卡的相应变量中。

在文件库中，当运行模板来创建新的文件或项目时，模板输入表格可以用来从用户那里获取信息。例如当一个项目模板被激活时，模板输入表格会要求用户输入项目的详细信息，这些信息可以作为生成项目文件夹的名称。

在模板输入表格里输入的值可以被存储在临时变量里，这些变量可用来生成文件或文件夹的名称，也可以被传递到文件或文件夹数据卡上的变量，如图5-45所示。

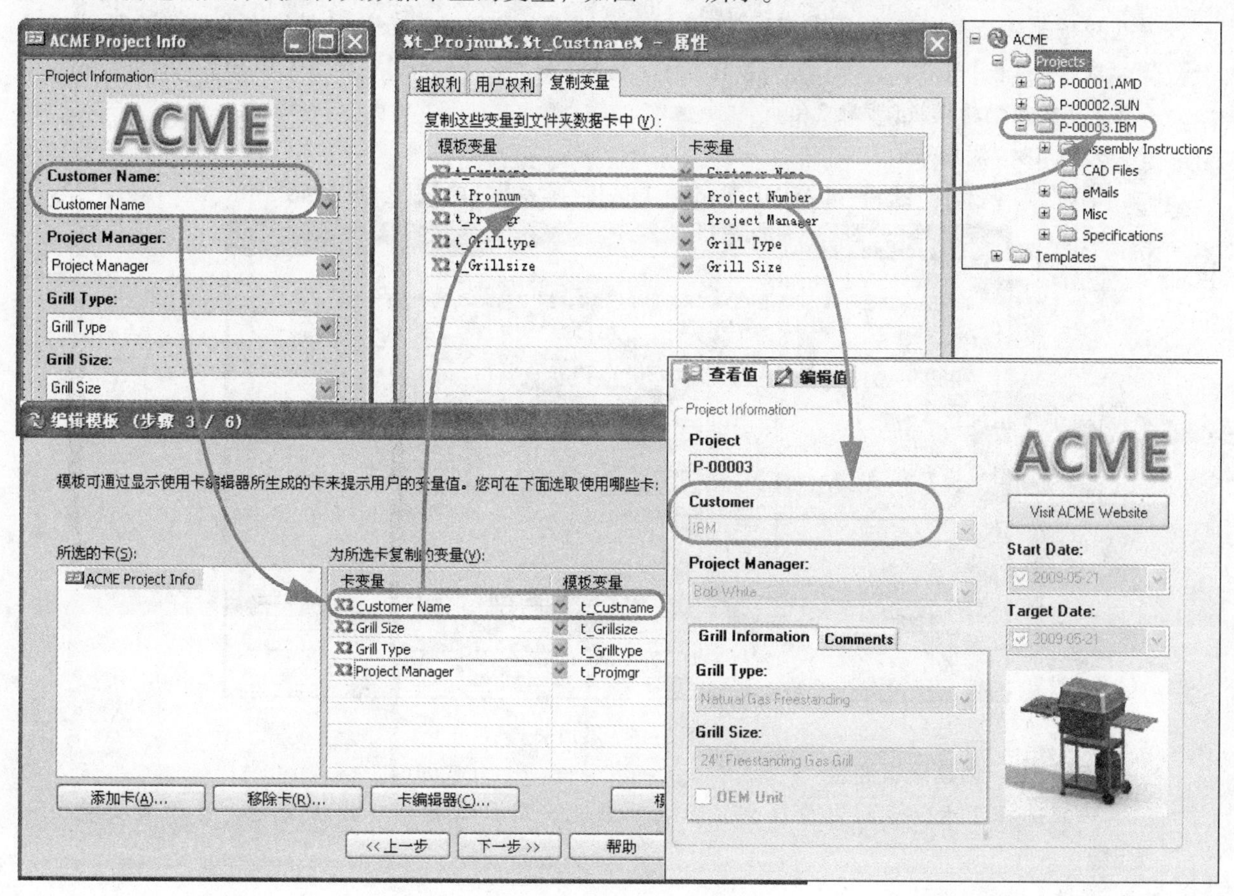

图5-45 模板输入表格

步骤16 生成模板输入表格

现在已有一个工作模板，添加一个模板输入表格，以获取元数据，并关联到项目文件夹。

右键单击【卡】，选择【打开】。

新建一个带有以下控件的模板输入表格，见表5-2，命名为“ACME Project Info”。

表5-2 模板输入表格

Property Name	Type	Notes
Customer Name	List	ACME Project Info Project Information ACME Customer Name: Customer Name Project Manager: Project Manager Grill Type: Grill Type Grill Size: Grill Size
Project Manager	List	
Grill Type	List	
Grill Size	Dependent List	

步骤 17　复制模板变量到卡

模板无法使用刚新建的模板输入表格，用户需要把模板输入表格与模板本身进行关联。

双击【模板】节点，打开【模板管理器】。选择【ACME\Project】，单击【编辑】。单击【下一步】，直到编辑模板(步骤 3/6)。

步骤 18　添加卡

单击【添加卡】。选择卡【ACME Project Info】，单击【确定】，如图 5-46 所示。

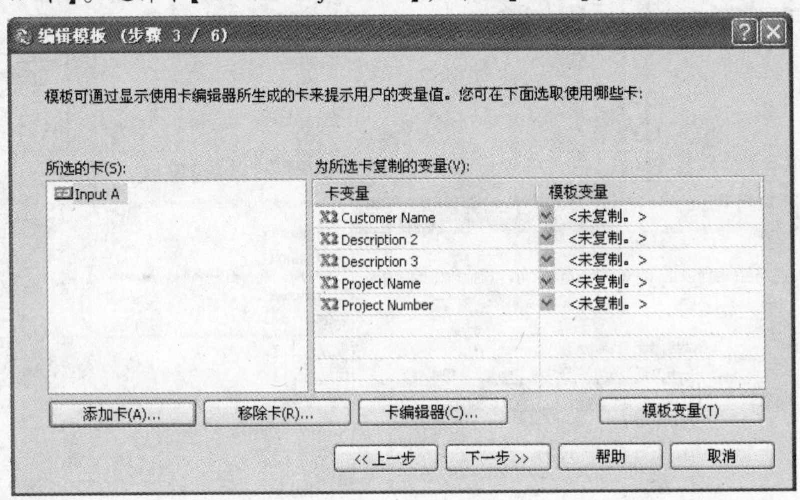

图 5-46　添加卡

步骤 19　创建模板变量

一旦选择了卡，卡的变量就会显示在列表里，用户需要创建模板变量，并设置变量类型。

单击【模板变量】。

创建以下模板变量，类型为【格式字符串】，如图 5-47 所示。

- t _ Projmgr。
- t _ Grillsize。
- t _ Grilltype。

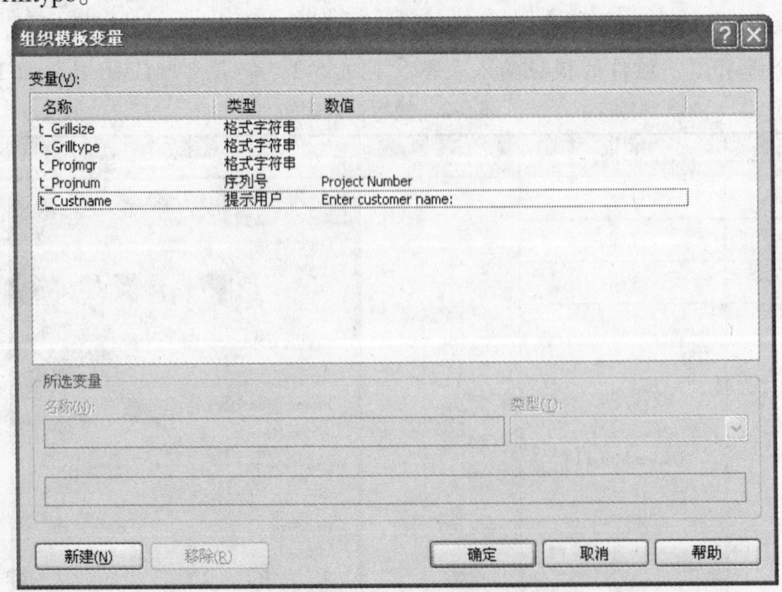

图 5-47　组织模板变量

步骤 20 修改客户名称(customer name)

用户已经有一个“t_Custname”模板变量，但是变量的类型是错的。现在模板输入表格将提示用户输入客户名称。

修改“t_Custname”的类型为【格式字符串】，如图 5-48 所示。

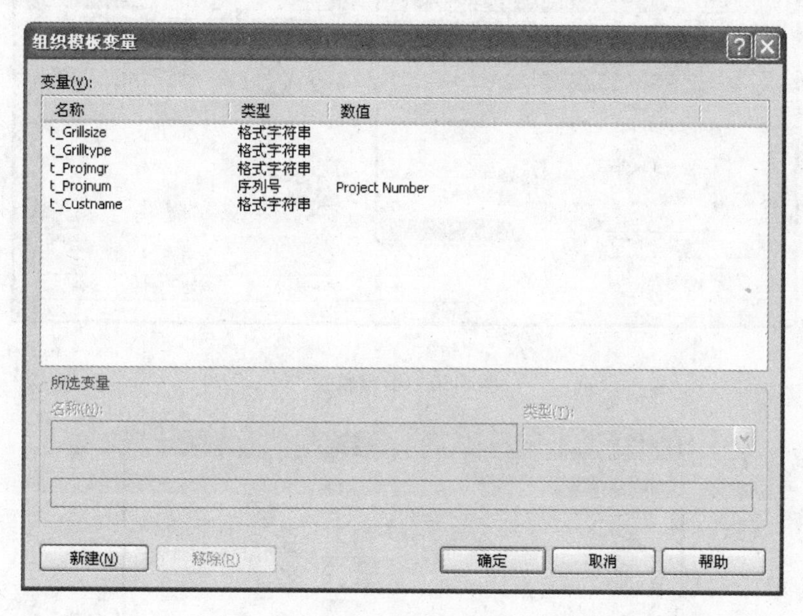

图 5-48 修改客户名称

单击【确定】。

步骤 21 指定变量

复制模板输入表格的卡片变量到刚刚创建的模板变量，使用下拉列表复制每个卡变量到相应的模板变量，如图 5-49 所示。

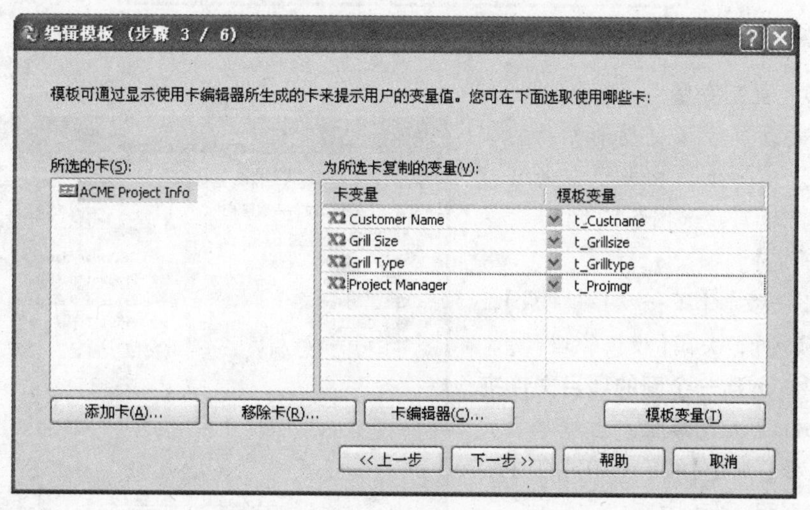

图 5-49 指定变量

步骤 22 写入数据到文件夹

单击【下一步】，直到编辑模板(步骤 4/6)。

右键单击“%t_Projnum%.%t_Custname%”文件夹，选择【属性】，如图 5-50 所示。

选择【复制变量】选项卡，如图 5-51 所示。

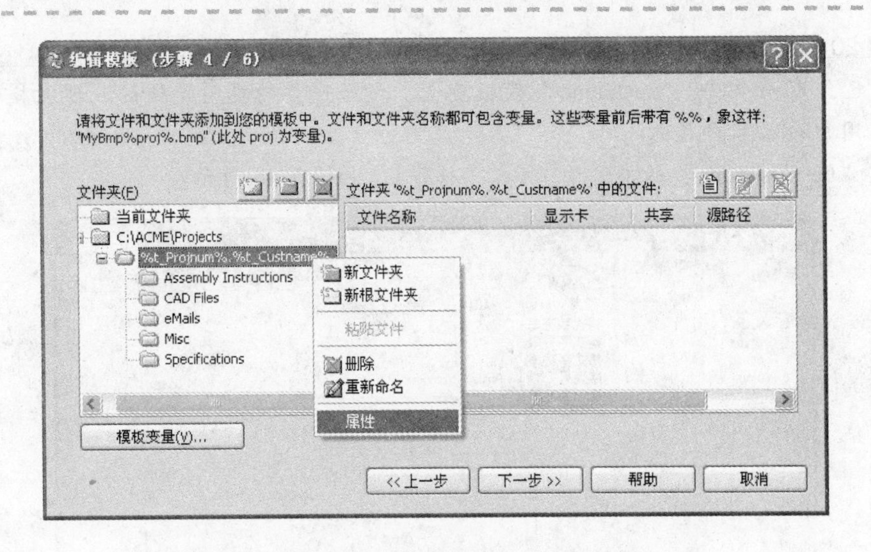

图 5-50　编辑属性

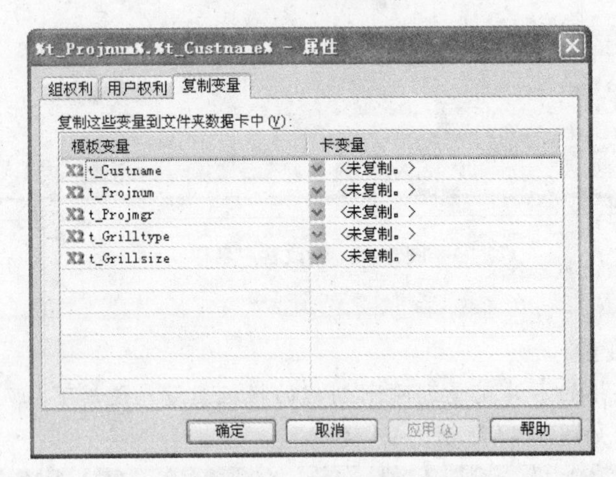

图 5-51　复制变量

步骤 23　复制变量

用户需要复制模板变量到相应的文件夹卡变量。实际上，相当于在新创建的文件夹卡里填写，如图 5-52 所示。

单击【确定】。

单击【下一步】/【下一步】/【完成】。

单击【确定】，关闭【模板管理器】。

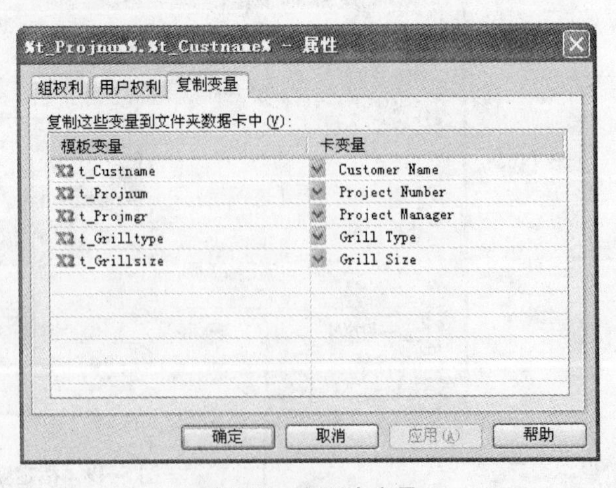

图 5-52　复制卡变量

步骤 24　创建一个新的项目文件夹

在 Windows 浏览器里，右键单击文件视图，选择【新建】/【ACME】/【Project】，如图 5-53 所示。

显示模板输入表格，并要求用户添加数据。

步骤 25　输入数据

添加如图 5-54 所示信息。

单击【确定】。

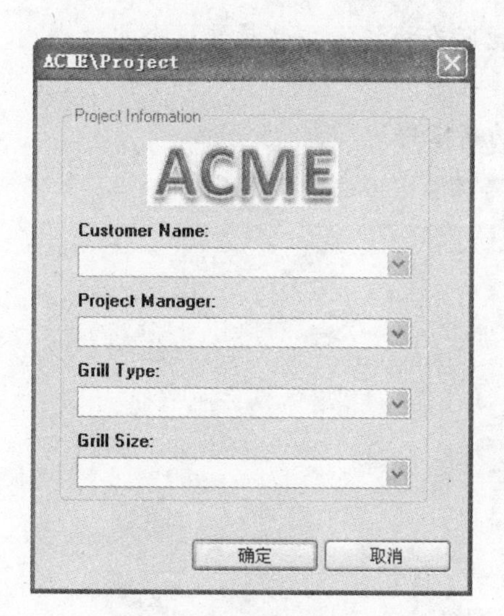

图 5-53 新建项目文件夹

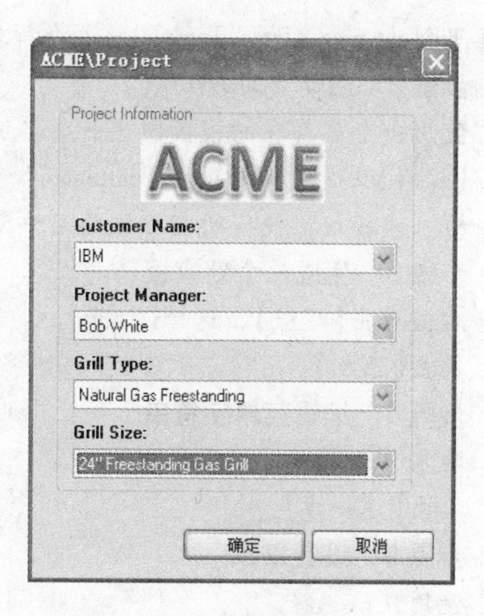

图 5-54 输入数据

步骤 26 检查文件夹数据卡

在 Windows 浏览器里，选择新的项目并检查数据卡信息，【Project】、【Customer】、【Project Manager】、【Grill Type】和【Grill Size】都已经填写了，如图 5-55 所示。

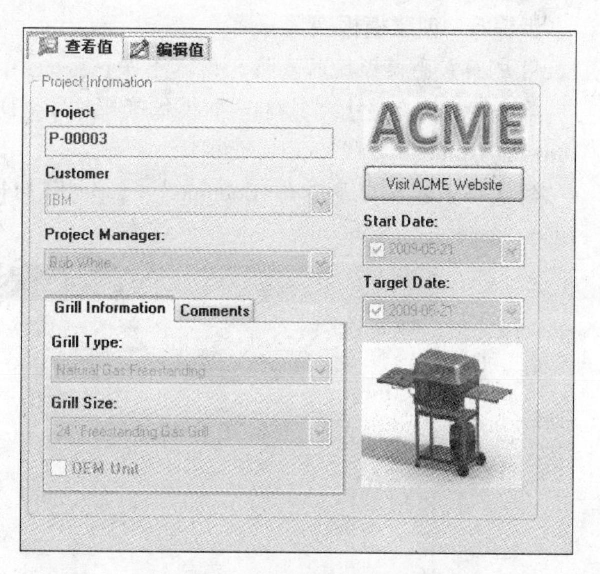

图 5-55 检查文件夹数据卡

5.3 学习实例：文件模板

为确保一致，用户将为各种典型的文件类型创建模板源文件。

在本例中，用户将创建一个 SolidWorks 零件模板。用户需要一个模板源文件。

5.3.1 模板源文件

模板源文件是用来创建新文件的文件。

操作步骤

步骤 1 创建一个模板项目文件夹

为了使所有用户都可以使用这些模板，需要在库里保存副本。为方便组织管理，可以在库里创建一个名为“Templates”的新文件夹，把所有模板源文件放在这个文件夹内。

步骤2　启动 SolidWorks

使用一个已存在的模板创建一个单位为英寸的新零件。

【保存】文件到库中的“Templates”目录，命名为“Part _ IN. sldprt”。

检入该模板，使得所有准许的用户都可以获取。

步骤3　生成一个新模板

右键单击【模板】，选择【打开】。

单击【添加】。

步骤4　编辑菜单字符串

输入“SolidWorks\Part-IN”。

单击【下一步】。

步骤5　设置权限

使用默认选择。

单击【下一步】。

步骤6　创建模板变量

用户不需要模板输入表格，所以单击【下一步】。

单击【模板变量】，创建一个模板变量“t _ Drawnum”，【类型】为【序列号】，并选择“Drawing Number”。

创建一个模板变量“t _ Docnum”，【类型】为【序列号】，并选择“Document Number”，如图 5-56 所示。

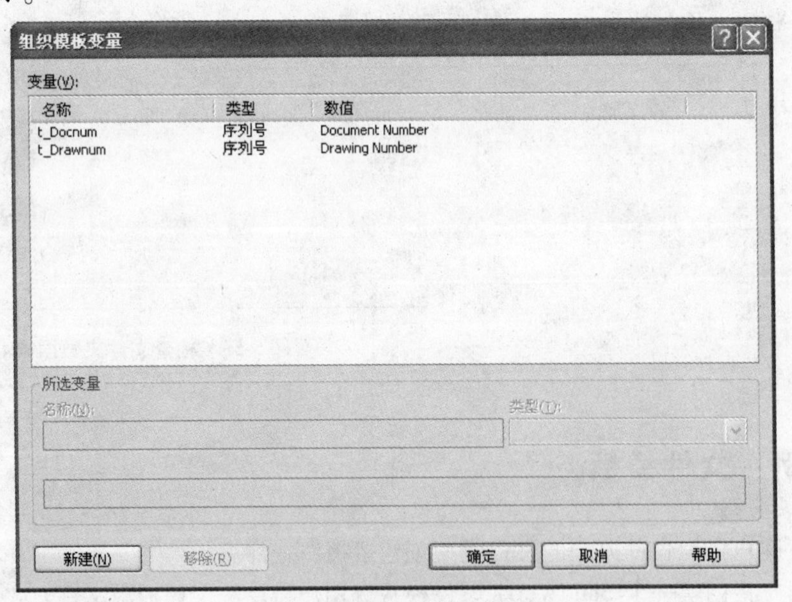

图 5-56　创建模板变量

单击【确定】。

步骤7　创建模板文件

单击【新文件】。

选择库中“Templates”目录里的“Part _ IN. sldprt”文件，如图 5-57 所示。

步骤8　从模板变量创建文件名称

用模板变量“t _ Drawnum”的值修改文件名称，如图 5-58 所示。

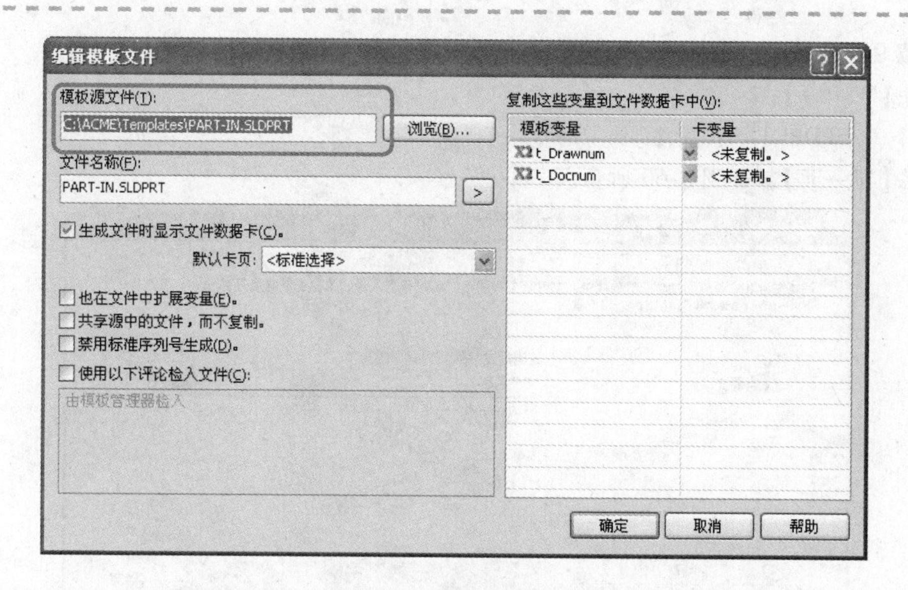

图 5-57 编辑模板文件

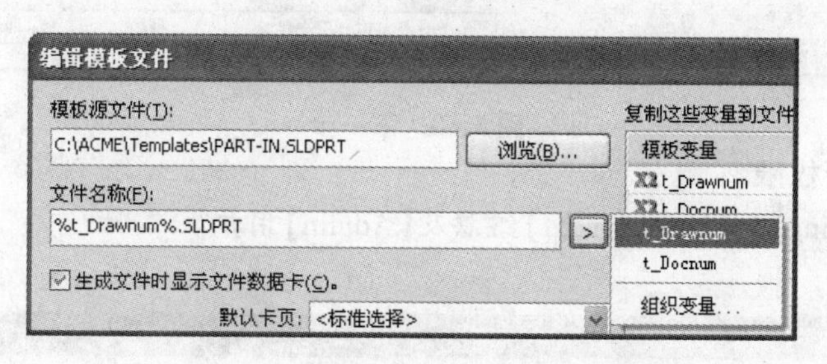

图 5-58 从模板变量创建文件名称

勾选【生成文件时显示文件数据卡】,【默认卡页】选择@，并勾选【禁用标准序列号生成】，如图 5-59 所示。

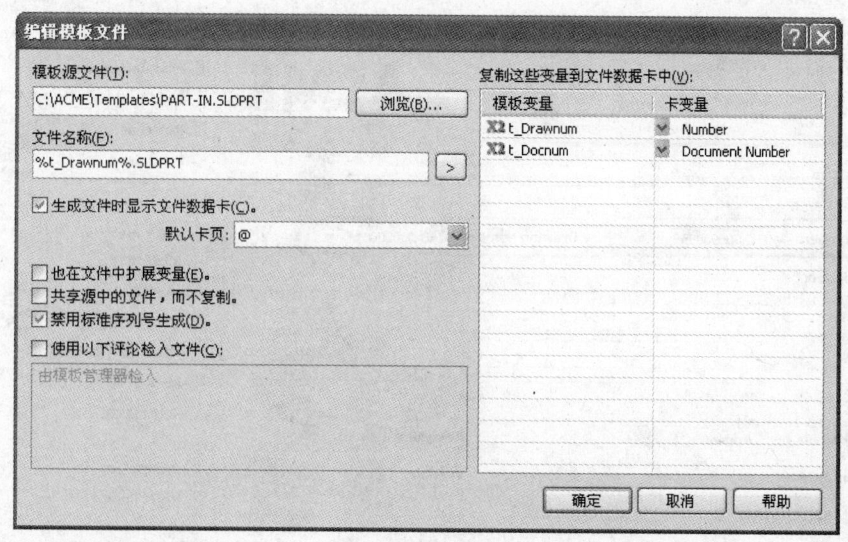

图 5-59 其他设置

复制模板变量到各自的卡变量:【t _ Drawnum】对应【Number】,【t _ Docnum】对应【Document Number】。

单击【确定】。

步骤 9　选择一个图标

单击【下一步】。

选择“.SLDPRT”扩展名。

单击【下一步】，如图 5-60 所示。

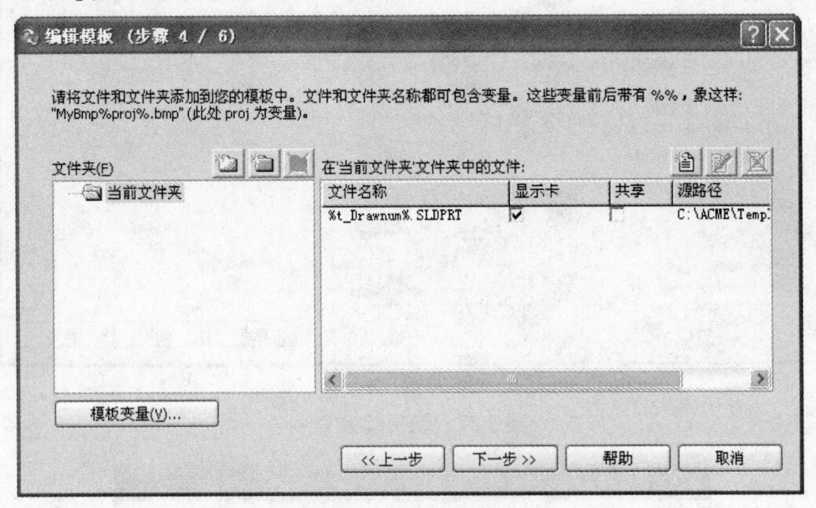

图 5-60　下一步

步骤 10　更新权限

选择【Engineering】和【Management】组以及【Admin】用户。

单击【完成】。

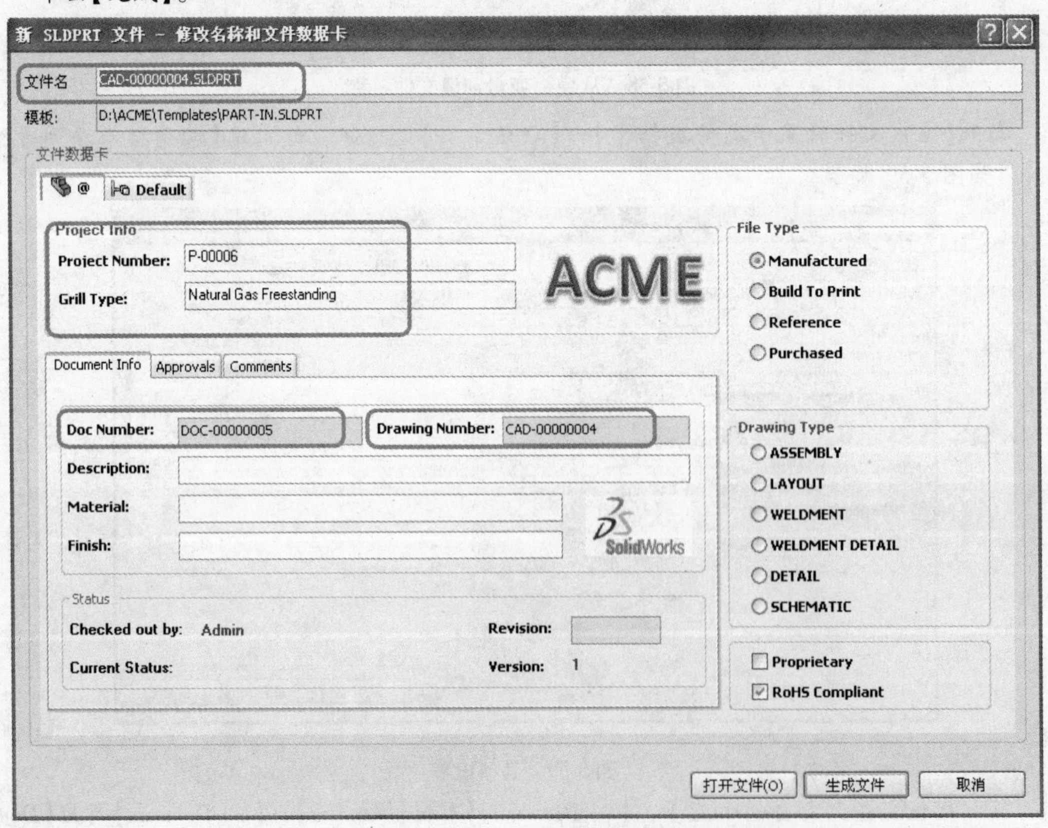

图 5-61　检查数据卡

新的模板就会出现在模板管理器里。

单击【确定】，关闭模板管理器。

步骤 11　测试模板

在 Windows 浏览器里，选择“P-00003. IBM\CAD Files”。在右侧窗格单击右键，选择【新的】/【 SolidWorks】/【 Part-IN】。

步骤 12　检查数据卡

数据卡显示新的文件名称“CAD-0000000x. SLDPRT”，【Project Number】和【Grill Type】已经被填写，这些数据从文件夹数据卡继承来。而【Doc Number】和【Drawing Number】则由模板中定义的序列号产生而来，如图 5-61 所示。

步骤 13　创建文件

单击【生成文件】按钮，如图 5-62 所示。

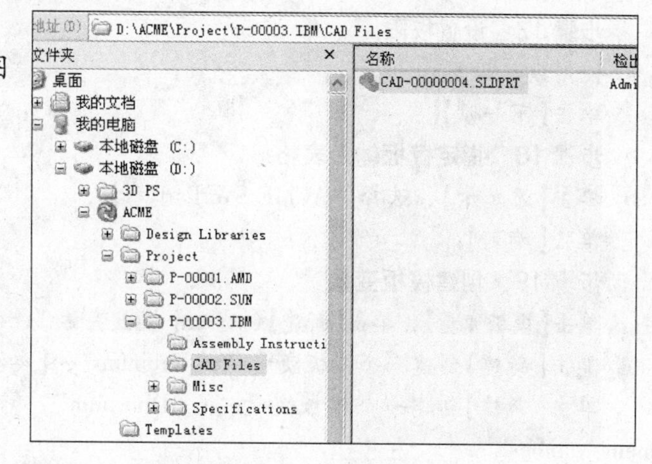

图 5-62　生成文件

5.3.2　文件模板：子文件夹

前面的文件模板是在当前文件夹中创建 SolidWorks 零件。在定义模板时，选择当前文件夹，则将在运行模板的文件夹内放置新文件。

选择模板子文件夹，则新建的文件将放置在所选子文件夹中。

在本案例中，用户通过模板将在所选项目的“CAD Files”文件夹下创建 SolidWorks 零件文件。

步骤 14　创建一个模板输入表格

创建一个带表 5-3 中所示的两个控件的名为“ACME SW PART”模板输入表格。

表 5-3　项目文件夹模板输入表格

Property Name	Type	Notes
Project Number:	Text	
Customer:	Text	

务必要把“Project Number”和“Customer Name”变量的默认值设置为文件夹数据卡上相应的变量，如图5-63所示。

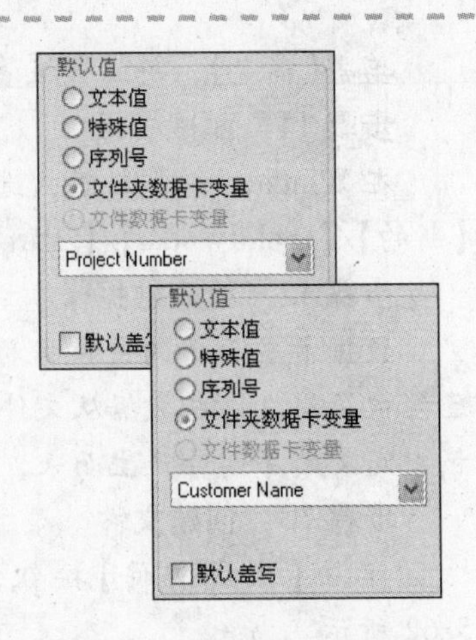

图5-63 创建模板输入数据

步骤15 创建一个新的模板

右键单击【模板】，选择【打开】。

单击【添加】。

步骤16 编辑菜单字符串

输入“SolidWork\Psart-NEW”。

单击【下一步】。

步骤17 设置权限

使用默认设置。

单击【下一步】。

步骤18 指定模板输入表格

单击【添加卡】，选择“ACME SW Part”卡。

单击【确定】。

步骤19 创建模板变量

单击【模板变量】，单击【新建】创建一个模板变量“t _ Custname”，【类型】为【格式字符串】。

单击【新建】创建一个模板变量“t _ Projnum”，【类型】为【格式字符串】。

单击【新建】创建一个模板变量“t _ Drawnum”，【类型】为【序列号】，并选择“Document Number”。

单击【新建】创建一个模板变量“t _ Docnum”，【类型】为【序列号】，并选择“Document Number”。

单击【确定】。

复制卡变量到各自的模板变量。

单击【下一步】，如图5-64所示。

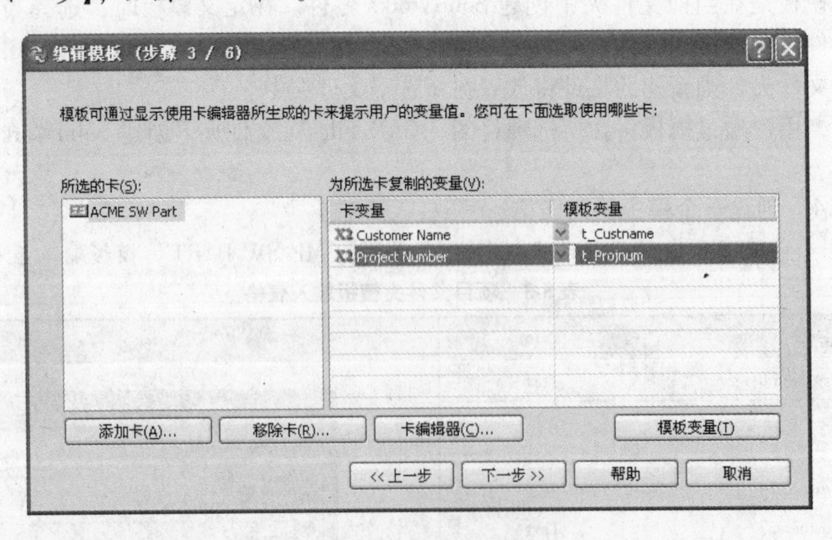

图5-64 复制卡变量

步骤20 创建文件夹结构

用户想要在所选项目的“CAD Files”文件夹内自动生成零件文件。

单击 创建根文件夹，命名为“Projects”。

选择“Projects”文件夹，单击创建一个新的子文件夹，命名为“%t_Projnum%.%t_Custname%”。

选择文件夹“%t_Projnum%.%t_Custname%”,创建子文件夹，命名为“CAD Files”，如图5-65所示。

图5-65 创建子文件夹

提示

这里的文件夹命名必须与文件夹模板学习实例中相同。必须重新创建文件夹结构以便新的零件文件被正确的放置在所选项目中。

步骤21 创建模板文件

选择“CAD File”文件夹，单击“新建文件”。

选择库中“Templates”文件夹下的“Part-IN. sldprt”文件，如图5-66所示。

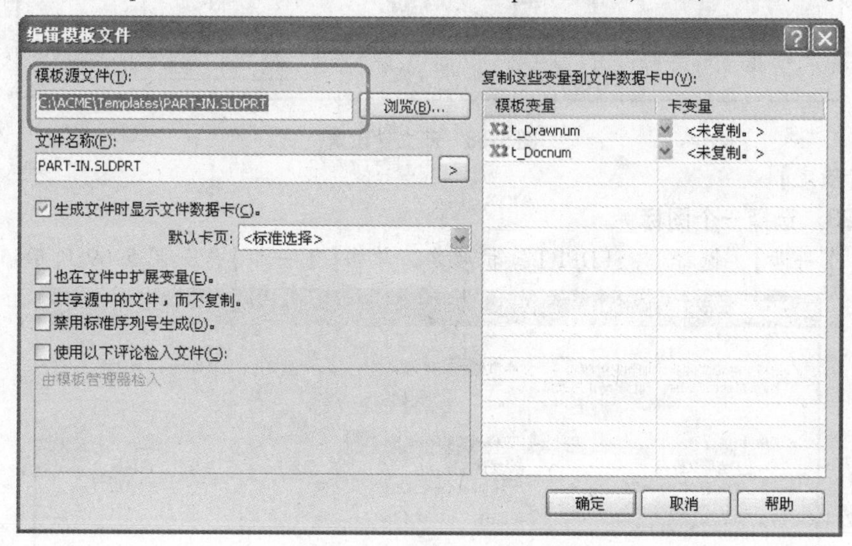

图5-66 选择模板源文件

步骤22 从模板变量创建文件名称

修改文件名称，并使用模板变量“t_Drawnum”的值，如图5-67所示。

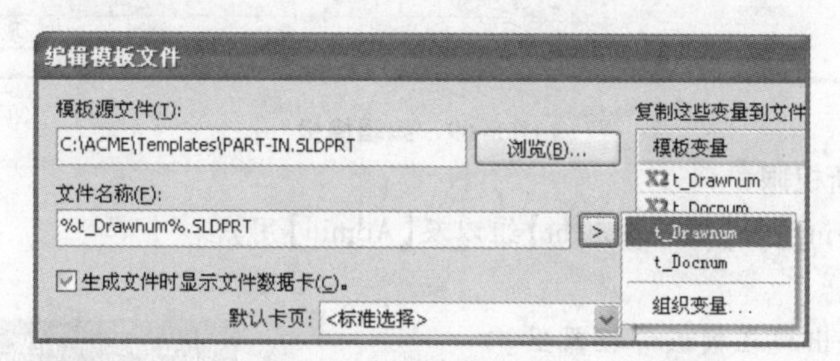

图5-67 创建文件名称

勾选【生成文件时显示文件数据卡】,【默认卡页】选择“标准选择”，并勾选【禁用标准序列号生成】。复制模板变量到各自的卡变量：“t_Drawnum对应Number”，“t_Docnum”对应“Document Number”，如图5-68所示。

提示

不需要复制模板变量“t_Custname”和“t_Projnum”，因为文件数据卡设置“t_Projnum”默认从文件夹数据卡继承，而“t_Custname”并没有在文件数据卡上使用。

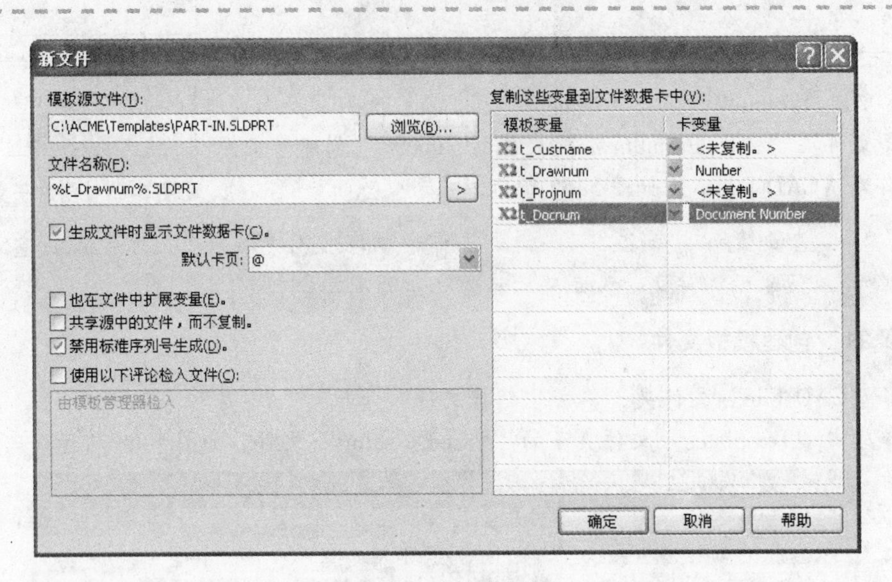

图 5-68　新文件设置

单击【确定】。

步骤 23　选择一个图标

单击【下一步】，选择“.SLDPRT”扩展名，单击【下一步】，如图 5-69 所示。

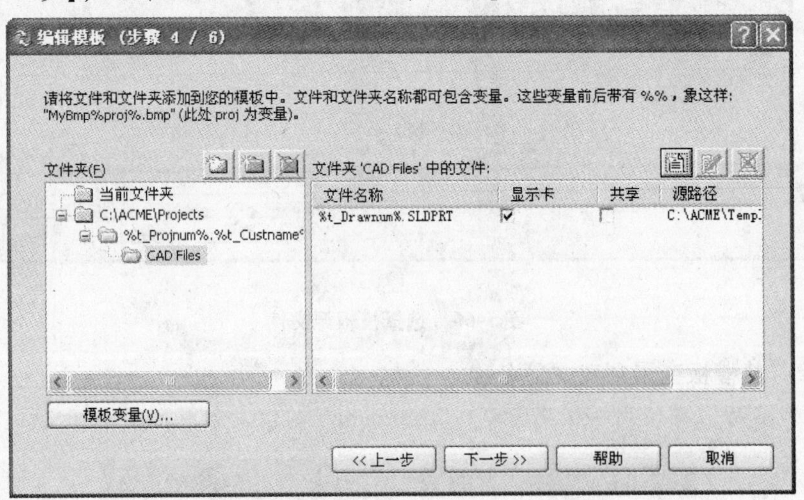

图 5-69　编辑模板

步骤 24　更新权限

选择【Engineering】和【Management】组以及【Admin】用户。

单击【完成】。

新的模板就会出现在模板管理器里。

单击【确定】，关闭模板管理器。

步骤 25　测试模板

在 Windows 资源管理器里，选择“P-00003. IBM\CAD Files”。在右侧窗格单击右键，选择【新建】/【SolidWorks】/【Part-NEW】。

如图 5-70 所示，模板输入表格从文件夹卡自动获取“Project Number”和“Customer Name”的值。

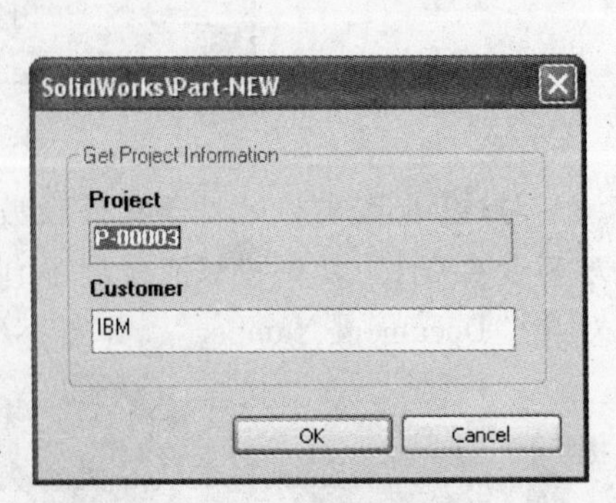

图 5-70　测试模板

单击【确定】。

步骤26 检查数据卡

数据卡显示新的文件名称“CAD-0000000x. SLDPRT”,【Project Number】和【Grill Type】已经被填写,这些数据从文件夹数据卡继承来。而【Doc Number】和【Drawing Number】则由模板中定义的序列号产生而来,如图5-71所示。

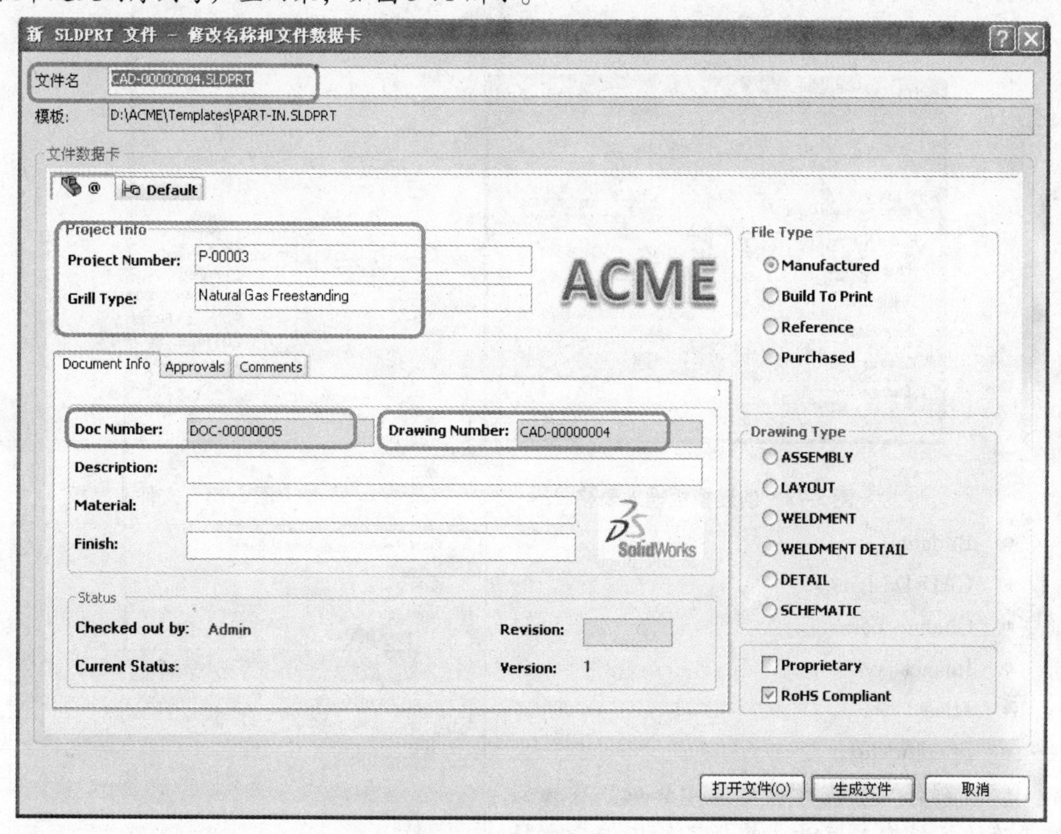

图5-71 检查数据卡

步骤27 创建文件

单击【生成文件】按钮。

在所选项目下的“CAD Files”文件夹内自动生成文件。

练习 创建模板

SolidWorks Enterprise PDM模板可用来自动新建文件或文件夹结构。在本练习中,用户将用模板输入表格创建一个文件夹结构模板,并创建SolidWorks零件文件模板。

操作步骤

步骤1 创建模板输入表格

新建一个模板输入表格,提示用户输入以下值,如图5-72所示。

- Project Number:项目编号(序列号)。
- Project Name:项目名称。
- Customer Name:客户名称。

步骤2　新建一个文件夹模板

（1）创建文件夹模板“Project\New Project”。

（2）创建根目录下名为“Projects”的文件夹。

（3）在 Projects 文件夹下创建文件夹，名称使用项目编号、连接符(-)和客户名称的组合(例如:“PROJ-000003-Acme”)。

（4）再在其下创建以下子文件夹，如图5-73所示。

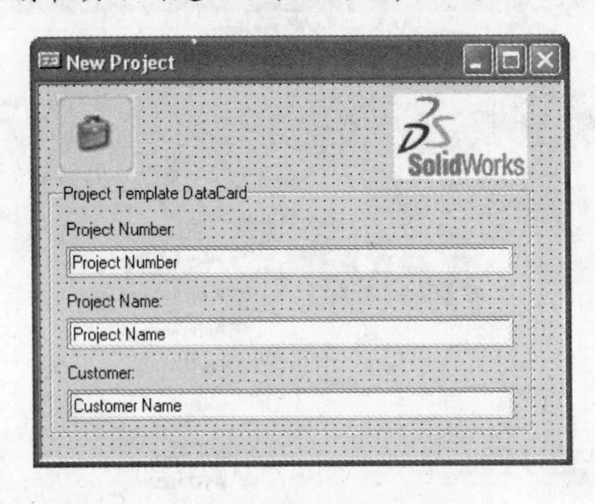

图5-72　创建模板输入表格

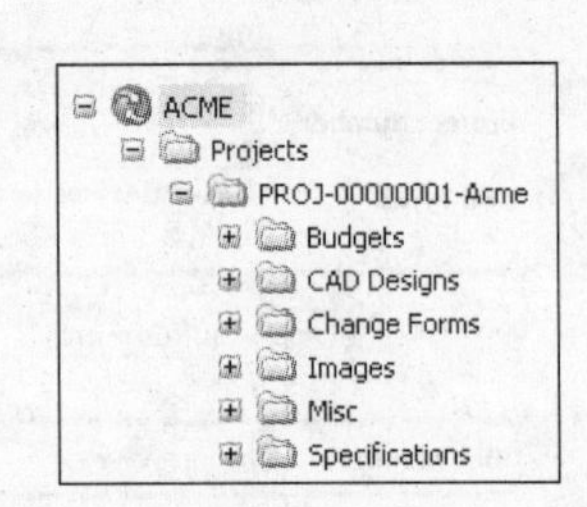

图5-73　文件夹模板

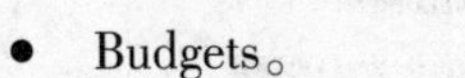

- Budgets。
- CAD Designs。
- Change Forms。
- Images。
- Misc。
- Specifications。

（5）确保文件夹数据卡显示正确。确保创建正确的模板输入变量，并指定到文件夹数据卡相关的域中，如图5-74所示。

步骤3　创建 SolidWorks 零件文件模板

创建一个 SolidWorks 文件模板，并用“Part Number”（零件编号）作为文件名。

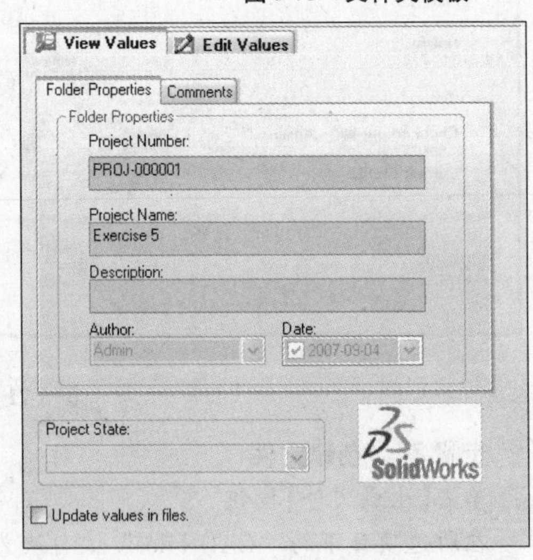

图5-74　文件夹数据卡

第 6 章　列和材料明细表(BOM)视图

学习目标

- 创建自定义列视图
- 创建自定义 BOM 视图

6.1　列

列用来自定义显示用户的文件信息。

用户可以自定义以下类型的列。

1. 文件列表　在 Windows 资源管理器的文件列表中生成额外的数据卡变量值列。

2. 搜索结果　在搜索工具中生成搜索结果列列表。

创建新的列的操作步骤：

(1) 登录的用户必须有【可更新列】的权限。

(2) 展开文件库，右键单击【列】。

(3) 选择【新列集】，如图 6-1 所示。

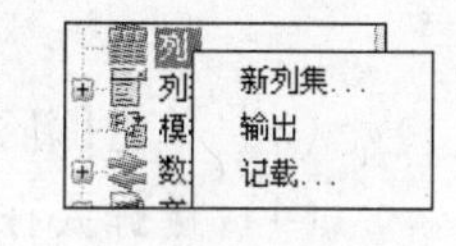

图 6-1　新列表

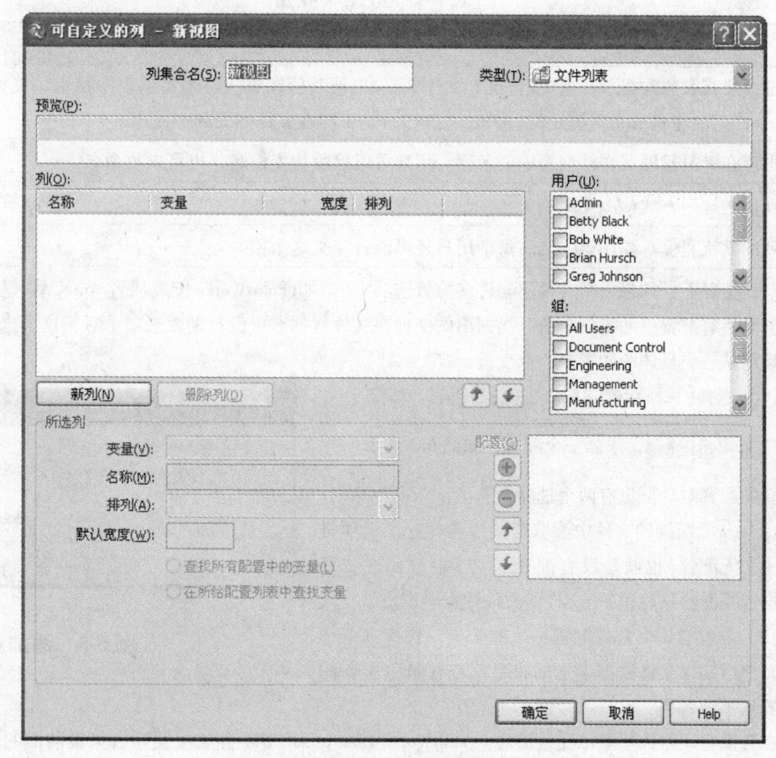

图 6-2　列编辑器

（4）显示列编辑器，如图 6-2 所示。

6.1.1 文件列表列

文件列表列可创建详细文件列表的附加列，并在 Windows 资源管理器界面查看库中文件夹内容时显示。文件库中的每个用户可以有自定义的指定文件列表。文件和文件夹的数据卡变量值都可以通过文件列表列显示，如图 6-3 所示。

Name	Description	Document Number	Number
40729-2VGA_Tire&Wheel.SLDPRT	4.10 / 3.50 - 4 Tire and Wheel ...	DOC-00000079	CAD-00000078
Axle.SLDPRT	Axle	DOC-00000080	CAD-00000079
Brace.SLDPRT	Brace	DOC-00000081	CAD-00000080
E-Ring External Retaining Ring.sldprt	External Retaining Ring	DOC-00000082	CAD-00000081
Extra Wide Fold Nose Truck_&.SLDASM	Hand Truck Assembly	DOC-00000083	CAD-00000082
Flat Washer Type A Wide_AI.sldprt	Flat Washer Type A Wide	DOC-00000084	CAD-00000083
Fold Nose Extension.SLDPRT	Fold Nose Extension	DOC-00000085	CAD-00000084
Frame_&.SLDDRW	Frame Drawing	DOC-00000086	CAD-00000085
Frame_&.SLDPRT		DOC-00000087	CAD-00000086
Toe Plate.SLDPRT	Toe Plate	DOC-00000088	CAD-00000087
Wheel and Axle Assembly.SLDASM	Wheel and Axle Assembly	DOC-00000089	CAD-00000088

图 6-3 文件列表列

操作步骤如下：

（1）打开列编辑器。

（2）输入新文件列的名称，在【类型】一栏选择【文件列表】，如图 6-4 所示。

图 6-4 新文件列

（3）单击【新列】。

（4）选择要在新建列显示的数据卡变量，见表 6-1。

（5）单击【新列】按钮，创建附加的变量值列。

表 6-1 数据卡变量

选　项	描　述
变量	选择要获取的数据卡变量（文件或者文件夹），以便其值在资源管理器列表中显示。例如，“Title”或者“Project number”。要注意的是系统变量（用< >标出的）是不能在文件列表列中使用
名称	出现在资源管理器文件列表中列名称。用户可以保留为变量名，也可以重命名
排列	列值的排列方式（左、中或右）
默认宽度	列的默认宽度。要注意，之后每个用户还可以自定义这个值
查找所有配置中的变量	默认情况下，如果一个文件包含许多配置选项卡（例如，SolidWorks 配置或者 AutoCAD 模型/布局），列中显示的变量值是所有配置里的第一个值。当列出的文件在文件数据卡里没有配置选项卡时，这个选项就不起作用 指定从一个具体的配置来获取变量： （1）选择【在所给配置列表中查找变量】 （2）单击 ⊕，添加一个配置，如图 6-5 所示 新的配置对话框里有两个选项： （1）从无配置的文件中读取变量　选择这个选项将从一个无配置（也就是没有配置选项卡会显示在文件数据卡视图的预览里）的文件的文件数据卡取值 （2）从具有该名称的配置中读取变量　选择这个选项，然后输入文件数据卡上的将要获取变量值所在的配置选项卡名称 新配置 ○ 从无配置的文件中读取变量 ◉ 从具有该名称的配置中读取变量: 确定　取消　帮助 图 6-5 添加新配置 在资源管理器列里显示变量值时，SolidWorks Enterprise PDM 会从配置列表里最前面的配置名开始计算处理。如果找不到相应的值，则会继续查找下一个配置，直到找到为止

（6）选择允许查看该文件列表列的用户或组。要注意每个用户在有权进入的文件库里同时只能有一个文件列表列。用户也可以在用户属性卡中选择使用哪一个文件列表列，如图6-6所示。

（7）预览区域显示列的明细，如图6-7所示。

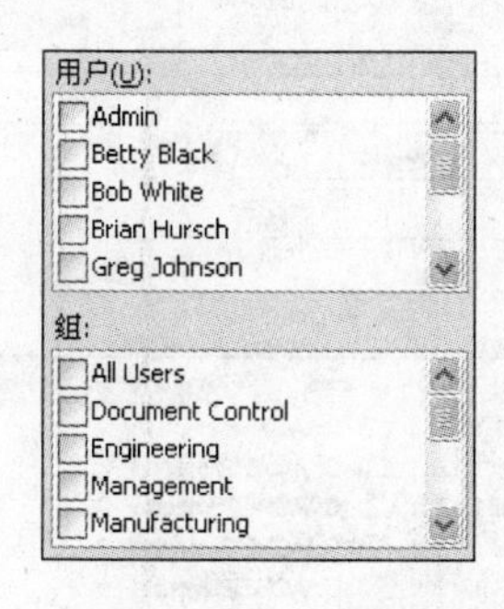

图6-6　用户组

图6-7　预览区

技巧　要改变列宽，可在预览区选择分割条，拖动它增大或缩小列宽。

（8）测试文件列表列，用列所指定的用户登录到库。这些列出现在标准的资源管理器列的右侧。每个用户通过拖拉来重新组织列的位置和宽度，如图6-8所示。

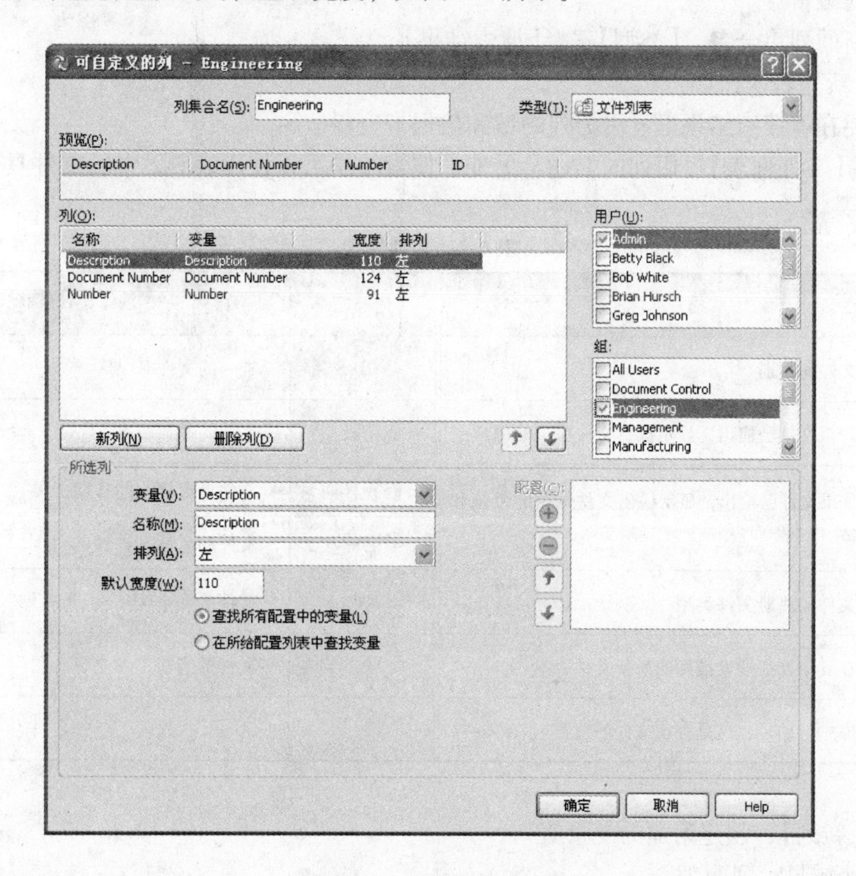

图6-8　可自定义的列

6.1.2　搜索列

此类型的列可创建搜索结果列表，用来自定义搜索表格来显示文件和文件夹。每个搜索表格被指定一个具体的搜索结果列，可以显示文件和文件夹数据卡变量的值，如图6-9所示。

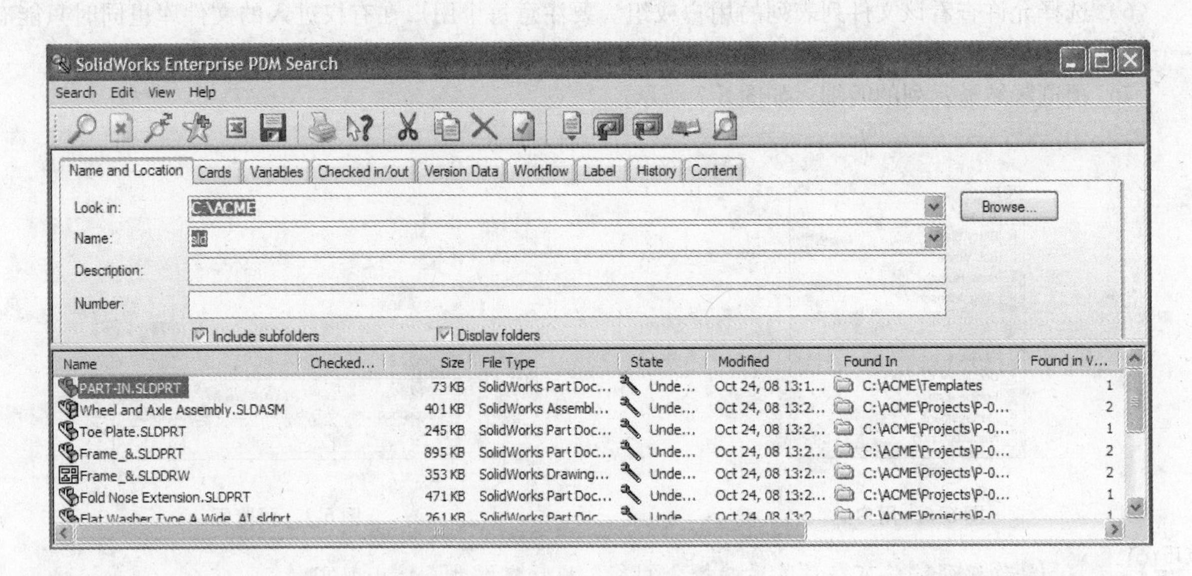

图 6-9　搜索列

创建一个新的搜索结果列的操作步骤如下：

（1）打开列编辑器。

（2）输入新的列集合名，【类型】选择【搜索结果】。

（3）单击【新列】。

（4）选择要在新搜索结果里显示为列的域和数据卡变量。

参考前面的【文件列表】可用列的描述。另外，搜索结果可以使用表 6-2 中的文件具体的变量（用<>标记的）。

表 6-2　文件变量

列选项	描　述	列选项	描　述
<类别>	文件的类别	<ID>	唯一的文件 ID 号
<检出者>	如果文件已检出，显示执行文件检出的用户	<最新版本>	文件的最新版本
<检出于>	如果文件已检出，显示检出文件所在的系统和路径	<修改日期>	文件最近修改的日期
		<名称>	文件的名称和扩展名
<文件类别>	文件的注册文件类型	<大小>	文件的大小
<查找版本为>	在其中查找搜索准则的最新文件版本	<状态>	文件的当前工作流程状态
<查找位置>	库中的路径，这是查找文件的位置		

（5）单击【新列】，创建附加的变量值列。

（6）预览区域显示列明细。

（7）关闭列编辑器，保存搜索结果列。

（8）启动卡编辑器，打开一个要使用刚建立的搜索结果列的搜索表格。

（9）在【卡属性】里，在【结果列集】列表下选择用在这个搜索表格的搜索结果，如图 6-10 所示。

(10) 保存搜索表格，关闭卡编辑器。

(11) 使用刚修改的搜索表格运行搜索，测试新的结果列。返回的结果是按用户指定的搜索结果列的格式显示。要更新搜索结果列次序，可在管理工具里更改。

图 6-10　卡属性

6.2　学习实例：创建列

用户将为“Engineering”组创建一个文件列表列。

操作步骤

步骤1　启动管理工具

在文件库视图里选择【工具】/【Enterprise PDM 管理】来启动管理工具。

步骤2　登录

展开文件库，用“Admin”用户登录。

步骤3　创建新列

右键单击【列】，选择【新列集】。

步骤4　定义列集合名

输入【列集合名】“Engineering”，类型选择【文件列表】。

步骤5　建立新列

单击【新列】/【变量】选择【Description】，设定【默认宽度】为“150”。

单击【新列】/【变量】选择【Document Number】，设定【默认宽度】为“50”。

单击【新列】/【变量】选择【Number】，设定【默认宽度】为“50”。

步骤6　设置用户权限

选择【Engineering】组和【Admin】用户。

步骤7　保存和测试

单击【确定】，保存修改。

用一个属于【Engineering】组的用户登录，浏览库并查看新的属性。

6.3　材料明细表

这种类型的列通常作为 CAD 装配体或工程图的材料明细表(BOM)使用。材料明细表的列可动态显示所选主文件的参考零部件的数据卡变量值，这些值原本就存储在数据库中。用户可以创建多个材料明细表列，具有各自的排列设计和相应配置，以便用户选择所需合适的材料明细表显示形式，如图6-11所示。

Enterprise PDM 可以使用以下 BOM 种类。

1. 材料明细表(见图 6-11)

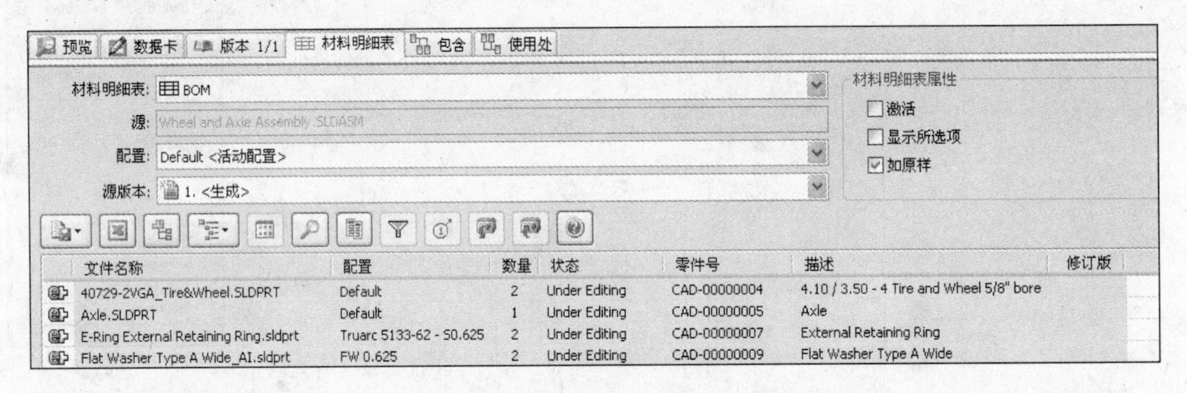

图 6-11　材料明细表

2. 焊件切割清单(见图 6-12)

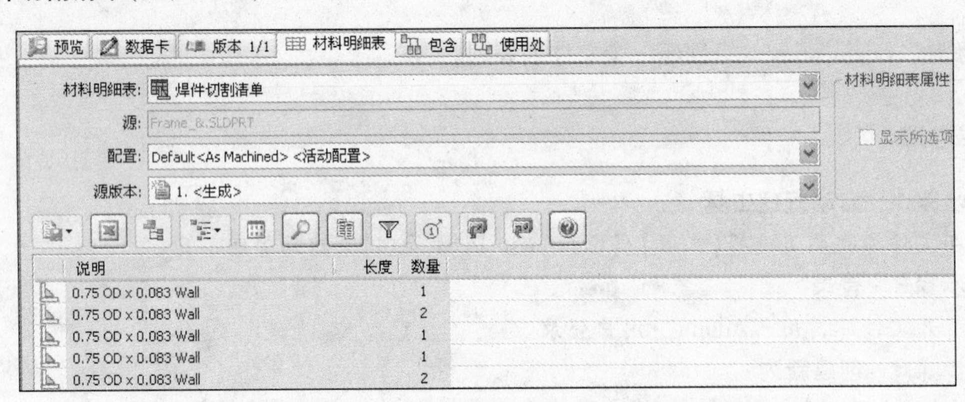

图 6-12　焊件切割清单

3. 焊件材料明细表(见图 6-13)

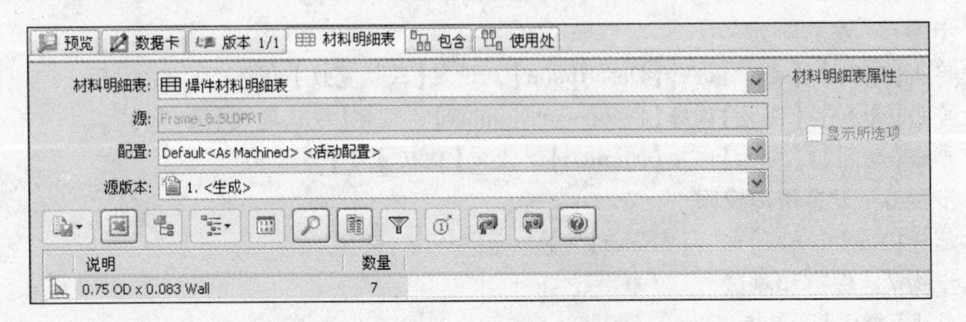

图 6-13　焊件材料明细表

4. 条目材料明细表(2009 SP2 及之后版本可用,见图 6-14)

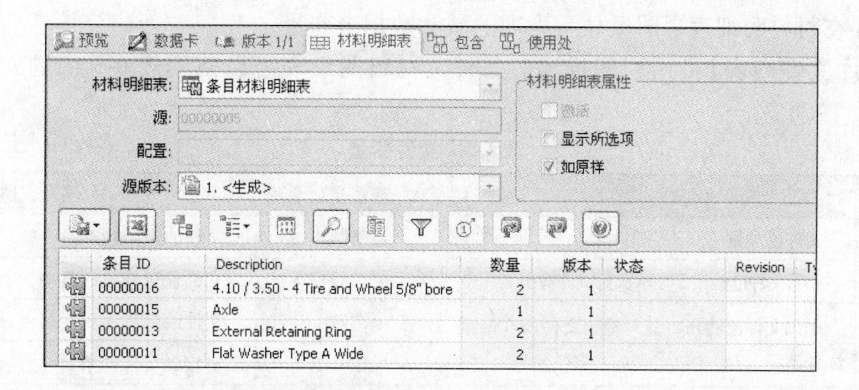

图 6-14　条目材料明细表

注意

SolidWorks 装配体和工程图的材料明细表显示是不受管理工具里材料明细表定义影响的，而是由 SolidWosks 自身的材料明细表控制的。

创建一个新的材料明细表列的操作步骤如下：

(1) 确保登录的用户有【可更新列】的权限。

(2) 展开文件库，右键单击【材料明细表】。

(3) 选择【新材料明细表】，如图 6-15 所示。

(4) 显示材料明细表编辑器，如图 6-16 所示。

(5) 输入新材料明细表的名称。

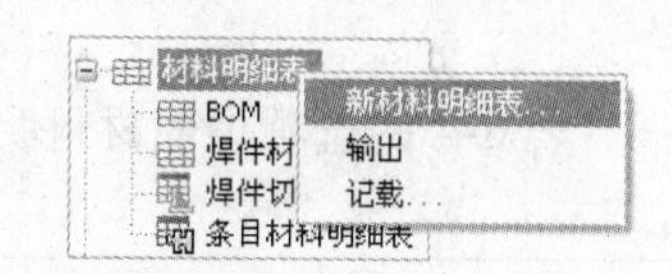

图 6-15　新材料明细表

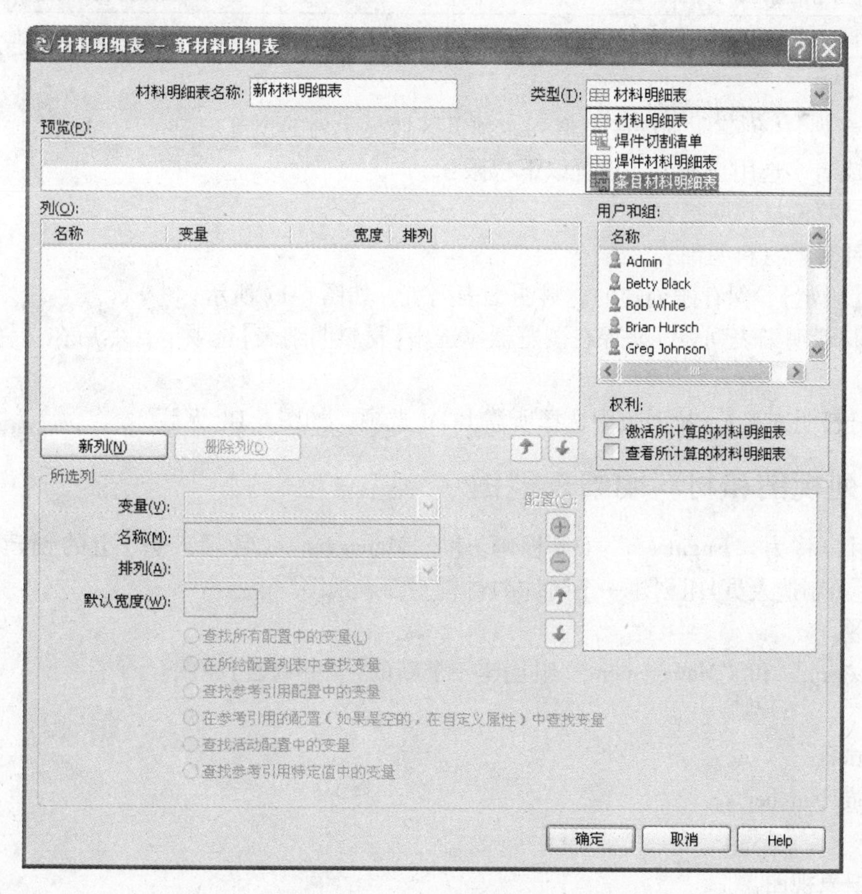

图 6-16　材料明细表编辑器

(6) 选择类型："材料明细表"。

(7) 单击【新列】。

（8）选择要在材料明细表视图里显示为列的域和数据卡变量。

参考前面的【文件列表】可用列的描述。另外，材料明细表可以使用表 6-3 中的文件具体的变量（用<>标记的）。

表 6-3　文件变量

变量选项	描　述	变量选项	描　述
<类别>	文件的类别	<最新版本>	文件的最新版本
<检出者>	如果文件已检出，显示执行文件检出的用户	<修改日期>	文件最近修改的日期
<检出于>	如果文件已检出，显示检出文件所在的系统和路径	<名称>	文件的名称和扩展名
		<关联条目>	链接到文件的条目
<配置>	显示配置	<参考计数（忽略材料明细表数量）>	焊件零部件的数量，关联长度属性，计算数量时忽略材料明细表数
<文件类别>	文件的注册文件类型		
<查找版本为>	在其中查找搜索准则的最新文件版本	<参考引用记数>	零部件在装配体中使用的实例数（即数量）
<查找位置>	库中的路径，这是查找文件的位置	<大小>	文件的大小
<ID>	唯一的文件 ID 号	<状态>	文件的当前工作流程状态

表 6-4 的选项说明材料明细表视图如何获取变量值。

表 6-4　BOM 特有选项

查找所有配置中的变量	在参考引用的配置（如果是空的，在自定义属性）中查找变量
在所给配置列表中查找变量	查找活动配置中的变量
查找参考引用配置中的变量	查找参考引用特定值中的变量

（9）单击【新列】，创建附加的变量值列。预览区域显示列的预览。

（10）单选或者多选用户和组，设置以下权限：

1）激活所计算的材料明细表。

2）查看所计算的材料明细表。

（11）单击【确定】，保存刚创建的材料明细表列表，如图 6-17 所示。

（12）测试材料明细表列表，确保在浏览器里选中【材料明细表】选项卡，然后在文件库里选择一个装配体文件。

（13）从【材料明细表】下拉列表中选择所需 BOM 选项，如图 6-18 所示。

练习　创建列视图和材料明细表视图

在本例中用户将为“Engineers”（工程师）和“Managers”（管理人员）组的创建列视图，并为“Manufacturing”（制造人员）组创建一个附加的材料明细表视图。

1. 列视图

为“Engineering” 和“Management” 组创建一个新的【文件列表】视图。

添加属性：

- Description。
- Document Number。
- Number。

2. 材料明细表视图

为“Manufacturing” 组创建一个新的材料明细表（BOM）视图。

给予“Manufacturing” 组【查看所计算的材料明细表】权限，但是不选【激活所计算的材料明细表】。

配置下列属性：

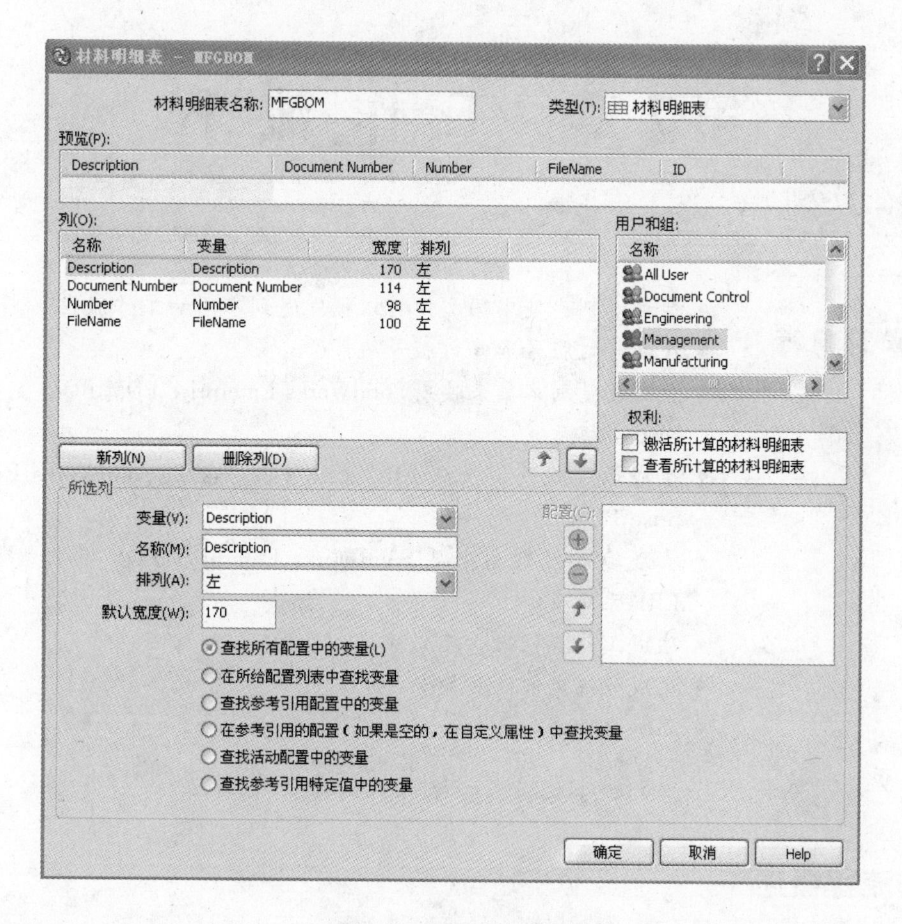

图 6-17　保存材料明细表

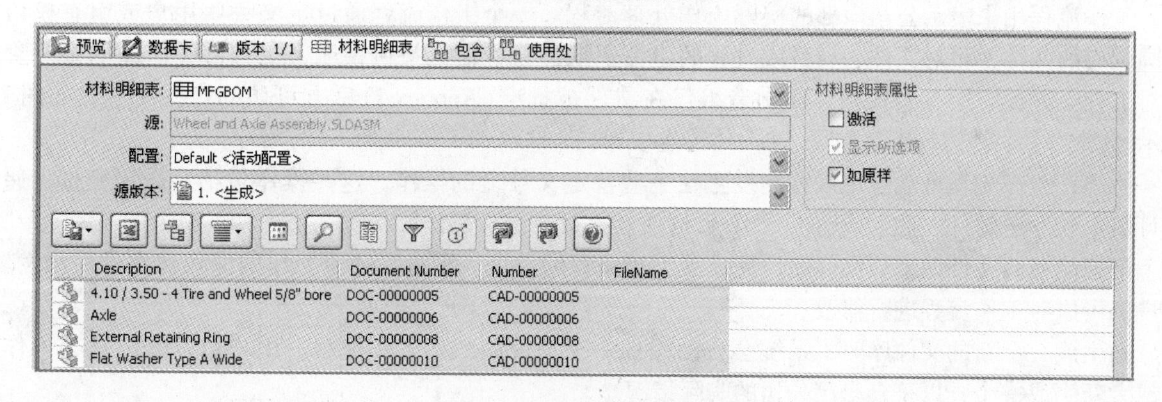

图 6-18　测试材料明细表列表

- Document Number。
- Part Number(Number)。
- Description。
- Quantity(<参考引用记数>)。
- Configuration(<配置>)。

通过预览调整适合的列宽度。

第7章 工 作 流 程

学习目标

- 生成类别，使不同文件可以被发送到不同的工作流程
- 生成修订版号和修订版号组件
- 生成变量别名集来映射 SolidWorks Enterprise PDM BOM 变量到 ERP 数据
- 生成输入规则用来从 ERP 系统导入数据到 SolidWorks Enterprise PDM
- 生成输入规则用来从 SolidWorks Enterprise PDM 导出数据到 ERP 系统
- 生成工作流程来管理文件
- 生成分拣文件的变换
- 添加自动通知

7.1 工作流程概述

工作流程用来表示公司内部的实际工作处理流程。一个工作流程通过定义哪些用户或组有权访问不同状态的文件，可对文件、项目或过程的生命周期进行控制。举例说明，工程部在产品的第一阶段应对工程文件拥有所有的权限，而制造组仅在文件被批准(Approved)后方可访问这些文件，如图 7-1 所示。

另外，工作流程可能被用来控制发生在一些特定文件上的操作。这些操作包括：设定变量、递增修订版本、发送邮件、输入或输出 XML 数据或者执行自定义操作。

最好能在向文件库添加文件前，完成其工作流程的设定。不过，随着工作的深入和文件库的发展，用户仍可以对工作流程进行修改。

在生成一个新的文件库时，系统会自动添加一个预设的默认工作流程。用户可以修改这个工作流程或者新生成一个，以符合自己公司的实际情况。

工作流程通过状态(states)和变换(transitions)来定义。

每个状态代表一个文件在生命周期内所经过的不同阶段。对于每个状态，可以对一组用户或组进行授权，决定哪些用户可以对当前状态的文件进行添加或更名、检出、删除或销毁、设置修订版本、读取或共享。

每个工作流程必须至少有一个状态，而且必须指定一个(只能有一个)状态为初始状态。所有添加到工作流程中的新文件都以初始状态开始，如图 7-2 所示。

工作流程变换代表文件或流程从一个状态转换到另一个状态的进展情况。

每个流程变换都有相应的名称，例如“提交等待批准”和“请求更改”。流程变换可以触发某些操作，例如向团队成员发送电子邮件或运行某个程序。

在工作流程编辑器中，工作流程变换显示为一个框，其中包含变换名称、几个操作按钮和一个从

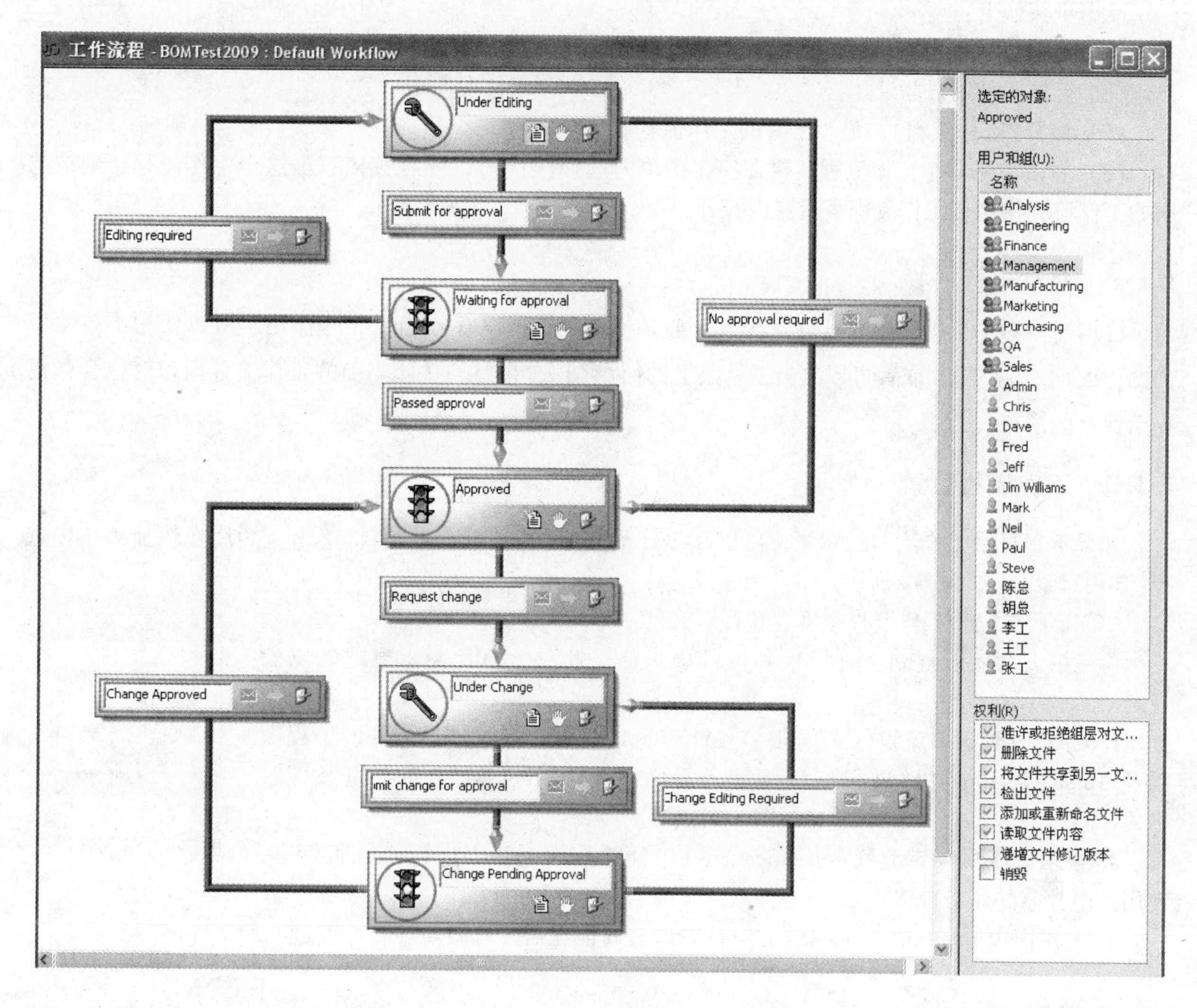

图 7-1　工作流程

源状态到目的状态的箭头，如图 7-3 所示。

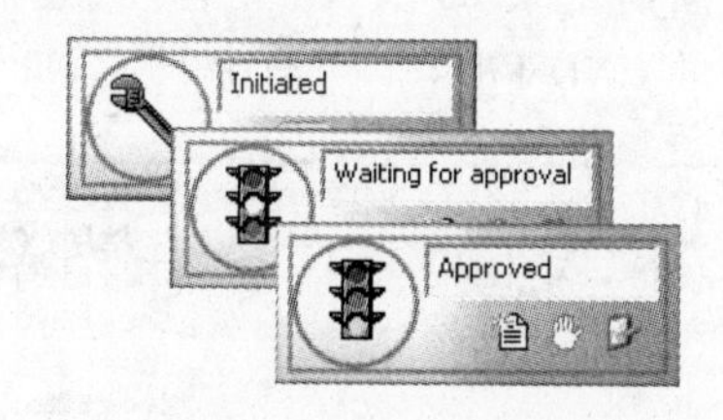

图 7-2　工作流程状态

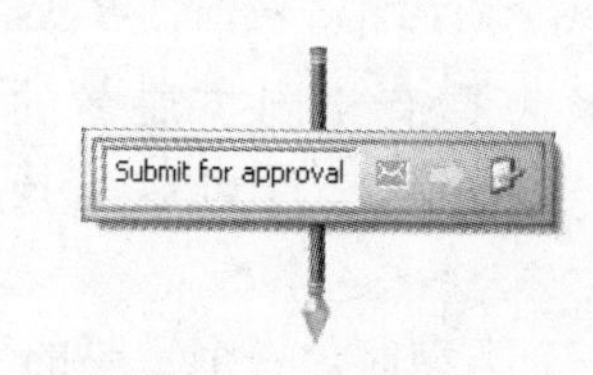

图 7-3　工作流程变换

7.1.1　打开已有的工作流程

在管理工具内，工作流程可通过图形化的工作流程编辑器进行编辑。

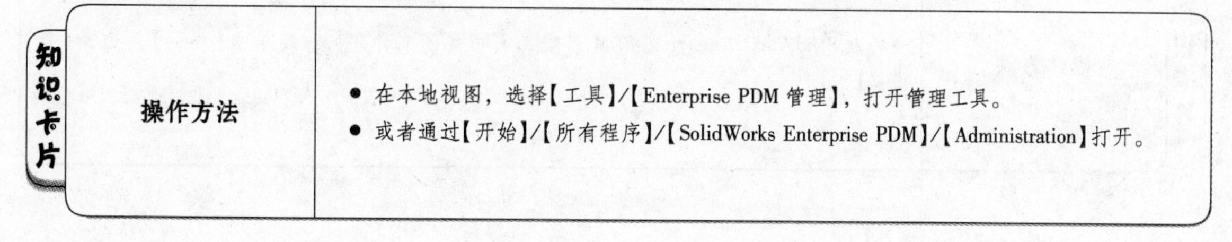

知识卡片

操作方法	● 在本地视图，选择【工具】/【Enterprise PDM 管理】，打开管理工具。 ● 或者通过【开始】/【所有程序】/【SolidWorks Enterprise PDM】/【Administration】打开。

操作步骤如下：

（1）展开文件库节点，以便可以看到所有的管理选项。如果弹出登录窗口，则使用一个有权对工作流程进行修改的用户登录。

（2）展开【工作流程】，显示已有的工作流程。

（3）右键单击某个工作流程，再在快捷菜单内选择【打开】，或者直接双击这个工作流程，则被选中的工作流程将会在工作流程编辑器内打开。

7.1.2 保存工作流程

任何时候对一个工作流程进行修改后，都必须对之进行保存才能让其起作用。可以使用下拉菜单内的【文件】/【保存】，或者可以单击工具条上的【保存】图标。关闭当前的工作流程窗口时也会弹出提示保存的窗口。

7.1.3 工作流程背景

如果不想显示工作流程的背景，可以在工作流程编辑器的空白处右键单击，然后在快捷菜单内选择【禁用背景】，如图 7-4 所示。

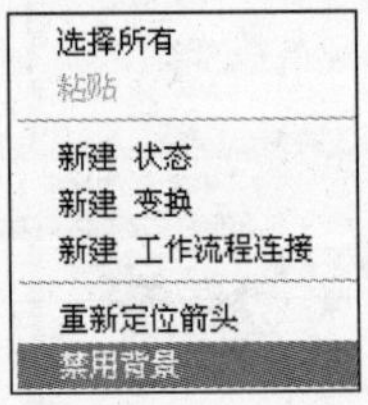

选择所有
粘贴
新建 状态
新建 变换
新建 工作流程连接
重新定位箭头
禁用背景

图 7-4 禁用背景

ACME 需要三个工作流程来管理和评审文件。

参考第 1 章安装规划文件审批和修订版策略：针对 ACME 需求概述的安装规划。

1. CAD 文件评审流程(CAD Files) 针对 SolidWorks 装配体、零件、工程图以及 AutoCAD dwd 文件进行修订版管理，使用一个字母-数字组合的修订版格式。

2. 技术说明书评审流程(Specifications) 针对技术说明书进行修订版管理，使用一个数字的修订版格式。

3. 无需评审流程(All Other Docs) 针对所有其他无需修订版管理和评审过程的文件。

7.2 类别

类别是用来组织文件将其发送到正确的工作流程。例如，所有的 CAD 文件(工程图、装配体、零部件等)都被归为 CAD Files 类别，当被检入时，会被发送到相应的 CAD Files 工作流程。

类别还能为具有相同扩展名的文件指定文件类型。例如，“.doc”文件可以是技术说明书或其他文件。

当定义一个类型时，一个重要的事是要确保每个类别条件都是唯一的。

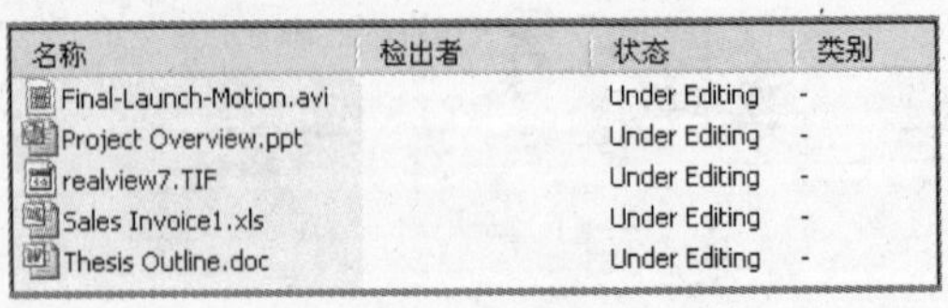

名称	检出者	状态	类别
Final-Launch-Motion.avi		Under Editing	-
Project Overview.ppt		Under Editing	-
realview7.TIF		Under Editing	-
Sales Invoice1.xls		Under Editing	-
Thesis Outline.doc		Under Editing	-

图 7-5 默认类别

在默认情况下，新生成的文件库使用一个默认类别(-)。所有新文件被检入时都被指派到这个类别，除非有新类别被定义，如图 7-5 所示。

知识卡片	操作方法	● 从 SolidWorks Enterprise PDM 管理工具中展开文件库，右键单击【类别】并选择【新类别】。

7.3 学习实例：新建类别

用户将为所有 CAD 文件生成一个类别。

操作步骤

步骤1 打开管理工具

在一个文件库的当地视图内，通过菜单【工具】/【Enterprise PDM 管理】打开管理工具。

步骤2 登录

以“Admin”用户登录到一个文件库，展开文件库节点以便看到管理选项。

步骤3 显示类别

展开【类别】节点，显示所有已定义的类别。

步骤4 创建一个新类别

右键单击【类别】并选择【新类别】，如图7-6所示。

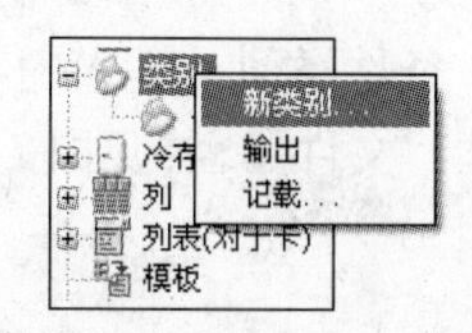

图7-6 新建类别

步骤5 输入类别名称和说明

在名称内输入“CAD Files”，在说明一栏内填上“Parts，assemblies and drawing files”，如图7-7所示。

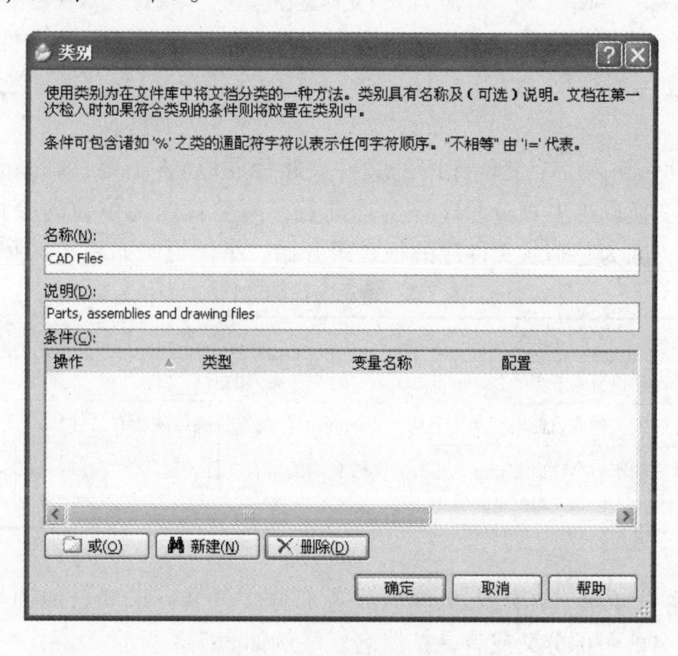

图7-7 输入类别名称和说明

7.3.1 类别条件

文件被指派给一个类别时，必须满足一系列条件，包括文件路径、对象类型(文件或材料明细表)、修订版或者变量值等设置。

文件被初次检入时会检查其是否符合某个类别条件，并将之归类于所满足的类别内。

类别条件可以是“与”关系，也可以是“或”关系，或者是两者组合。

1. 通配符 在编辑类别条件时，使用百分比符号(%)可替代任何的字母或数字。

添加条件的操作方法如下：

（1）打开类别对话框，显示【条件】栏，如图 7-8 所示。

（2）单击【新建】，可以添加一个新条件。

一个新条件被加入到条件栏内。

（3）在【类型】列内单击会显示条件类型列表，如图 7-9 所示。

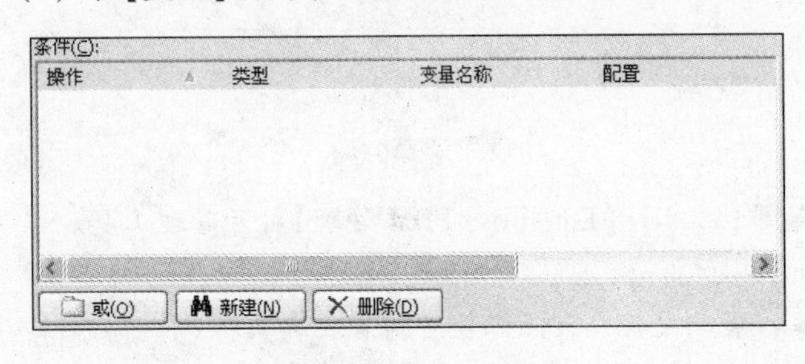

图 7-8　条件对话框

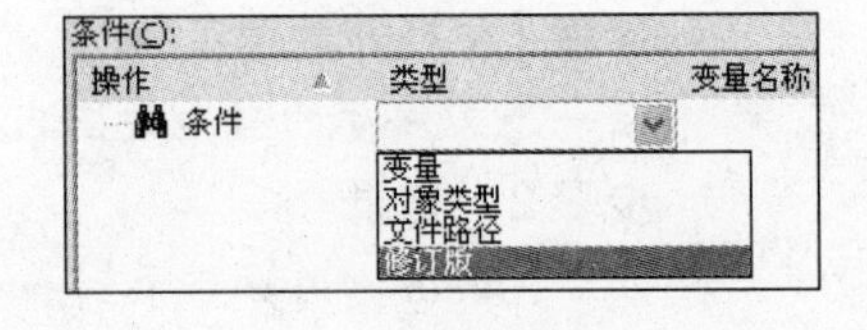

图 7-9　新建条件

2. 条件类型

（1）文件路径（见图 7-10）

图 7-10　文件路径类型

【文件路径】条件类型允许只有符合特定文件名、扩展名或者文件路径的文件才能通过流程变换。

在【类型】列选择【文件路径】。在【变元】内添加所需的字符串，可以使用文件名，文件路径或者以下条件的组合。

1）特定路径的文件：输入一个文件库内的文件夹路径并以\%结尾，则只允许该文件夹及其子文件夹内的文件通过流程变换。这里百分号%作为通配符，可替代任何位数的字符或单词。在指定文件夹路径时无需指定盘符，因为总是从文件库的根目录开始。举例说明如表 7-1 所示。

表 7-1　特定路径的文件

变　　元	说　　明
administration\%	匹配根目录下名为"administration"的文件夹内的所有文件
% \documents\%	匹配文件库内任何路径下名为"documents"的文件夹内的所有文件
% \proj%	匹配所有名称以"proj"开头的文件夹内的所有文件，例如，"\project 13\documents 或者\drawings\proj A1\layout"

2）特定的文件名称或扩展名：输入文件名或者部分文件名、扩展名加通配符%组合。使用通配符%加上文件名或文件名的一部分又或者是扩展名。举例如表 7-2 所示。

表 7-2　特定的文件名称

变　　元	说　　明
%. pdf	匹配文件库内的所有".pdf"文件
% drawing%	匹配所有文件名包含有"drawing"的所有文件，例如，"basedrawing _ 3. dwg"
% \i%. bmp	匹配所有以 i 开头的 bmp 文件，例如，"instruction1. bmp"或者"…\projectA1\i-4501. bmp"

（2）对象类型（见图 7-11）

【对象类型】条件可以只允许【文件】或【材料明细表】（2009 SP2 后版本可使用【条目】）有效通过。

在【类型】列选择【对象类型】。在【变元】内选择【文件】或【材料明细表】。

条件(C):

操作	类型	变量名称	配置	变元	变元类型
条件	对象类型			材料明细表	文本

图 7-11 对象类型

(3) 修订版(见图 7-12)

条件(C):

操作	类型	变量名称	配置	变元	变元类型
条件	修订版	不适用	不适用	A	文本

图 7-12 修订版类型

指定【修订版】类型条件将只允许特定修订版的文件有效通过。

【类型】列选择【修订版】。在【变元】内输入字符串，用户可以定义怎样的修订版号来设置条件。可以使用通配符“%”，例如，以“Rev A. %”为变元，则可以表示为“Rev A. 1”、“Rev A. 2”等。

(4) 变量(见图 7-13)

条件(C):

操作	类型	变量名称	配置	变元	变元类型
条件	变量	Description		%wrench	文本

图 7-13 变量类型

指定【变量】类型条件将只允许包含有特定的文件数据卡变量值的文件有效通过。

在【类型】列选择【变量】，然后在【变量名称】列表内选择一个文件数据卡变量。

如果只查看一个特定文件数据卡配置内的变量值(配置/模型/布局)，在【配置】一栏内输入配置名。如果配置栏内为空，则会查找文件数据卡内的所有配置页面。在【变元】一栏内输入所需匹配的变量值。可以使用通配符“%”。例如，“% wrench”可表示为“socket wrench”、“universal wrench”等。

3. 条件运算符 在条件变元里，除了使用%通配符，用户还可以使用表 7-3 中的操作符。

表 7-3 条件运算符

运算符	说明	范例
>	大于	> 123
<	小于	< 123
>=	大于或等于	>= 123
<=	小于或等于	<= 123
! =	不等于	! = 123
%	任何包含零个或多个字符的字符串	“% computer% ”将匹配所有包含“computer”的字符串
_(underscore)	任何单个字符	“_ ean”将匹配所有四个字母并以“ean”结尾的字符，如“Dean”、“Sean”等
[ ]	字符集或字符范围中的任意单个字符([a-f])或者([abcdef])	“[C-P] arsen”将匹配以“arsen”结尾并 C 和 P 之间某个字母开始的字符串，如“Carsen”、“Larsen”、“Karsen”等
[^]	字符集或字符范围外的任意单个字符([^a-f])或([^abcdef])	de[^1] % 将匹配所有以“de”开头且下一个字母不是 1 的字符串

4. 多重条件 用户可以单击【新建】，继续生成多个条件，并设置其条件类型和变元。所有定义的条件之间是采用与的运算关系，即只有在所有的条件都得到满足的情况下，文件才可以通过流程变换。

在下面的例子中，只有作者(“Author”变量)为“Jim”且项目名称(“Project”变量)以数字 05 结尾的 doc 文件才满足所定义的条件，如图 7-14 所示。

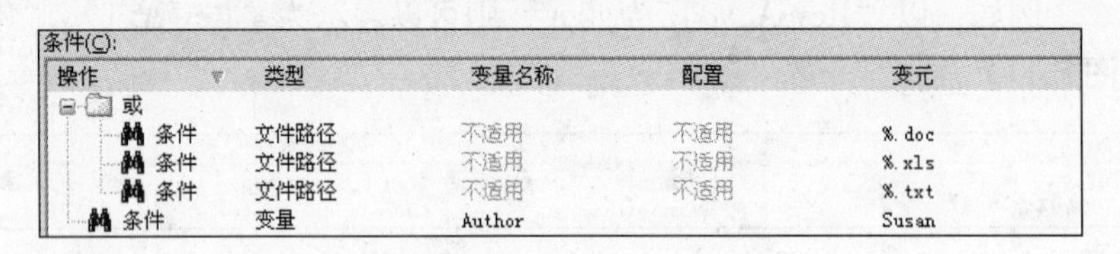

条件(C):

操作	类型	变量名称	配置	变元
条件	文件路径	不适用	不适用	%.doc
条件	变量	Author		Jim
条件	变量	Project		%05

图 7-14　多重条件

如果用户希望只需要满足其中某个条件即可，单击【或】按钮可以添加或类型的条件。不管或列表内有多少个条件，只需要匹配其中一个条件即可。用户可以通过拖放的方式，将已有的条件拖到或列表内。

在下面的例子中，作者(“Author”变量)为“Susan”的任何 doc、xls 或 txt 文件都将满足条件，如图 7-15 所示。

条件(C):

操作	类型	变量名称	配置	变元
或				
条件	文件路径	不适用	不适用	%.doc
条件	文件路径	不适用	不适用	%.xls
条件	文件路径	不适用	不适用	%.txt
条件	变量	Author		Susan

图 7-15　“或”条件

5. 删除条件　要删除一个条件，选中条件所在行，单击【删除】按钮。

步骤 6　按文件类型归类

将所有的 CAD 文件归入到“CAD Files”类别内。创建一个“或”条件，因为文件可能是零件、装配体或工程图文件。

单击【或】，然后单击【新建】，如图 7-16 所示。

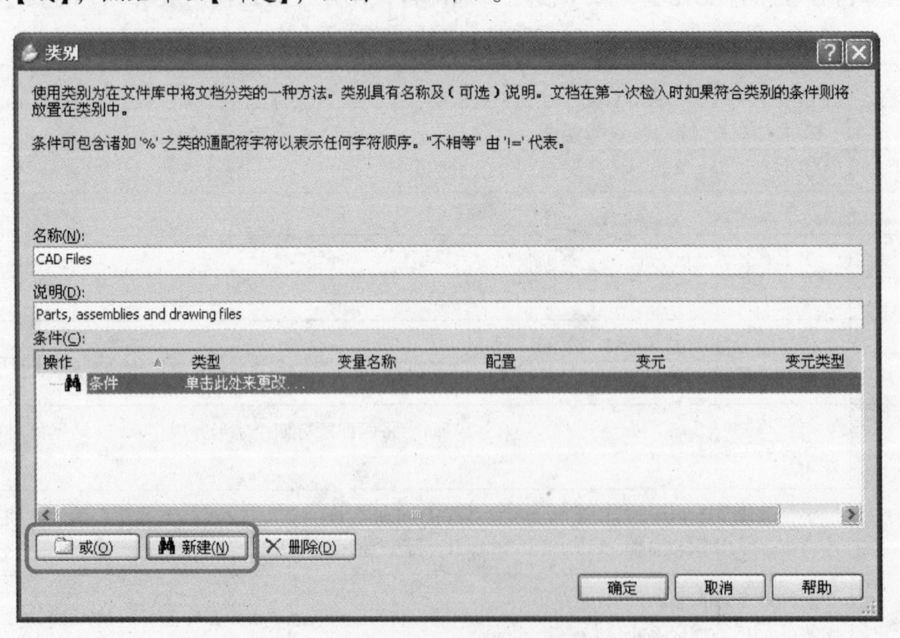

图 7-16　创建“或”条件

步骤 7　设置第一个条件

单击添加的第一个条件，在列表内【类型】一栏选择【文件路径】，如图 7-17 所示。

在【变元】一栏，输入“%.dwg”，即表示所有后缀名为dwg的文件，如图7-18所示。

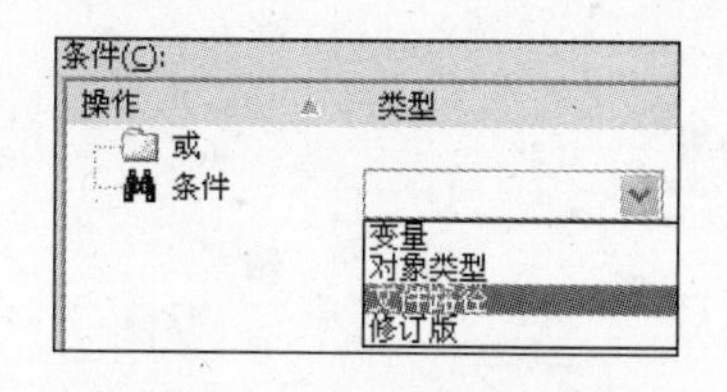

图7-17 选择文件路径

图7-18 设置变元

步骤8 设置第二个条件

将所有的SolidWorks类型的文件定义为第二个条件。因为所有的零件、装配体及工程图文件的后缀名都以“.sld”开头，所以可以使用通配符来将这几种文件类型表示在同一个条件内。

单击【新建】，单击新添加的条件，在【类型】栏选择【文件路径】。

在【变元】内输入“%.sld%”。这包含了所有扩展名以“sld”开头的文件，如图7-19所示。

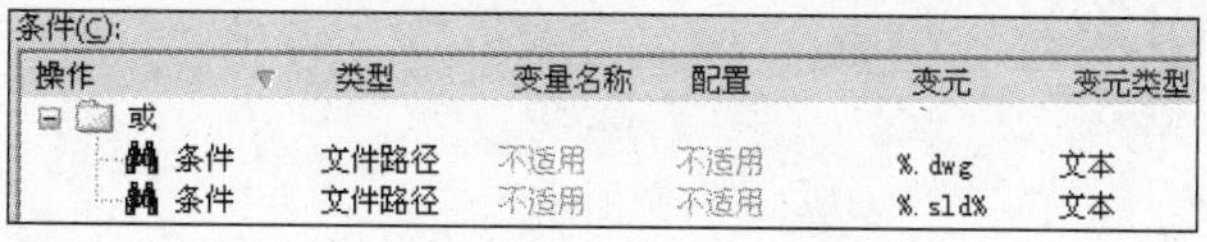

条件(C):

操作	类型	变量名称	配置	变元	变元类型
或					
条件	文件路径	不适用	不适用	%.dwg	文本
条件	文件路径	不适用	不适用	%.sld%	文本

图7-19 添加第二个条件

单击【确定】以保存类别。

步骤9 创建技术说明书类别

技术说明书(Specifications)文件使用不同的工作流程和版本格式。技术说明书是文件名以前缀“SPEC”开始的Word文档。

提示

每个文件都必须与一个流程关联。对于不需要流程管理的文件，可以将之置于一个仅含有一个状态的工作流程内。

在管理工具内，右键单击【类别】，然后从快捷菜单内选择【新类别】。

步骤10 设置类别名称和说明

将新添加的类别命名为“Specifications”。在说明一栏内输入“Specifications”文件。

步骤11 设置条件

单击【新建】。

在【类型】栏选择【文件路径】。在【变元】栏输入“%\SPEC%.doc%”。

单击【确定】以保存类别，如图7-20所示。

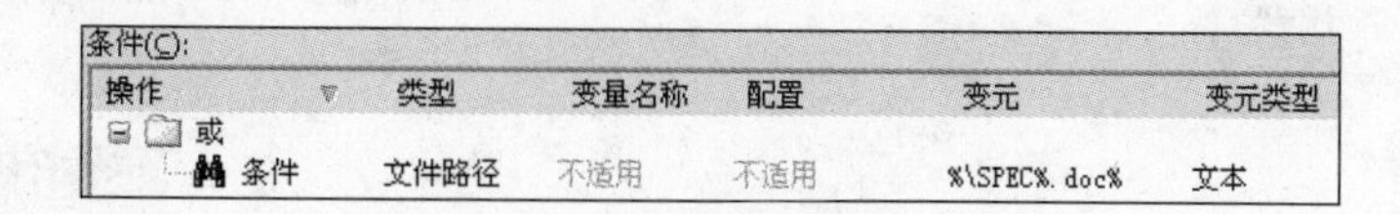

图7-20 设置条件

6. 唯一类别 有些情况下，同样文件类型的文件需要归到不同的类别。例如，技术说明书需要走评审批准流程，但其他Word文档则不一定需要。

注意 确保没有设置类别条件使得多个类别同时生效。

步骤 12　修改默认的“-”类别

右键单击“-”类别并选择【属性】。

步骤 13　定义唯一性条件

单击【新建】。

生成一个新条件，设置【文件路径】为“! = %.dwg”。

提示 通过设定! =，则不含有所指定后缀名的文件才被允许归为此类别。

生成一个新条件，设置【文件路径】为“! = %.sld%”。

生成一个新条件，设置【文件路径】为“! = %\SPEC%.doc%”。

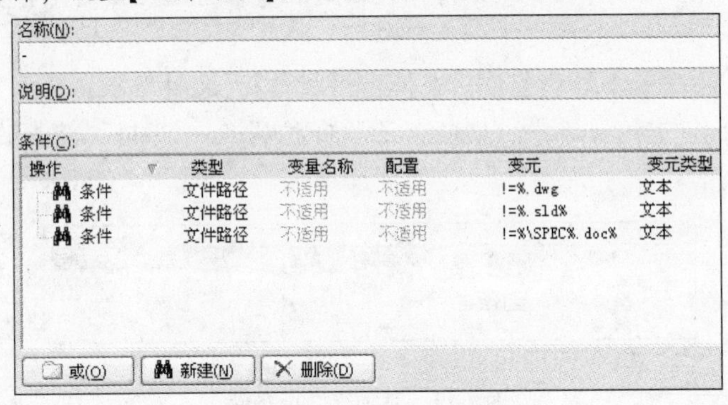

图 7-21　定义唯一性条件

单击【确定】以保存类别。

步骤 14　测试类别

文件第一次检入到文件库时，会根据条件匹配将文件指定到对应的类别。不满足任何类别条件的文件将被指定到默认类别，即归于类别“-”内。

创建一个新的 SolidWorks 零件，将之检入到库内项目“P-00003. IBM”内的“CAD Files”文件夹内。

新建一个 Word 文档，将之检入到“Misc”文件夹内。

再新建一个 Word 文档，文件名以前缀“SPEC”开始，将之检入到“Specifications”文件夹内。

步骤 15　查看文件库

查看结果，三个文件分别归属于三个不同的类别，如图 7-22 所示。

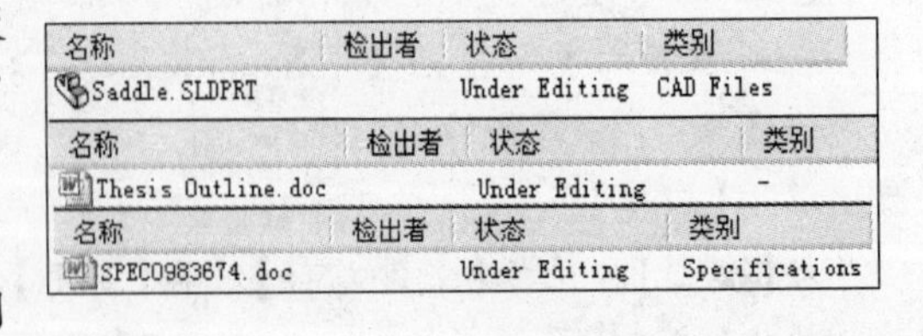

图 7-22　测试类别

7.3.2　无类别匹配

如果用户尝试检入一个文件，却无类别条件可以匹配，则会显示如图 7-23 所示的警告信息。

要确保所定义的所有类别应涵盖整个文件库内的所有文件类型。

图 7-23　无类别匹配信息

生成一个没有设置任何条件的类别，以便让不满足其他任何类别条件的文件匹配此类别。

7.3.3 重命名类别

如需要对一个类别进行更名，可以在类别节点内，右键单击这个类别，选择【属性】，然后在“属性”对话框内的名称一栏内输入新的类别名称。

7.3.4 删除类别

如需要删除一个类别，可以在类别节点内，右键单击这个类别，选择【删除】。需注意的是如果在文件库内已有文件被归属到一个类别内，则该类别无法被删除。

7.4 学习实例：修改已有的工作流程

在管理工具内，工作流程可以通过图形化的工作流程编辑器进行编辑。在生成一个新库时，系统会自动添加一个的工作流程：默认审批流程(Default Workflow)。可以修改这个工作流程，来管理CAD文件的评审过程。

操作步骤

步骤1 运行管理工具

在一个当地视图内，选择【工具】/【Enterprise PDM 管理】，打开管理工具。

步骤2 展开工作流程节点

使用“Admin”用户登录到文件库，展开一个文件库节点，以便显示出所有的管理选项。

展开【工作流程】节点，会显示所有已有的工作流程。

步骤3 修改工作流程

右键单击“默认审批流程(Default Workflow)”，在快捷菜单内选择【属性】，如图7-24所示。

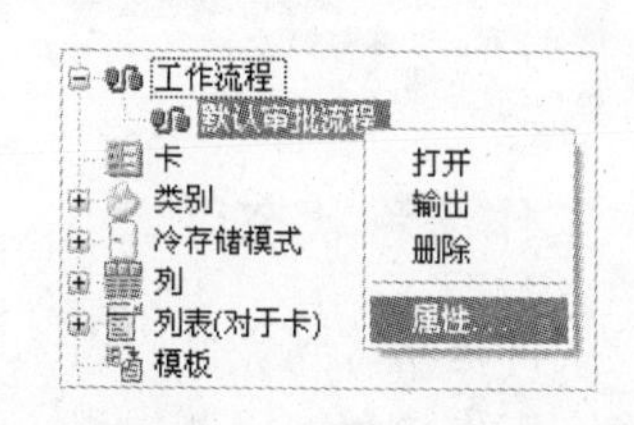

图7-24 选择【工作流程属性】

默认审批流程的【工作流程属性】对话框如图7-25所示。

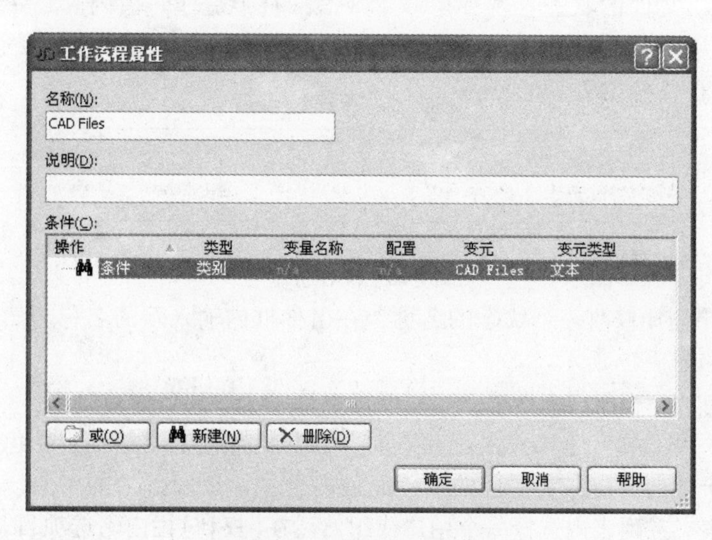

图7-25 修改【工作流程属性】

修改工作流程的名称为“CAD Files”。

添加一个新条件，【类型】选择【类别】，【变元】选择“CAD Files”。

单击【确定】。

提示 工作流程条件增加了名为【类别】的条件类型。只有满足“CAD Files”类别条件的文件才会被允许进入这个工作流程。

类别条件类型仅允许符合特定类别的文件通过。

在【类型】栏选择【类别】。在【变元】栏的下拉列表中选择所需要匹配的类别，如图7-26所示。

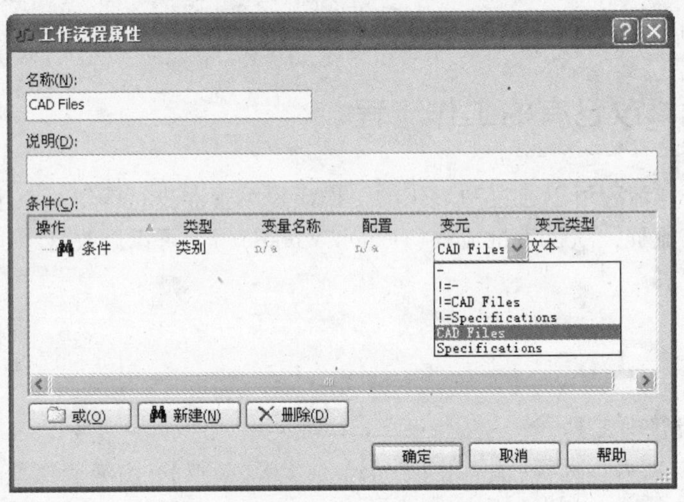

图7-26　设置变元值

7.4.1　工作流程状态

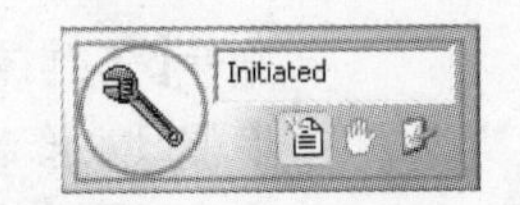

图7-27　工作流程的图形化矩框

一旦文件被检入到文件库内，它将会被赋予一个工作流程状态。

状态在工作流程编辑器内用一个图形化的矩形框表示，里面包含状态名称栏以及说明图标，如图7-27所示。

对最终用户而言，文件的状态会显示在文件列表的【状态】一栏内。（一个文件的状态也可以从【记载】对话框内或者文件的【版本】信息选项卡内查看，如果做了设置还可以从文件数据卡内查看，见图7-28）。

名称	状态	类别	文件类型
SPEC0983674.doc	Approved	Specifications	Microsoft Word 文档
Saddle.SLDPRT	Under Editing	CAD Files	SolidWorks Part Documen
Enterprise.doc	Not Revison Managed	-	Microsoft Word 文档

图7-28　文件状态

1. 状态名称　如果需要修改一个状态的名称，在名称框内输入新的名称，然后保存该工作流程，如图7-29所示。

图7-29　工作流程状态名称

状态名称会在所有的库视图内立即更新，以便可以让用户看到名称的变化。

2. 状态访问权限　当选中一个工作流程状态时，会在状态框上添加一个蓝色边条以表示该状态处于被选中。在右手边的属性面板内会显示出所选中的对象以及所有的用户和组列表。在列表内选择一个用户或组然后在【权利】栏内勾选项目，可以赋予该用户或组在该状态下相应的权限，如图7-30所示。

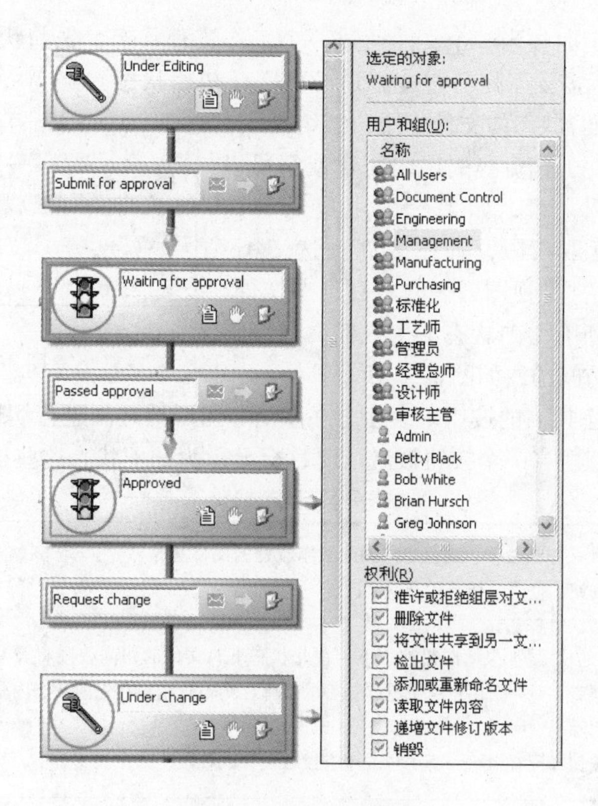

图 7-30 状态访问权限

状态访问权限见表 7-4。

表 7-4 状态访问权限

添加或重新命名文件	用户或组可以在当前所选中的状态下添加或重命名文件
检出文件	用户或组可以在该选中状态下检出文件的最新版本以进行编辑
删除文件	用户或组可以在该选中状态下删除文件版本。被删除的文件会移到 SolidWorks Enterprise PDM 回收站内
销毁	用户或组可以从“文件夹属性”对话框的已删除项栏内将文件彻底从库内删除。用户如果拥有这个权限，也可以在删除文件的同时按住 Shift 键，将文件直接删除而无需经过 SolidWorks Enterprise PDM 回收站
递增文件修订版本	用户或组可以对所选中的状态下的文件进行递增文件修订版本的动作
准许或拒绝组层对文件的访问	用户可以选择文件夹内的一个文件，使用“文件属性”对话框的文件权限选项卡控制，是所有用户还是属于特定组的用户才可以看到这个文件
读取文件内容	用户或组可以查看处于所选中状态下的文件版本
将文件共享到另一文件夹	用户或组在所选中状态下可以将文件共享到另一文件夹内

首先选中一个用户或组，然后在【权利】栏内勾选项目，可以在所选状态下对用户或组进行相应的赋权，如图 7-31 所示。

提示 可以按住 Ctrl 键，或者通过拖动生成一个选择框的方式，选择多个目标对象。如果权限选择框内显示一个小正方形，则表示该权限是从一个组成员继承而来，或者是由于多个所选对象中的某个对象而不是全部被选，如图 7-32 所示。

☑ 读取文件内容

图 7-31 选取权限

▣ 读取文件内容

图 7-32 继承权限

3. 状态权限继承 任何时候当一个文件通过一个工作流程状态，先前状态下对文件版本的访问权限会被继承。这意味着如果需要删除已通过“Initiated”（初始状态）、“Waiting for approval”（等待校对）和“Approved”（已批准）状态的文件，用户或组必须在这三个状态下都有删除文件的权限。

同样这也决定了在文件工作流程周期内用户或组可以看到哪个版本文件。举例来说，如果一个用户只有在“Approved”状态下才有读取权限，则在文件到达“Approved”状态之前将不能在文件视图列表内看到这个文件。在【获取版本】对话框中，所有之前状态下生成的文件版本对当前用户而言都是不能访问的，如图 7-33 所示。

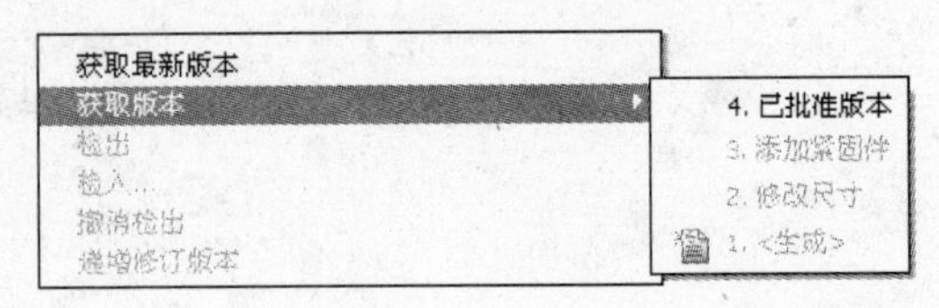

图 7-33　获取版本

4. 状态按钮 单击状态栏内的按钮，会使之在激活和未激活之间进行切换，或者打开一个对话框，这取决于用户单击哪个按钮。当一个按钮被激活时，会显示为凹下状。这些按钮见表 7-5。

表 7-5　状态按钮

按钮	说明
（初始状态图标）	【初始状态】如果此按钮被按下，则被加入到此工作流程的文件总是从这个所选状态开始。若要改变初始状态，单击另一个状态上的此按钮，当前的初始状态就会改变
（手形图标）	【忽略先前状态中的权限】如果此按钮被按下，在此状态下对文件的访问权限将覆写从先前状态继承来的状态权限。例如，在激活此选项后，对一个用户赋予删除文件的权限，则不管用户在先前状态内是否有删除文件的权限，用户现在都可以对文件进行删除 注意：如按下此按钮却没有赋给一个用户或组有读取文件的权限，则在该状态下，登录用户将看不到任何文件
（属性图标）	【属性】打开所选状态的“属性”对话框

5. 状态属性 单击（属性图标）图标可以显示状态属性。

在状态属性内可以修改状态名称和说明，并对处于此状态下的文件进行版本递增设置。用户也可以在此对话框内切换按钮状态（初始状态和忽略先前状态中的权限），如图 7-34 所示。

6. 更改状态图标 要更改状态图标，双击当前状态图标，如图 7-34 和图 7-35 所示。

在系统所提供的图标内选择一个作为当前状态的图标，然后单击【确定】，如图 7-36 所示。

图 7-34　工作流程状态属性

图 7-35　更改状态图标

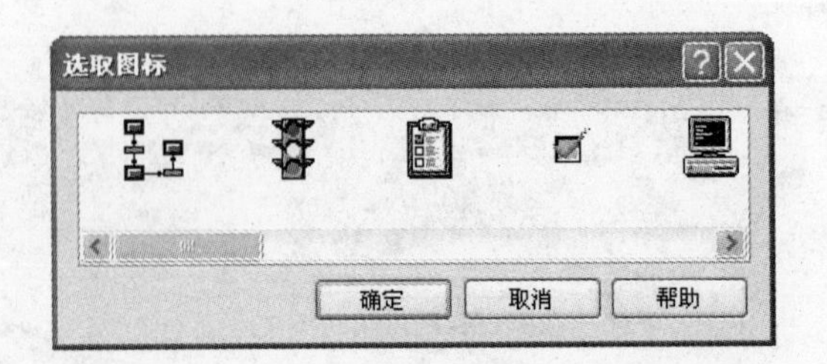

图 7-36　选取图标

7. 关闭状态“属性”对话框　按［<<］关闭状态“属性”对话框。

7.4.2　状态变换

状态变换可以用来改变文件在流程内的状态。变换必须总是要有一个源状态和一个目标状态（或者流程链接）。在两个流程之间可以有多个并行的变换动作。

在工作流程编辑器中，变换使用一个带有名称的矩形框表示，并有一条连接源状态和目标状态的箭头线。箭头所指向为目标状态，如图7-37所示。

当用户右键单击一个已检入的文件，并从快捷菜单内选择【更改状态】，则当前状态下该文件可用的变换就会显示出来，如图7-38所示。

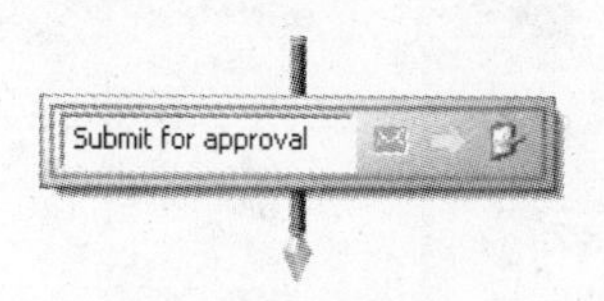

图7-37　变换状态

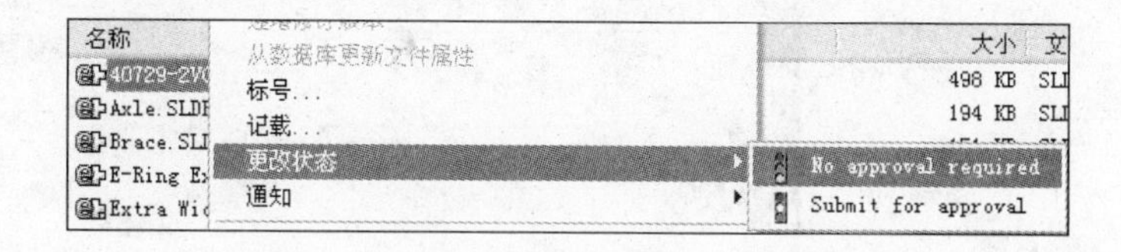

图7-38　更改状态

（1）当要改变一个文件的状态时，当前状态下该文件可用的变换就会显示出来。

（2）当选择一个文件夹时，不管文件夹内是什么内容，当前登录用户所有可用的变换都会显示。在变换状态对话框内会列出可以使用所选中变换的文件。

1. 变换名称　要对一个变换进行更名，可以在名称栏输入一个新名字并保存该工作流程。对于所有有足够权限的用户，新的变换名称会立即生效。

2. 变换权利　当选中一个状态变换时，会在状态框上添加一个蓝色边条以表示该变换处于被选中。连接源状态和目标状态的箭头线也会变成蓝色，以表示该变换与哪些状态关联。在右手边的属性面板内会显示出所选中的对象以及所有的用户和组列表。在列表内选择一个用户或组然后在权利一栏内勾选项目，可以赋予该用户或组在对此变换相应的权限，如图7-39所示。

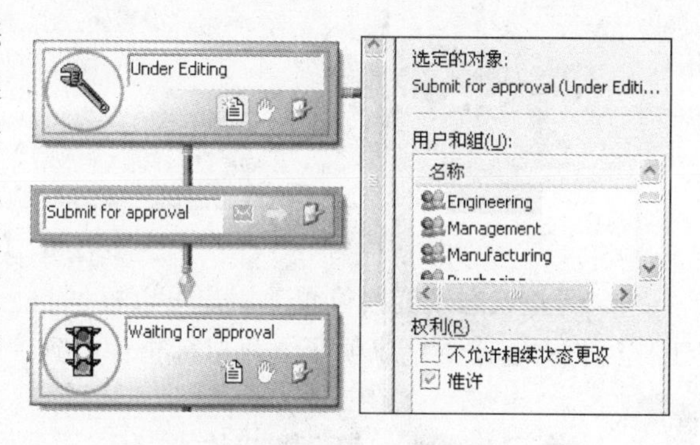

图7-39　变换权利

变换权利如下：

（1）【准许】：允许用户或组使文件通过所选变换。

（2）【不允许相续状态更改】：用户（或者组成员）不允许对同一个文件进行两次连续的变换。使用此选项可防止用户批准自己的文件。

3. 变换按钮　单击变换栏内的按钮会使之在激活和未激活之间进行切换，或者打开一个对话框，这取决于用户单击了哪个按钮。当按钮被激活时，会显示为被凹下状。这些按钮见表7-6。

表7-6　变换按钮

✉	【通知】单击这个按钮会打开通知编辑器，用户可以对所选中的变换动作指派相应的通知。如果这个按钮处于激活状态，表示已在所选的变换内添加了通知
➡	【自动】如果激活了这个按钮，则所有已检入的文件到达源状态后会自动通过这个变换。如果用户在变换的“属性”对话框内添加了条件设置，则只有满足条件的文件才能通过
属性图标	【属性】打开所选变换的“属性”对话框

4. 变换属性 单击【变换属性】按钮时，会弹出一个“属性”对话框，如图 7-40 所示。在此对话框内用户可以：

（1）更改名称和说明。

（2）设置为自动变换。

（3）设置身份验证，要求用户再次输入密码(FDA 法规)。

（4）设置条件控制哪些文件可以通过变换并触发操作。

（5）设置修订版计数器。

（6）设置变换时发生的操作。

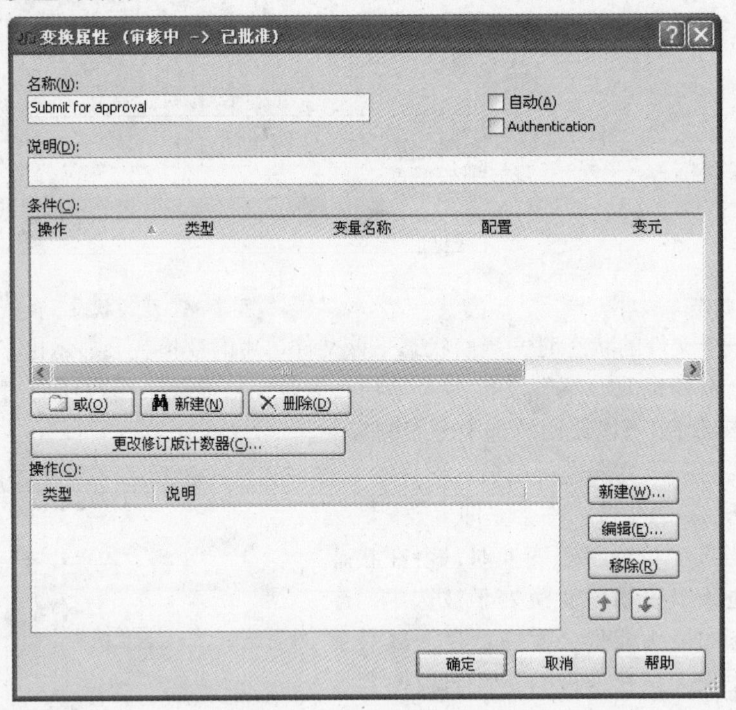

图 7-40 【变换属性】对话框

5. 调整状态及变换位置 用户可以根据自己的喜好调整状态、变换及变换箭头线的位置，以便使工作流程看起来更清晰明了。将鼠标指针放到一个对象的边框线上，按下并拖动鼠标可以移动该对象。

7.5 学习实例：新建工作流程

用户将为说明书和无版本管理的文件生成工作流程。

说明书工作流程具有以下状态：

- Initiated(初始状态)。
- Review(评审中)。
- Approved(已批准)。
- Revise(修订中)。

所有其他文件的应用的工作流程则只有一个状态：

- Not Revision Managed(无版本管理)。

操作步骤

步骤 1 创建新工作流程

右键单击【工作流程】，选择【新工作流程】。

步骤2 设置【工作流程属性】

将新工作流程命名为"Specifications"。在【说明】一栏内，输入"Specifications"，如图7-41所示。

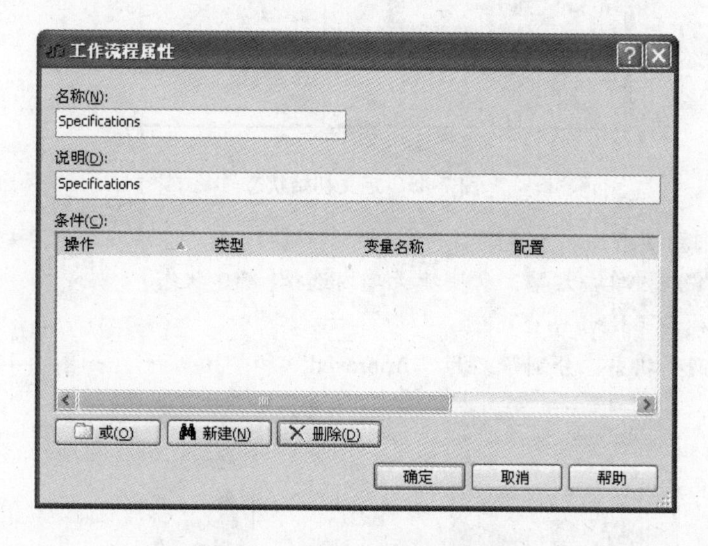

图7-41 设置【工作流程属性】

步骤3 设定条件

可以对所有Office类型的文件，如".doc"、".xls"等设置单独条件，或者直接使用之前所创建的类别。

单击【新建】。

在【类型】列表内选择"类别"。

在【变元】列表内选择"Specifications"(技术说明书)。

单击【确定】，如图7-42所示。

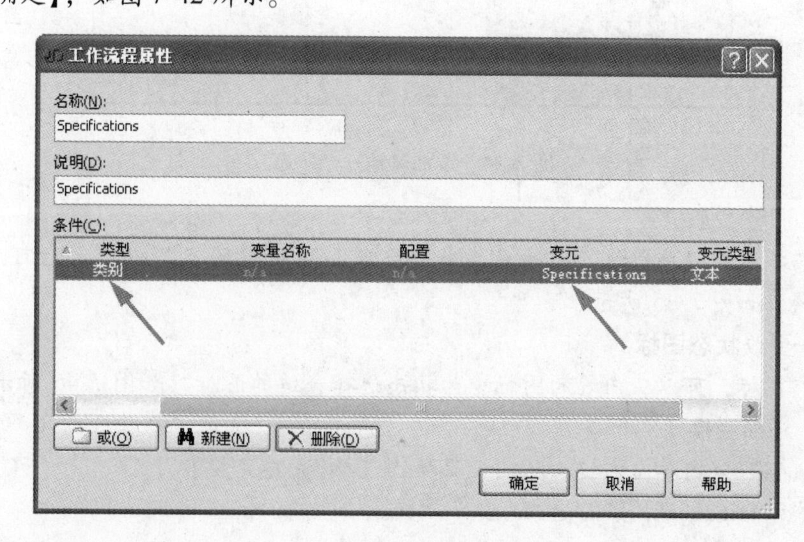

图7-42 设定条件

步骤4 定义初始状态

新的工作流程总是从一个名为"Initiated"(已初始化)的状态开始。可以使用这个状态，同时还需要添加其他三个状态，如图7-43所示。

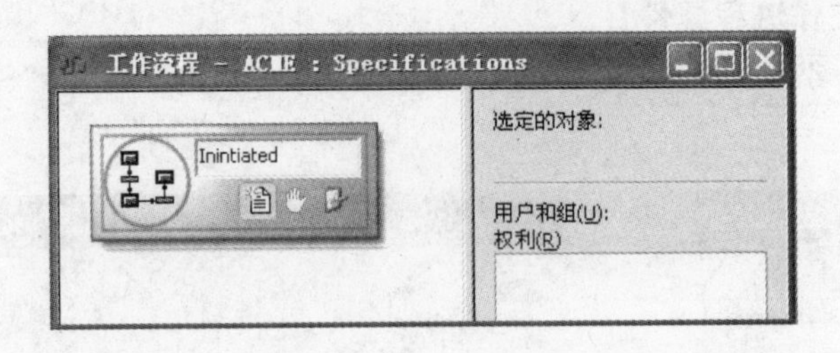

图 7-43 定义初始状态

步骤 5 添加新状态

在工作流程窗口内单击右键，从快捷菜单内选择【新建状态】。

输入状态名称为“Review”。

另外再添加两个状态，分别命名为“Approved”和“Revise”，如图 7-44 所示。

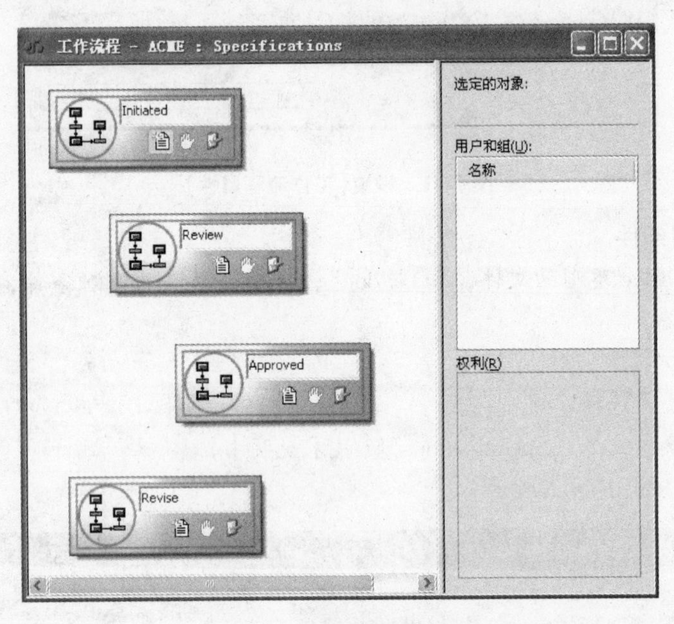

图 7-44 添加其他三个状态

步骤 6 调整状态位置

拖动状态将其按顺序摆放。需注意在状态之间预留足够的空间以便之后可以在其间添加所需的变换，如图 7-45 所示。

步骤 7 更改状态图标

双击状态图标，可以从内置的图标中为状态选择合适的图标，如图 7-46 所示。

步骤 8 添加变换

在工作流程窗口内单击右键，从快捷菜单内选择【新建变换】。

选择状态“Initiated”，然后选择状态“Review”。

输入变换名称为“Submit for review”（提请校对）。

适当调整变换的位置，如图 7-47 所示。

步骤 9 添加其他变换

添加如图 7-48 所示的变换。

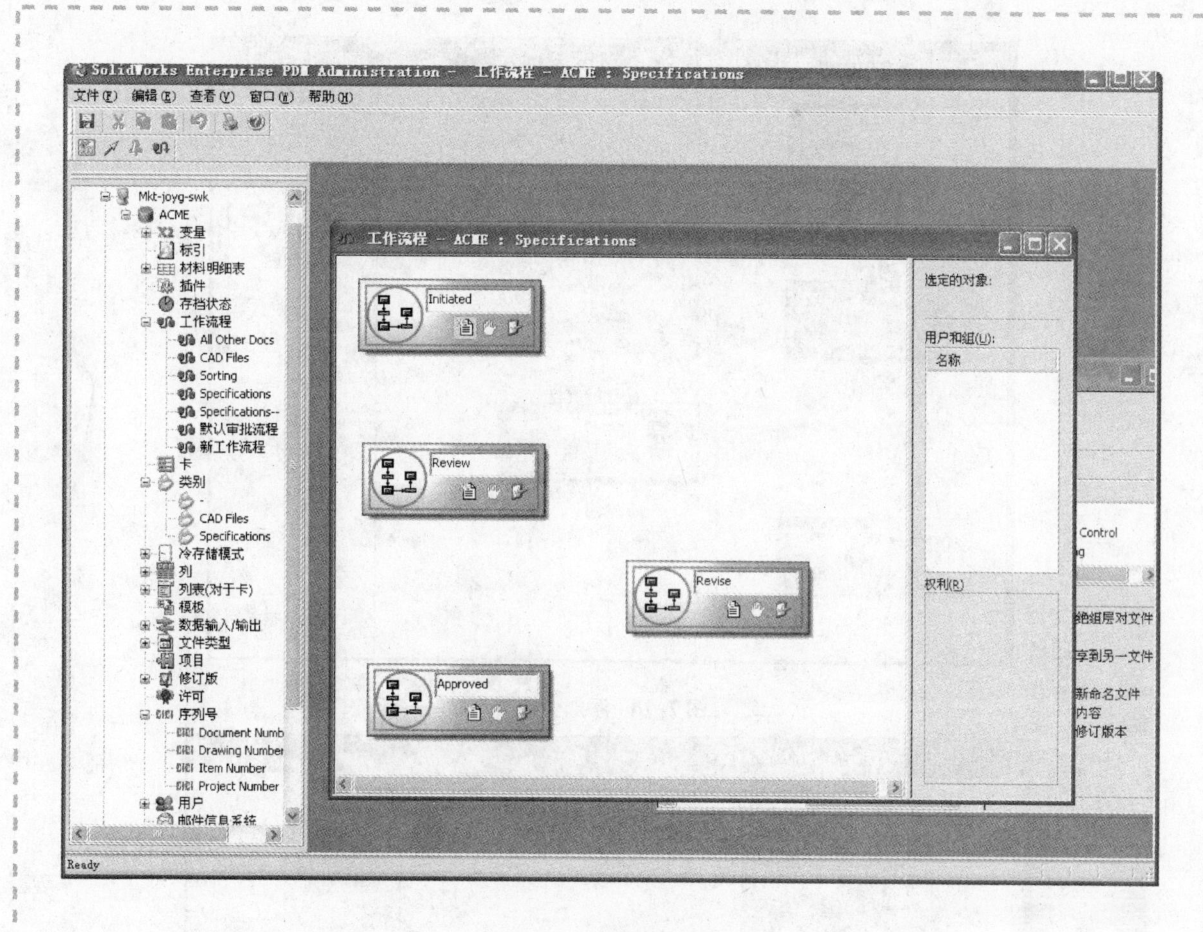

图 7-45 调整状态位置

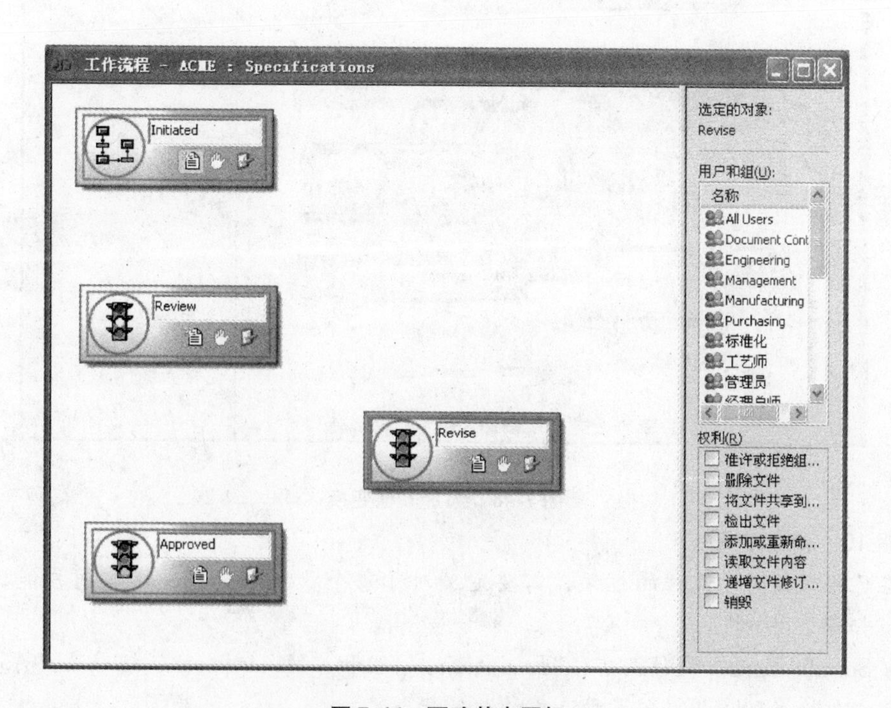

图 7-46 更改状态图标

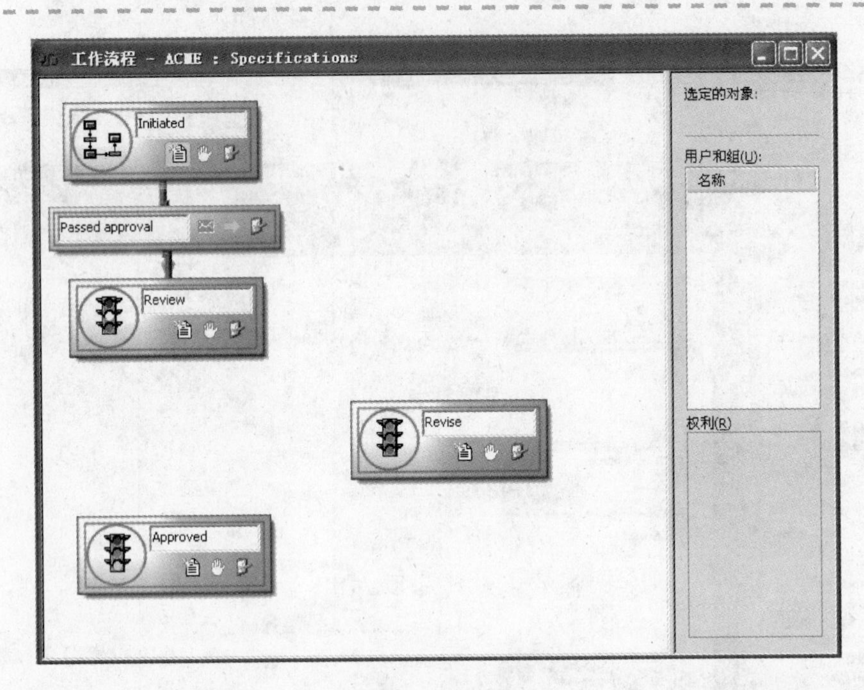

图 7-47 添加变换

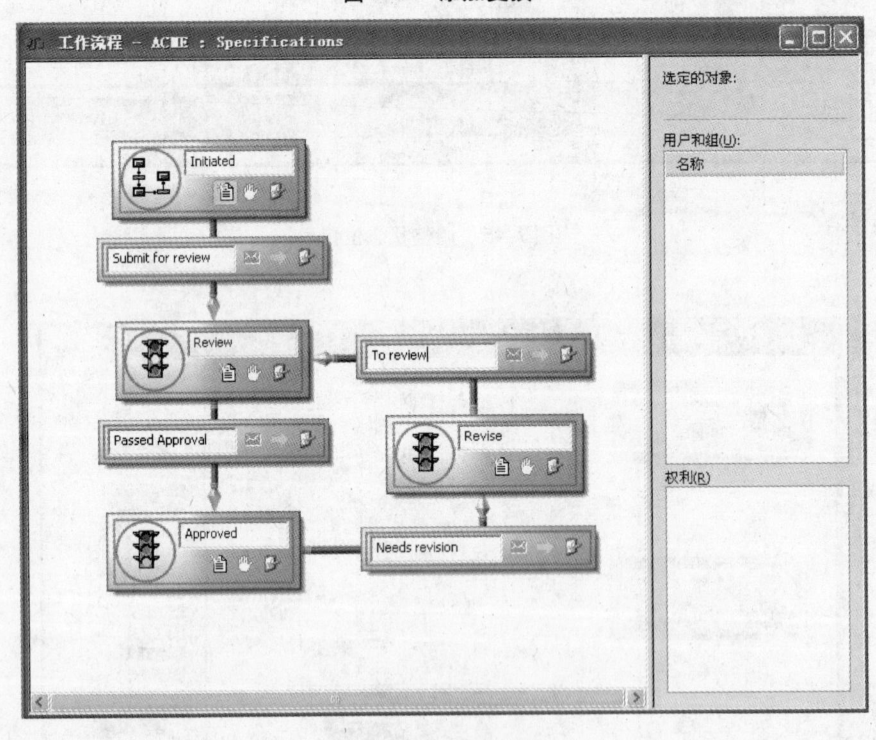

图 7-48 添加其他变换

步骤 10 添加权限

现在已经定义好了流程的框架，需要定义对于每个状态和变换，哪些用户能进行特定的操作，如图 7-49 所示。

对“Specifications”文件而言，“Engineering”组和“Management”组以及“Admin”用户可以将文件检入到库并将之置于流程的初始状态。

(1) 选中状态【Initiated】，同时选中【Engineering】和【Management】组以及【Admin】用户，

在权限一栏内勾选除【销毁】和【递增文件修订版本】之外的所有其他权限项。

（2）单独修改【Admin】的权限，添增【销毁】选项。对于状态【Revise】，重复以上的权限设置。

用户还需要允许【Engineering】组和【Management】组以及【Admin】用户可以实行变换，将文件从【Initiated】状态移动到【Review】状态。

（3）选中变换【Submit for review】，同时选中【Engineering】组和【Management】组以及【Admin】用户，在权限一栏内勾选【准许】。

图7-49 添加权限

步骤11 添加其他权限

所有的用户都应有读取文件的权限。

（1）在所有的状态内，给于所有用户和组【读取文件内容】的权限（这个权限是受每个文件夹设置的用户权限限制的）。

（2）在所有的状态内，【Management】组都有权限【将文件共享到另一文件夹】。

（3）在所有的状态内，【Admin】用户都有除【递增文件修订版本】之外的所有权限。

设置下面所列出的其他权限：

- Passed Approval（审核通过）：准许“Document Control”和“Management”组以及“Admin”用户可进行此变换。
- Needs revision（需要修订）：准许所有用户和组有此权限。
- To review（提交校对）：准许“Engineering”和“Management”组以及“Admin”用户可此权限。

步骤12 保存工作流程

步骤13 创建新工作流程

右键单击【工作流程】，选择【新工作流程】。

步骤14 设置【工作流程属性】

将新工作流程命名为“All Other Docs”。在【说明】一栏内，输入“All nonrevision managed documents-”，如图7-50所示。

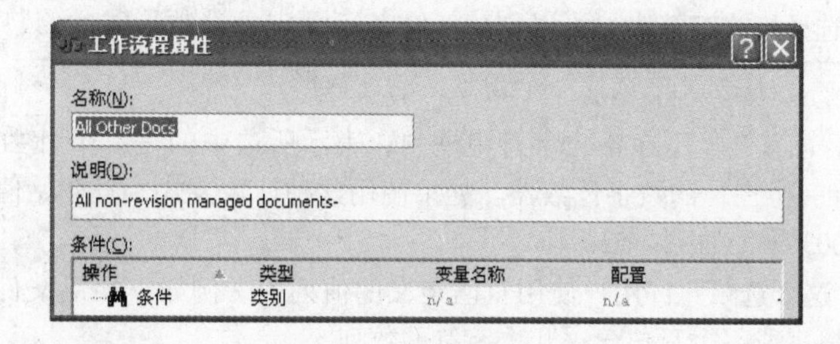

图7-50 设置【工作流程属性】

步骤15 设定条件

单击【新建】。

在【类型】列表内选择“类别”。

在【变元】列表内选择“-”。

单击【确定】。

步骤 16　定义初始状态

新的工作流程只有单独一个状态，名为“Not Revision Managed”。

步骤 17　添加权限

选择所有用户和组，指定所有权限，除了【递增文件修订版本】。

步骤 18　保存工作流程

7.6　修订版号

通过使用修订版号功能，用户可以设置修订版号，以对应公司实际使用的版本规则。修订版号是由能自动递增的修订版号组件生成，这样对一个文件可以每次赋予一个新的修订版号。举例说明，一个修订版号可以为01、02、03…或者A.01、A.02、A.03…。

在文件库内，任何当前工作版本的文件(每次检入一个修改过的文件时)都可以被指定一个修订版本号，可在工作流程的变换时自动添加，或者是有足够权限的用户手动添加。修订版本号可以作为一个文件版本的最基本的标志符，这样方便用户找到正确的版本或者设置访问限制，如图7-51所示。

修订版号可以根据需要赋予文件及其引用的其他文件(工程图、装配体和零件)。用户可以在不同的工作流程内，设置不同的修订版号，以适应不同文件类型的管理需要。

修订版号组件是一个自动计数器，每当修订版号应用到一个文件时，它所关联的修订版号组件就会增长。

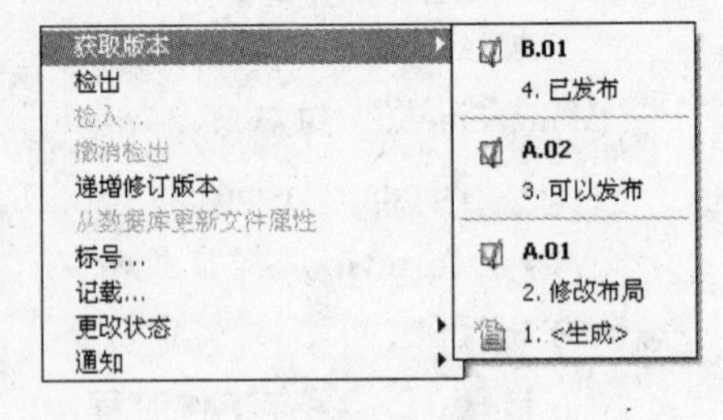

图 7-51　获取版本

1. 组件名称　输入组件名称。在对组件进行命名时，最好能包含一些对该组件的一些描述性的文字，例如，版本计数器或版本号或其他类似描述。

2. 初始计数器值　任何时候使用这个组件的修订版号，在首次对文件添加版本时，都会从初始计数器值内设定的值开始，默认值为“1”。例如，如果使用数字格式字符串，则组件的值从1开始，然后是2、3、4等。如果使用英文字母格式字符串，则组件的值从A开始，然后是B、C、D等。

3. 格式字符串　选择格式字符串，可以创建一个基于预定义计数形式的修订版号组件。输入计数器初始值，然后单击[>]，从列表中选择一个预定义的计数形式。

选中一个计数器后，其会显示在格式字符串框内，表示所选中的是哪个计数器。举例说明，选中【数号】▶【000】会添加一个三位的数字计数器。如果使用这种计数方式，且初始值设置为1的话，则产生的值为001、002、003等，如图7-52所示。

- 列表中的值　这个选项允许用户使用自己定义的值列表。例如，如果文件修订版总是只使用-、A、B、C等。用户可以生成一个只包含这几个字符的数列。

选择一个选项，以便当版本号达到列表最后一个值时告知如何操作。如果勾选“并发送电子邮件到”，用户可从下拉列表中选择一个用户或组，向其发送邮件提示版本号已用完，需要添加更多的版本号，如图7-53所示。

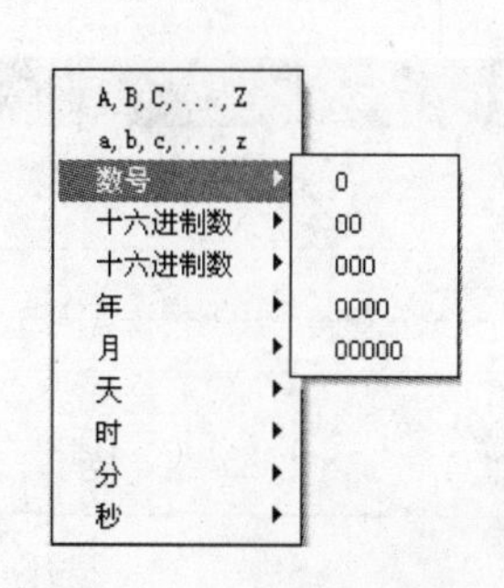

图7-52 格式字符串

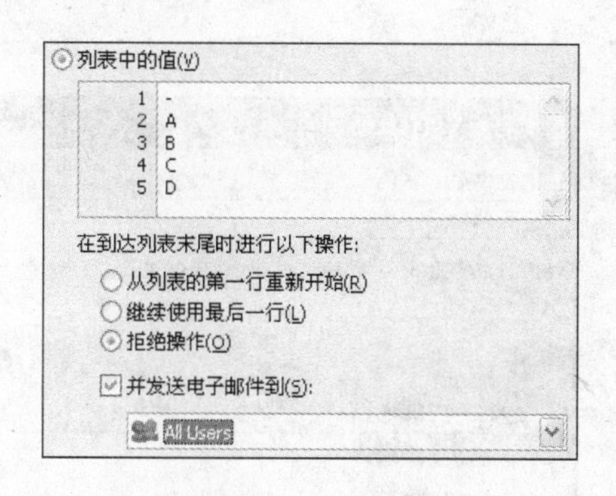

图7-53 列表中的值

7.7 学习实例：生成新修订版格式

修订版本号是由静态文本和一个或多个修订版本号组件组成。如果一个文件上用的这个修订版本号要更新，则它的修订版本号组件会自动增长。

在下面的例子中，用户将建立ACME CAD文件的版本格式，如：

A. 01、A. 02、A. 03、…、B. 01、B. 02、B. 03、…、C. 01、C. 02、C. 03、…，以及技术说明书(Specifications)文件的版本格式，如：01、02、03、04、…。

操作步骤

步骤1 打开管理工具

打开管理工具，并以“Admin”用户登录。

步骤2 打开修订版

展开【修订版】节点，所有已生成的修订版号和修订版号组件都会被列出。

步骤3 创建新组件

右键单击【修订版号组件】，然后从弹出的快捷菜单内选择【新组件】，如图7-54所示。

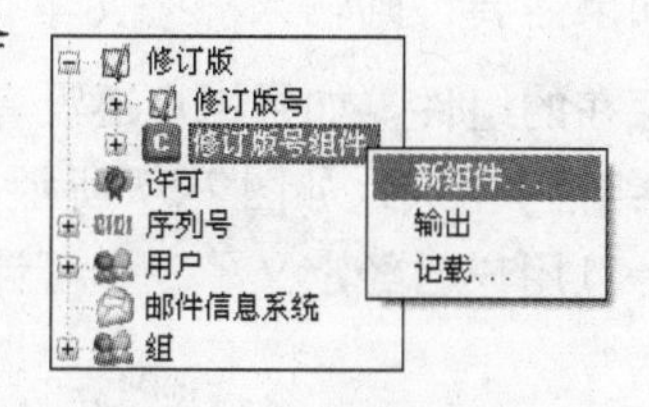

图7-54 创建新组件

步骤4 设置字母组件属性

在【组件名称】处输入“ACME _ Alpha”。

设置【初始计数器值】为“1”。

选择【格式字符串】，单击【>】，选择【A,B,C,...,Z】。

单击【确定】，如图7-55所示。

步骤5 创建新组件

右键单击【修订版号组件】，然后从弹出的快捷菜单中选择【新组件】。

步骤6 设置数字组件属性

在【组件名称】处输入“ACME _ Numeric”。

设置【初始计数器值】为“1”。

选择【格式字符串】，单击【>】，选择【数号00】。

单击【确定】，如图7-56所示。

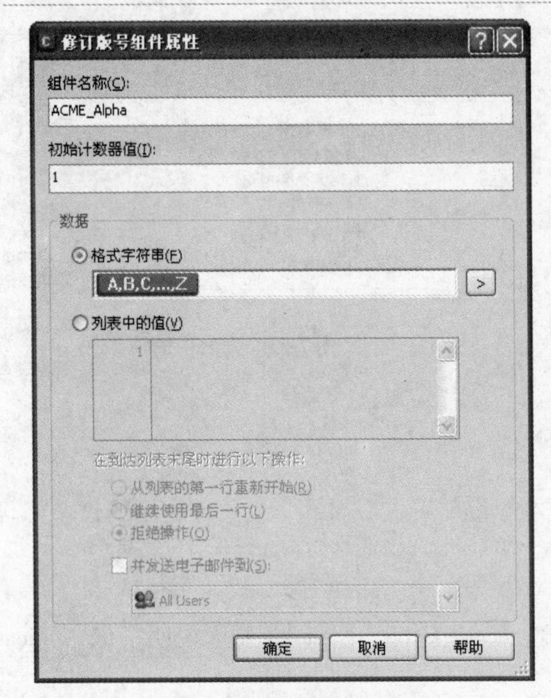

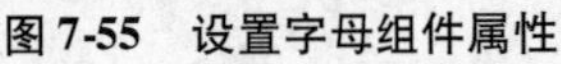

图 7-55　设置字母组件属性

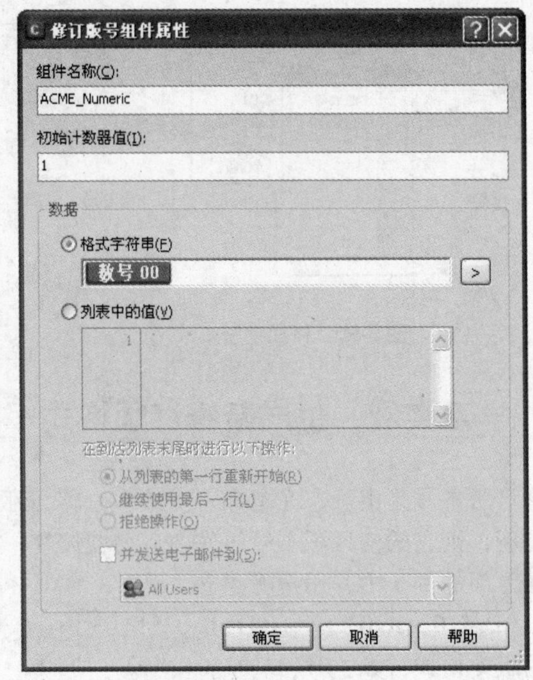

图 7-56　设置数字组件属性

修订版号是用来定义修订版本格式的。

1. 修订版号名称　输入修订版号名称，例如“Revision number”或者“Drawing revision”。

2. 修订版号格式字符串　输入的字符串由组件计数器合成，作为修订版号。

任何直接输入的文本都是静态的，也就是说，它不会随着修订版号每次增长而改变。

如果需要，则输入静态文本，然后单击[>]，选择已存在的组件。如果用户还没有建立组件，可以选择【新组建】生成，如图 7-57 所示。

图 7-57　修订版号组件

一旦用户已经定义了一个可计数组件，就可以建立修订版号。

步骤 7　创建新修订版号

右键单击【修订版号】，然后选择【新修订版号】，如图 7-58 所示。

步骤 8　设置修订版号名称

输入“ACME _ AlphaNumeric _ Scheme”作为名称。

步骤 9　设置修订版号格式字符串

在【修订版号格式字符串】栏单击[>]，从列表中选择【ACME _ Alpha】。

输入点号(.)作为字母和数字组件之间的分隔符。

单击[>]，从列表中选择【AMCE _ Numeric】。

单击【确定】，如图 7-59 所示。

步骤 10　创建新修订版号

右键单击【修订版号】，然后选择【新修订版号】。

步骤 11　设置修订版号名称

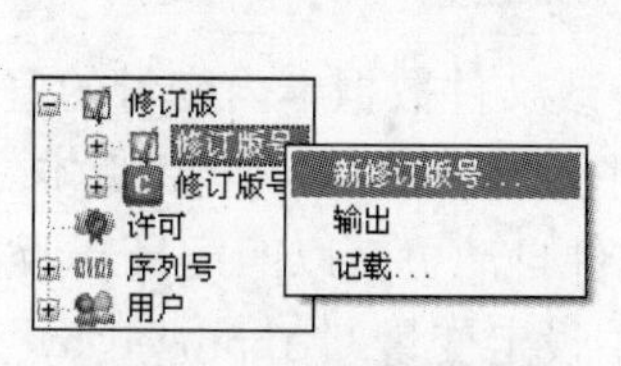

图7-58 创建修订版号

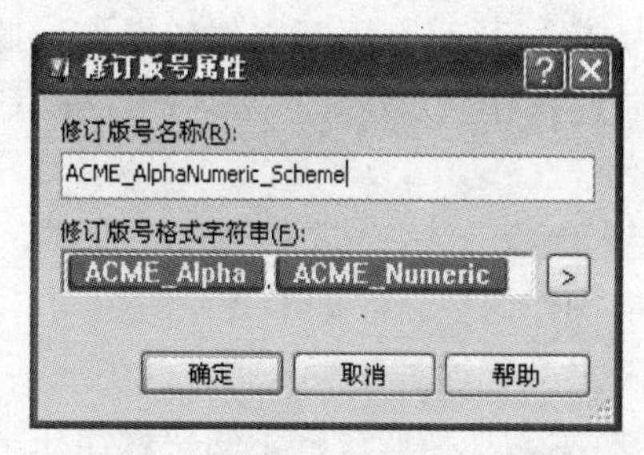

图7-59 设置修订版号格式字符串

输入“ACME _ Numeric _ Scheme”作为名称。

步骤12 设置修订版号格式字符串

在【修订版号格式字符串】栏单击[>]，从列表中选择【AMCE _ Numeric】。

单击【确定】。

7.7.1 变换条件

如果只让符合特定标准的文件通过变换，用户可以设置变换条件。举例说明，用户可以设置条件只允许doc文件通过，对于dwg文件可另设条件；或者阻止一个文件的状态被改变，除非其含有一个由条件指定的特定值。

变换条件的设置技巧如同类别设置一样。

7.7.2 变换操作

变换操作是指当一个文件通过变换时可以触发一个或多个预先定义的动作。举例说明，用户可以对这个文件赋予一个新的版本号或更新变量“Approved”的值为审核该文件的用户名(如电子签名)，如图7-60所示。

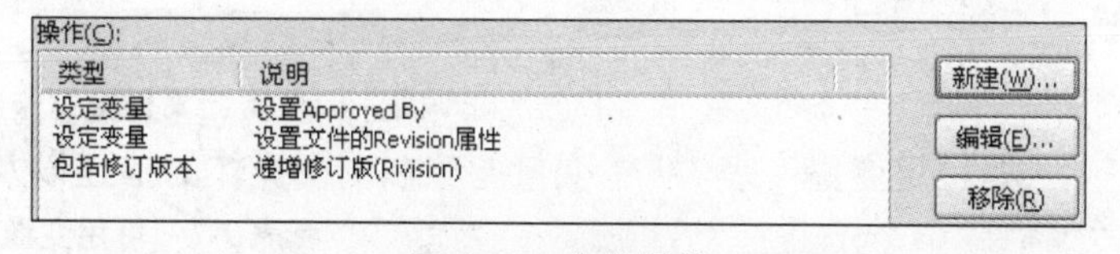

图7-60 变换操作

1. 操作类型 在变换内可以设定如下六种操作：

(1) 执行命令：可以运行某个程序。

(2) 将数据输出到XML：运行输出脚本导出XML格式数据。

(3) 从XML输入数据：运行输入脚本导入XML格式数据。

(4) 递增修订版本：自动递增文件的修订版本。

(5) 发送邮件：向一个用户或组发送自定义通知。

(6) 设定变量：更新文件数据卡内的变量值。

用户可选项：

(1)【为条目运行】：作为将来版本保留。用于条目的操作。

(2)【为命名的材料明细表运行】：用于命名的材料明细表的操作(当输入设定变量时不

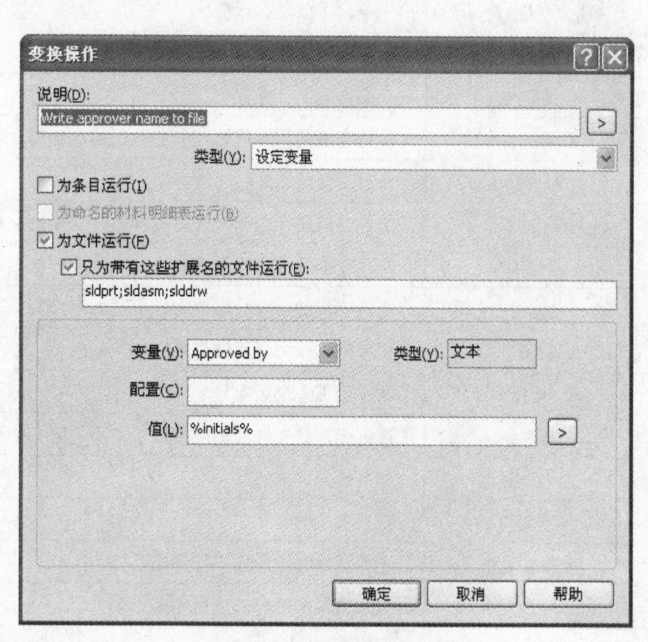

图7-61 变换操作选项

可用)。

(3)【为文件运行】：用于文件的操作。此项被勾选时，【只为带有这些扩展名的文件运行】可选，用户可以限制此操作只对特定扩展名的文件有效。输入一个或多个文件扩展名，以分号(;)隔开，如图7-61所示。

2. 设定变量值 当一个文件通过变换时，用户执行操作修改文件数据卡内变量的值。

当在变换操作内更新数据卡变量的值时，通过变换的文件会自动生成一个新版本。如果文件含有的参考文件随之一起通过变换，则文件生成新版本后，参考文件自动更新以匹配最新版本的文件。

图7-62所示为如何通过一个变换操作在更新文件数据卡中设定变量“Approved by”的值。

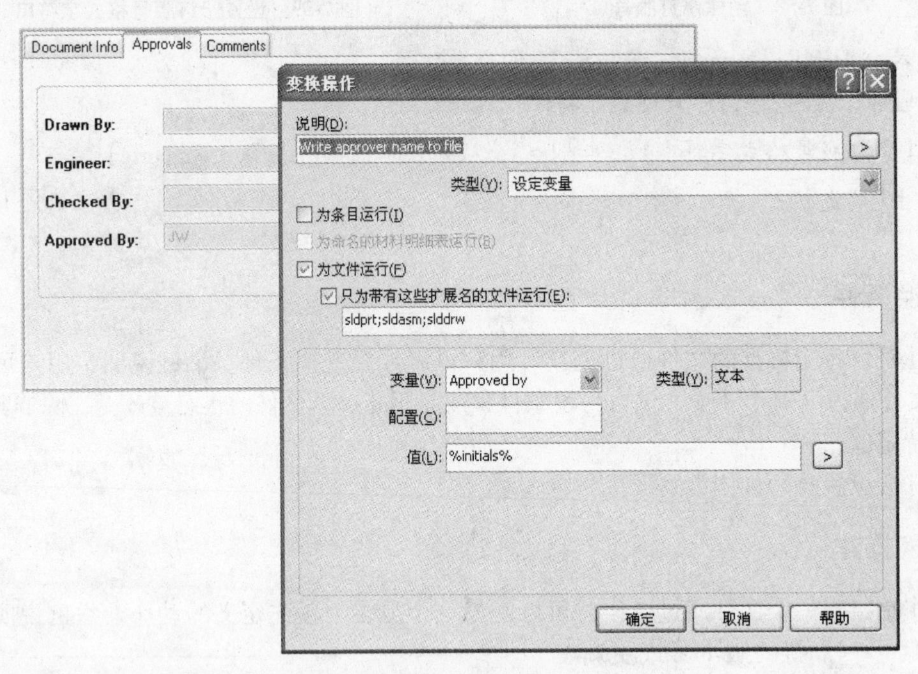

图7-62 更新文件数据卡中的变量

3. 可用变量 表7-7中变量能够在变换操作的描述以及邮件信息的内容中使用，结果显示为值。

表7-7 可用变量

系统变量	说明
日期	变换发生的日期
目的状态	变换指向的目标状态
电子邮件	执行变换的用户的属性卡上填写的电子邮件
文件名	通过变换的文件名
文件夹路径	文件夹的路径，该文件夹包含通过变换的文件
全名	执行变换的用户的属性内所填写的用户全名
名缩写	执行变换的用户的属性内所填写的名缩写
下一个修订版	文件的下一个可用修订版号
下一个版本	文件的下一个版本号
修订版	通过变换的文件的当前修订版本号(指通过变换之前的)
源状态	变换指向的源状态
时间	变换发生的时间
变换评论	进行变换时用户输入的评论
用户	执行变换的用户的登录名

（续）

系 统 变 量	说　　明
用户数据	执行变换的用户的属性内的用户数据
变量	使用当前数据卡内另一个已有变量的值更新定义的变量。从弹出的子菜单内选择要读取的变量
版本	通过变换的文件的当前版本（指通过此变换动作之前的）
版本评论	文件最新的版本（检入）评论

4. 递增修订版　此操作可以对通过所选变换的文件自动设置下一个修订版本号。

提示　在进行此类操作前，用户首先要定义用于目标状态内的修订版本号。

图 7-63 所示为文件通过变换操作而更新修订版号后产生的版本变化的历史记录。

提示　此操作仅仅赋予文件下一个修订版本，并不会将修订版号写入到文件数据卡变量内。如果需要同时将修订版号写入到文件数据卡内，则需要添加额外的变换操作。

5. 多个变换操作　单击【新建】，创建多个变换操作，如图 7-64 所示。

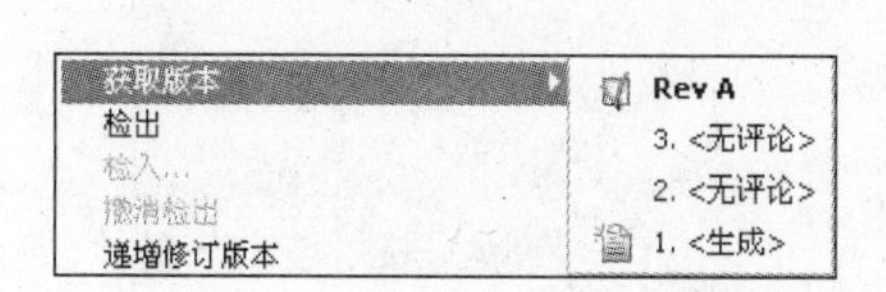

图 7-63　查看版本变化历史

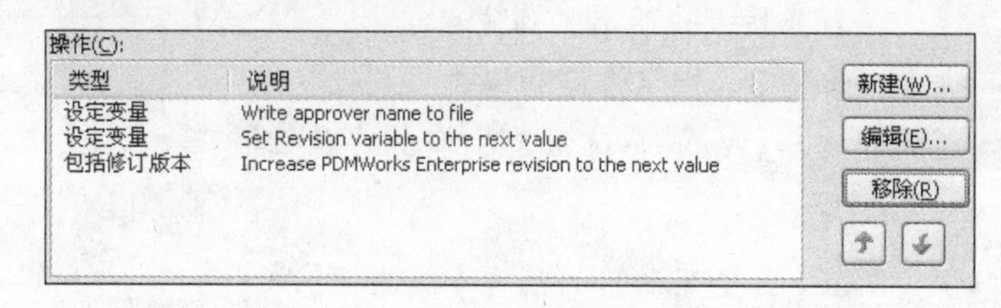

图 7-64　多个变换操作

需要注意的是，如果用户建立了多个设定变量的操作以更新不同的变量，结果只会生成一个新的文件版本。各个变换操作按它们在列表内的排列顺序依次执行。选中一项，可以单击 ↑ 或 ↓ 调整上下位置。

注意　当对一个变量值进行更新同时对文件进行递增版本的操作时，因为更新变量会生成一个新的文件版本，所以应当总是将【递增修订版本】操作作为最后一个。如果递增修订版本操作先于变量更新，则修订版号被赋予在前一个版本上，看下面的例子。

（1）不正确：如果在更新变量之前进行【递增修订版本】的操作，则通过此变换的文件的版本历史记录会显示，在递增修订版本操作之后还自动生成了版本 2，如图 7-65 所示。

（2）正确：如果将【递增修订版本】的操作放在最后，则通过此变换的文件的版本历史记录会显示，在自动生成版本 2 之后正确地对文件赋予了预设的修订版号，如图 7-66 所示。

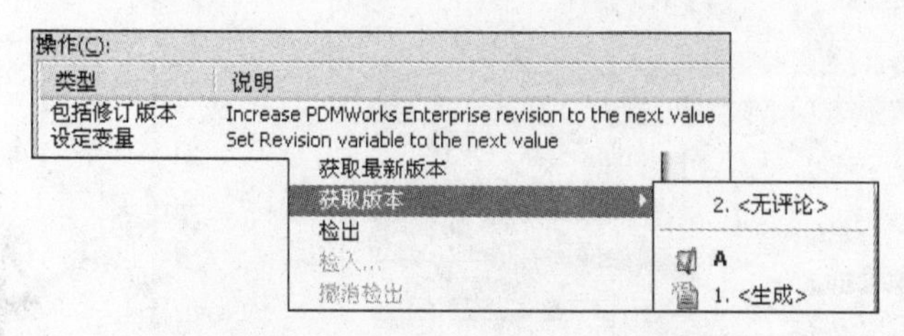

图 7-65　不正确递增修订版本操作

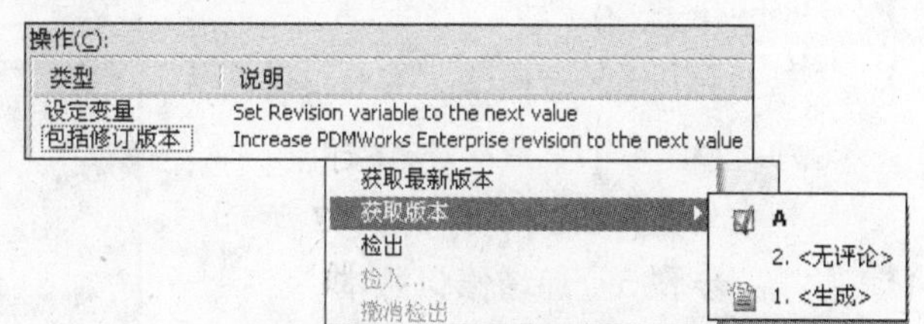

图 7-66　正确递增修订版本操作

提示　如果用户想通过同一个变换操作更新文件数据卡以及将修订版本的值自动添加到数据卡内，可以使用系统变量“Next Revision”（下一个修订版），否则修订版变量的值将会为当前的修订版本，即文件在通过此变换之前的值。同样，更新到下一个版本使用系统变量“Next Version”（下一个版本）会令其值保持一致。

7.8 学习实例：技术说明书修订版格式

技术说明书(Specifications)工作流程使用修订版格式为01、02、03等。文件一旦通过“Approved”(批准)，将会更新为下一个修订版号。为此，用户需要：

(1) 修改“Specifications”工作流程，并在“Approved”状态内使用“ACME _Numeric _Scheme”版本格式。

(2) 在通过批准变换“Passed approval”内添加一个操作，设置变量并递增修订版本。

操作步骤

步骤1 打开管理工具

打开管理工具并用“Admin”用户登录。

步骤2 打开工作流程

展开【工作流程】节点。

打开技术说明书工作流程。

步骤3 指定修订版格式

选择【Approved】状态，单击“属性”。

在【要使用的修订版号】栏选择【ACME _ Numeric _ Scheme】。

单击关闭属性设置框，如图7-67所示。

图7-67 指定修订版格式

步骤4 设置修订版变量

选择“Passed approval”变换，单击“属性”。

在【操作】栏，单击【新建】。

在【说明】栏，输入“Update revision property”。

选择【类型】/【设定变量】。

从【变量】下拉列表中选择【Revision】。

在【值】这一栏，单击 > 并从列表中选择【下一个修订版】。

单击【确定】，如图7-68所示。

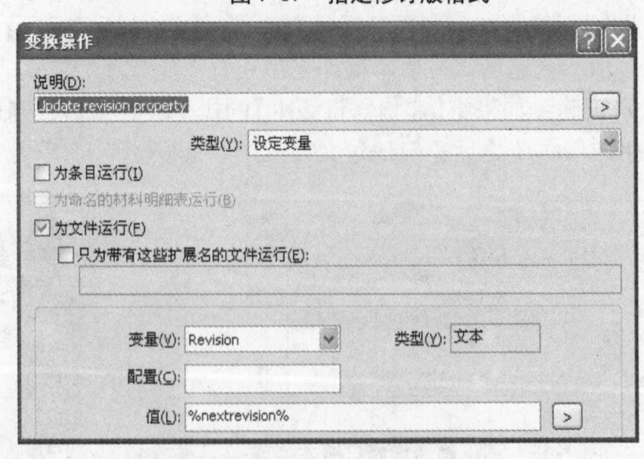

图7-68 设置修订版变量

步骤5 递增修订版本

在【操作】栏，单击【新建】。

在【说明】栏，输入“Increment revision”。

选择【类型】/【递增修订版本】(编者注:2009软件文字有错误,应为“递增修订版本”,而非“包括修订版”)。

单击【确定】，如图7-69所示。

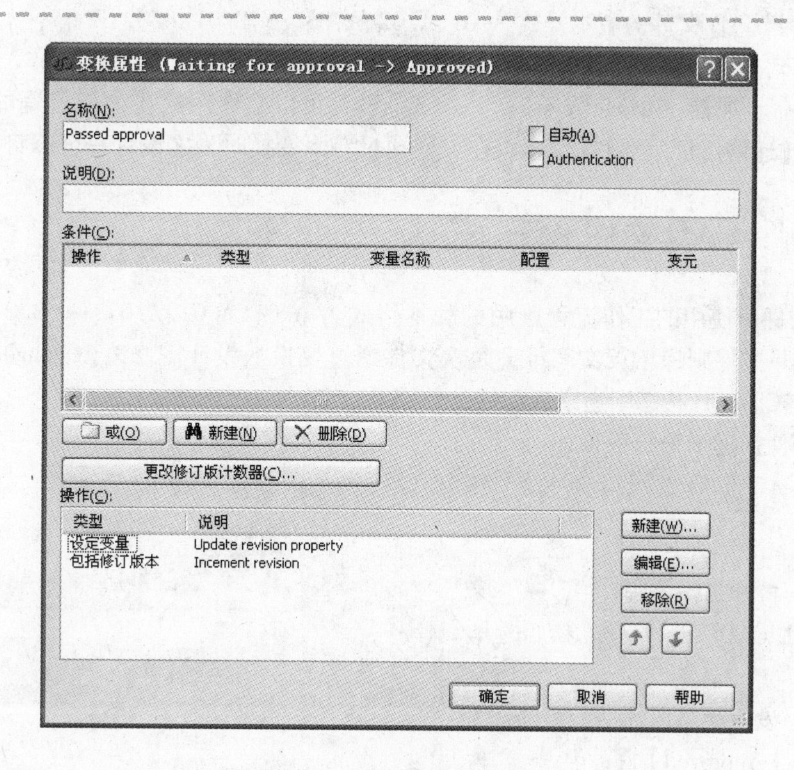

图 7-69 添加递增修订版本

再单击【确定】，关闭对话框。

步骤 6 保存工作流程

步骤 7 测试修订版格式

用“Admin”登录。

右键单击位于“P-00003. IBM \ Specifications”文件下的说明书“Specification”文件，从快捷菜单中选择【更改状态】/【Submit for review】。

输入评论“Please review and approve”。现在状态变为“Review”，如图 7-70 所示。

图 7-70 更改状态

再选择这个文件，从快捷菜单中选择【更改状态】/【Passed Approval】。

输入评论“Approved for release”。现在状态变为“Approved”，并且修订版被赋予“01”，如图 7-71 所示。

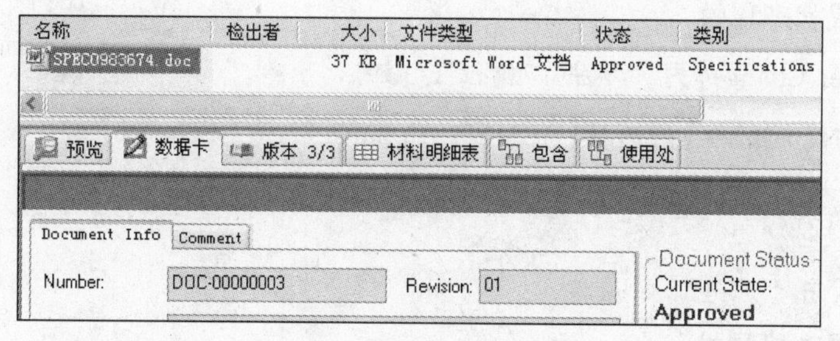

图 7-71 查看更改后的状态

某些修订版在设置版本值时，要求一个修订版号组件能相对于其他修订版号组件单独递增。

举个例子，一个CAD文件的版本样式A.01、A.02、A.03、…、B.01、B.02、B.03、…。那么什么时候才需要更改版本内的英文字母呢？

使用更改修订版计数器(Change revision counters)设置可以允许用户在工作流程的适当位置更改修订版号组件。使用【递增修订版本】操作可以在文件通过一个变换时为之设置一个修订版本号。

7.9 学习实例：CAD文件修订版格式

ACME CAD文件所使用的工作流程所用的版本格式为A.01、A.02、A.03、…、B.01、B.02、B.03、…。每次批准(Approved)文件则递增英文字母，每次文件通过变换从设计需修改(Change Editing Required)退回到修改(Under Change)状态则递增版本内的数字。

用户需要正确使用递增修订版格式。

操作步骤

步骤1　打开工作流程

右键单击CAD File工作流程，选择【打开】。

步骤2　设置状态属性

在状态【Approved】内，单击“属性”。

默认情况下格式指定为【Alpha Revision Number】。在【要使用的修订版号】内选择【ACME_AlphaNumeric_Scheme】。

清空【递增为】一栏内两个组件的值，如图7-72所示。

单击，关闭“属性”对话框。

图7-72　设置【Approved】状态属性

步骤3　设置变换属性

单击打开【Passed Approval】变换的“属性”对话框，如图7-73所示。

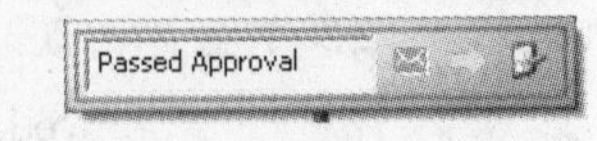

图7-73　设置【Passed Approval】变换的属性

已经设定了两个操作：

(1) 设定变量。

(2) 递增修订版本。

步骤4　设置状态属性

在状态【Under Change】内，单击“属性”。

在【要使用的修订版号】内选择【ACME_AlphaNumeric_Scheme】。

在【递增为】一栏内清除【ACME_Alpha】的值，将【ACME_Numeric】的值设为“1”，如图7-74所示。

单击，关闭“属性”对话框。

步骤5　设置变换属性

单击打开【Request Change】变换的“属性”对话框，如图7-75所示。

定义两个操作：

1. 设定变量 设定变量为“下一个修订版”(Next Revision)。

2. 递增修订版本 重复以上操作设置【Change Editing Required】变换的属性，如图7-76所示。

步骤6 设置其他变换属性值

单击打开【Change Approved】变换的“属性”对话框，如图7-77所示。

已经设定了两个操作：

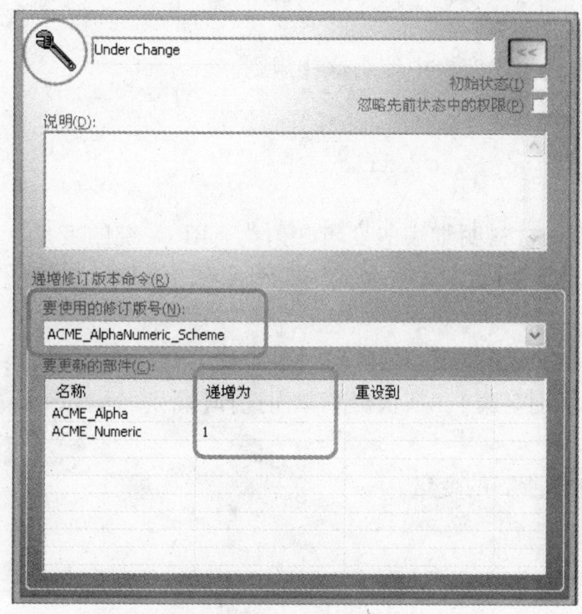

图7-74 设置【Under Change】状态属性

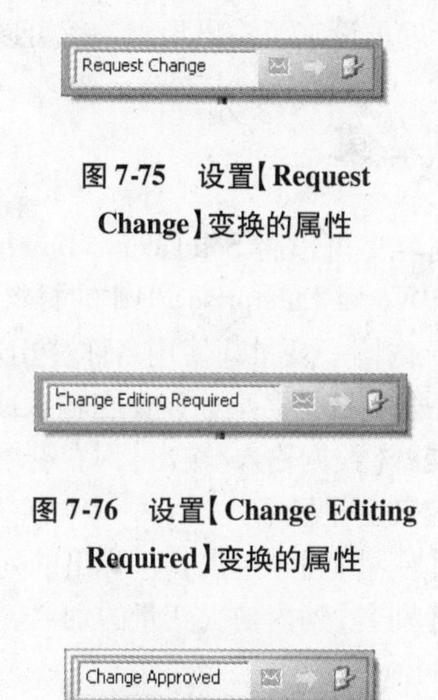

图7-75 设置【Request Change】变换的属性

图7-76 设置【Change Editing Required】变换的属性

图7-77 设置【Change Approved】变换的属性

1. 设定变量 设定变量为“下一个修订版”(Next Revision)。

2. 递增修订版本

步骤7 更改修订版计数器

单击【更改修订版计数器】，将【ACME_Alpha】的【递增为】设定为“1”，将【ACME_Numeric】【重设到】“1”，单击【确定】，如图7-78所示。

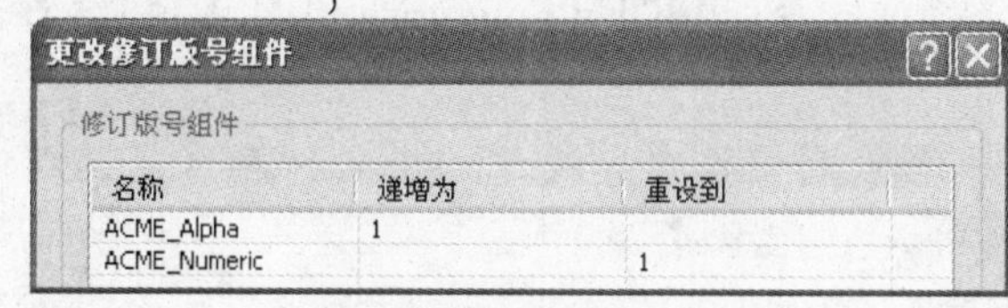

图7-78 更改修订版计数器

步骤8 保存工作流程

单击【确定】，保存变换属性。

单击保存，保存工作流程。

步骤9 测试工作流程

添加一个SolidWorks零件到库内，测试其是否按预期设计在工作流程之间流转。

7.10 输入和输出 ERP 数据

用户可能需要在 ERP 系统内使用 SolidWorks Enterprise PDM 内的数据，同时也可能需要将 ERP 系统内的数据导出到 SolidWorks Enterprise PDM 内。可以使用数据输入输出功能来达到此目的。

用户从 SolidWorks Enterprise PDM 输出数据时，数据输出为 XML 格式文件。ERP 系统的用户可以将这个输出的 XML 格式文件导入到 ERP 系统内。

管理员可以在管理工具内设置文件输入输出的规则，如数据输入还是输出、文件名以及其他在转换中所需要的数据。

一旦管理员设定了输出规则，就可以在工作流程的变换中使用这些规则。

7.11 别名集

使用别名集可以将 SolidWorks Enterprise PDM 材料明细表的变量映射为 ERP 系统的变量。举例说明：在 SolidWorks Enterprise PDM 的材料明细表内可能使用一个名为“Revision”（版本）的变量，但是在 ERP 系统内同一变量却使用名称“REV”。

创建一个变量别名集，以便在输入或输入时将材料明细表内的变量对应到 ERP 系统的变量：

（1）展开【数据输入/输出】，右键单击【变量别名集】，从快捷菜单内选择【新别名集】。

（2）定义变量别名：

1）在【变量】列内单击，从弹出的列表内选择所需的变量。

2）在【别名】列内输入变量的别名。

7.12 学习实例：别名集

生成一个简单的别名集，将 SolidWorks Enterprise PDM 内的两个变量“Description”和“Revision”映射到 Acme 公司的 ERP 系统内的等同的变量“DESC”和“REV”。

操作步骤

步骤 1　打开管理工具

从文件库的本地视图菜单选择【工具】/【Enterprise PDM 管理】，打开管理工具。

步骤 2　登录

使用“Admin”用户登录到文件库，展开一个文件库节点，以便显示出所有的管理子项。

步骤 3　打开【数据输入/输出】

展开【数据输入/输出】节点。

步骤 4　创建一个新别名集

右键单击【变量别名集】，从快捷菜单内选择【新别名集】，如图 7-79 所示。

在【集合名】内输入“ACME ERP”。

从变量列表内选中【Description】，在【别名】内输入“DESC”。

从变量列表内选中【Revision】，在【别名】内输入“REV”，如图 7-80 所示。

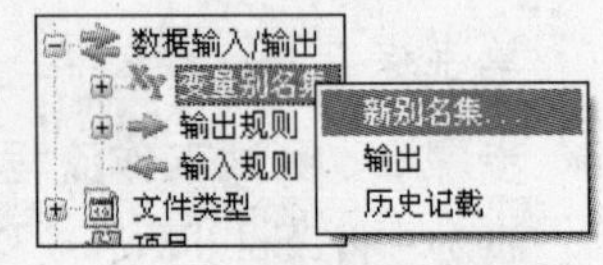

图 7-79　新建别名集

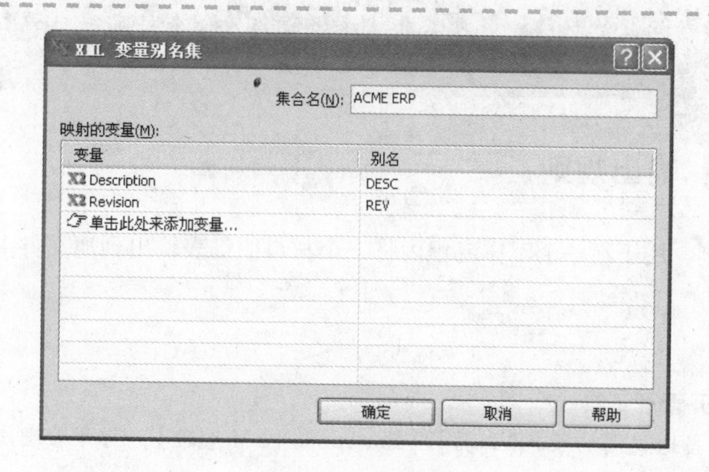

图 7-80 变量别名集

单击【确定】保存别名集。

7.13 输出规则

SolidWorks Enterprise PDM 的材料明细表变量可以通过工作流程内触发的规则，被输出到 ERP 系统内。输出的 XML 格式的文件会放在输出规则中所指定的池文件夹内。

创建一个输出规则：

（1）展开【数据输入/输出】，右键单击【输出规则】，从快捷菜单内选择【新输出规则】。

（2）填写所需内容后，单击【确定】。

输出规则可以定义以下内容：

1）规则名称。

2）要输出的材料明细表名称和类型。

- 计算材料明细表。
- CAD 材料明细表。
- 命名材料明细表。

3）只输出激活的材料明细表。

4）输出格式。

5）用来识别输出文件的数据卡变量。

6）要输出的 BOM 列及其他特征。

7）在输出的 ERP 数据文件内，映射 ERP 变量和材料明细表变量的别名集。

8）输出数据中包含的配置。

9）输出数据中包含的文件引用。

10）用于存放 XML 格式的 ERP 数据文件的文件夹(或称池文件夹)位置。

11）输出的 ERP 数据文件的名称。

注意

在【输出 XML 文件到文件夹】内所指定的文件夹路径应能从运行 SolidWorks Enterprise PDM 数据库服务器的机器上进行访问。

用户可以指定一个 UNC 路径，但需注意的是运行输出任务的数据库服务通常情况下是作为系统当前用户账号下的一个进程，在默认情况下，其没有权限访问网络。

注意

如果需要访问网络路径，用户需要将该进程作为一个特定用户进程，或者使用所谓的“管理员 UNC 路径”（例如,路径内包含“c $”表示一台电脑的 C:盘）。

7.14 学习实例：输出规则

新建一个输出规则，用于在一个工作流程内将一个材料明细表输出到池文件夹内。

操作步骤

步骤1 打开管理工具

从文件库的当地视图的菜单【工具】/【Enterprise PDM 管理】，打开管理工具。

步骤2 登录

使用“Admin”用户登录到文件库，展开所有的管理子项。

步骤3 打开【数据输入/输出】

展开【数据输入/输出】节点。

步骤4 创建新的输出规则

右键单击【输出规则】，从快捷菜单内选择【新输出规则】，如图 7-81 所示。

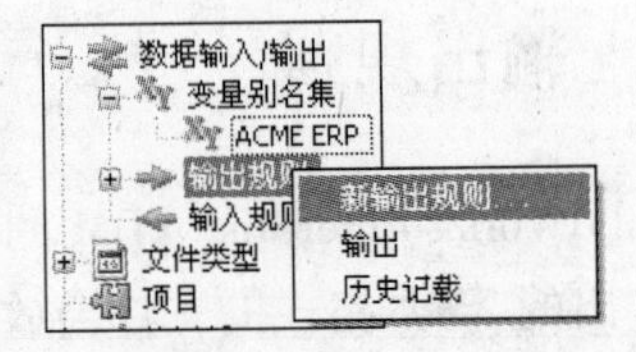

图 7-81 创建新的输出规则

在【规则名称】内输入：“ACME EXPORT”。

在【输出 XML 文件到文件夹】内指定“C:\Temp\Export”(或其他文件夹)作为目标文件夹。

在【输出 XML 文件名称】内，单击 >，在列表内选择【文件名称】，然后选择【计数器值 >01】作为输出文件的名称。

在变量页面，【在 XML 文件中使用的别名集】栏选择【ACME ERP】，如图 7-82 所示。

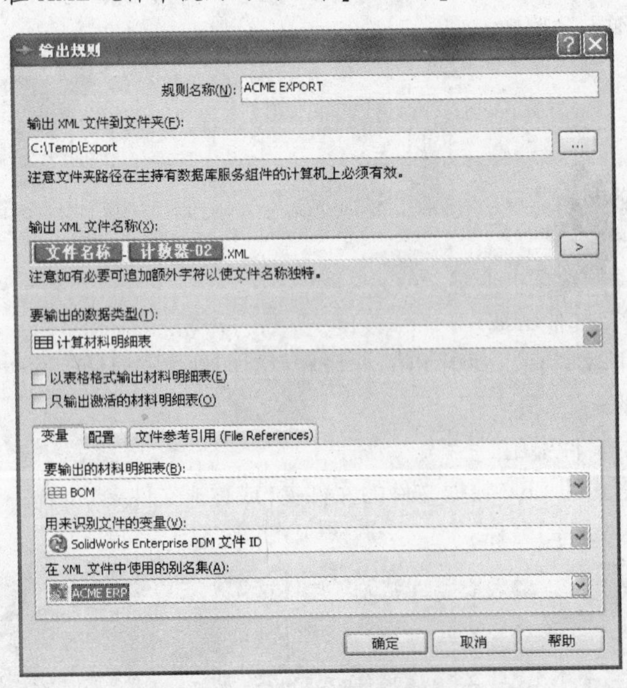

图 7-82 创建输出规则

1. 输出到XML 工作流程能够用来导出XML格式数据文件到池文件夹，以便其他业务系统处理（例如：ERP/MRP）。

在基于ERP的工作流程的变化操作中指定一个导出规则。

（1）创建工作流程的变换操作。

（2）输入ERP导出相关的描述。

（3）选择将数据输出到XML，然后从列表中选择一个导出规则。

2. 输出材料明细表 用户将在CAD文件工作流程中指向【Approved】状态的变换中添加操作。这些变换包括：【Passed approval】、【Change Approved】和【No approval required】。

操作步骤

步骤1 打开工作流程

右键单击CAD文件工作流程，并选择【打开】。

步骤2 设置变换属性

单击 打开【Passed Approval】变换的“属性”对话框。

在操作区单击【新建】打开【变换操作】对话框。

在【说明】栏输入“Export BOM to ERP folder”。

在【类型】栏选择【将数据输出到XML】。

勾选【为文件运行】和【只为带有这些扩展名的文件运行】，并输入“sldasm”。

在【选取要使用的输出脚本】栏选择【ACME EXPORT】，如图7-83所示。

对于【Change Approved】变换和【No approval required】变换，重复以上操作步骤。

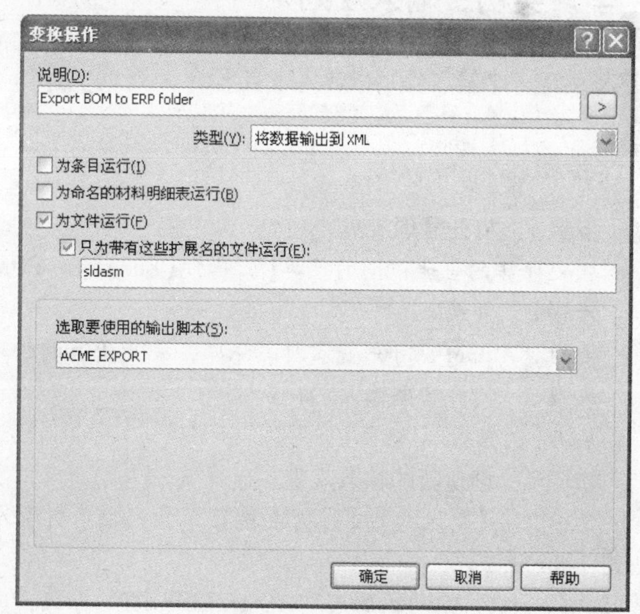

图7-83 设置变换的属性

步骤3 保存工作流程

步骤4 测试输出规则

用“Admin”用户登录。

单击浏览到培训文件所在位置：“C:\SolidWorks 2009 Training Files\Administering SolidWorks Enterprise PDM\Lesson07\Case Study\DrawerAssembly\”。

检入Drawer的装配体、零件和工程图文件。

选中所有文件，并在快捷菜单中选择【更改状态】/【No approval required】，则会在所指定的文件夹内创建XML导出文件，其位于SolidWorks Enterprise PDM数据库服务器所在的机器上。

7.15 输入规则

来自ERP系统并符合规则的XML格式数据能够被导入到SolidWorks Enterprise PDM中使用：

（1）发送通知给一个用户或组。

（2）更新列表。
（3）更新序列号。
生成输入规则的操作步骤如下：
（1）展开【数据输入/输出】，右键单击【输入规则】，从快捷菜单内选择【新输入规则】。
（2）填写所需内容后，单击【确定】。
输入规则可以定义以下内容：
（1）规则名称。
（2）用于存放 XML 格式的 ERP 数据文件的文件夹（或称池文件夹）位置。
（3）在要输入 ERP 数据文件内，映射 ERP 变量和材料明细表变量的别名集。
要输入的 XML 格式类似于导出 ERP 数据时的格式。

注意

在【从文件夹输入】内所指定的文件夹路径应能从运行 SolidWorks Enterprise PDM 数据库服务器的机器上进行访问。

用户可以指定一个 UNC 路径，但需注意的是运行输出任务的数据库服务通常情况下是作为系统当前用户账号下的一个进程，在默认情况下，其没有权限访问网络。

如果需要访问网络路径，用户需要将该进程作为一个特定用户进程，或者使用所谓的“管理员 UNC 路径”（例如，路径内包含“c $”表示一台电脑的 C：盘）。

提示

ERP 数据导入样例文件可以到产品 CD 的“Support \ERP”文件下找到。

7.16 学习实例：输入规则

用户将创建一个输入规则以导入来自 ERP 系统的“cities”列表。

操作步骤

步骤 1　打开管理工具

从文件库的当地视图的菜单【工具】/【Enterprise PDM 管理】，打开管理工具。

步骤 2　登录

使用“Admin”用户登录到文件库，展开所有的管理子项。

步骤 3　打开数据输入/输出

展开【数据输入/输出】节点。

步骤 4　创建新的输入规则

右键单击【输入规则】，从快捷菜单内选择【新输入规则】，如图 7-84 所示。

数据输入/输出
变量别名集
输出规则
ACME EXPORT
输入规则
新输入规则...
输出
历史记载
文件类型
项目
修订版

图 7-84　新建输入规则

在【规则的名称】内输入“ACME IMPORT”。

在【检查文件夹的频率】内输入“1”（分钟）。

在【从文件夹输入】内指定路径“C：\Temp\Import”（或者其他合适的文件夹）。

不要设置【不要使用别名集】，如图 7-85 所示。

步骤 5　测试输入规则

复制文件“ACME List Import-Simple. xml”，从“C：\SolidWorks 2009 Training Files \ Administering SolidWorks Enterprise PDM\Lesson07\Case Study\”到“C：\Temp\Import”。

一旦此文件被 SolidWorks Enterprise PDM 输入规则读取，它将从池文件夹内消失，如图 7-86 所示。

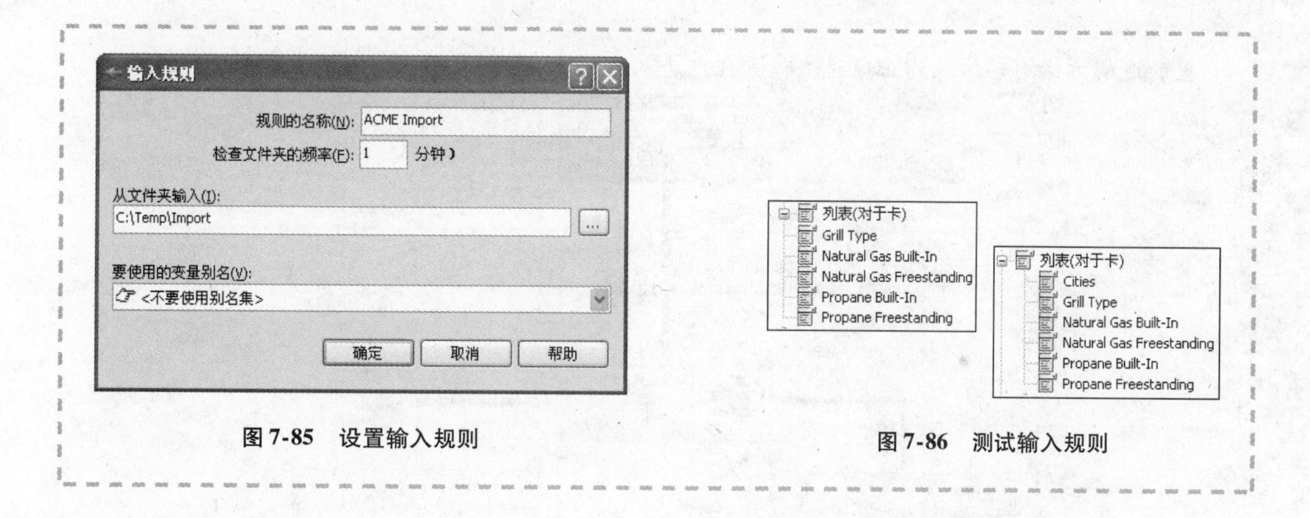

图7-85 设置输入规则

图7-86 测试输入规则

7.17 自动变换

如果需要让一个文件自动通过一个变换，可以在变换面板内按下【自动】，或者在【变换属性】对话框内勾选【自动】选项，如图7-87所示。

如果自动变换没有指定任何的变换条件，则所有到达或者检入到源状态的文件会自动通过所选变换。

在下面的例子中，文件首先处于File added状态，因为使用了自动变换，文件会自动通过Clear values变换，同时通过变换内的操作对文件数据卡内的变量进行更新，如图7-88所示。

图7-87 勾选【自动】选项

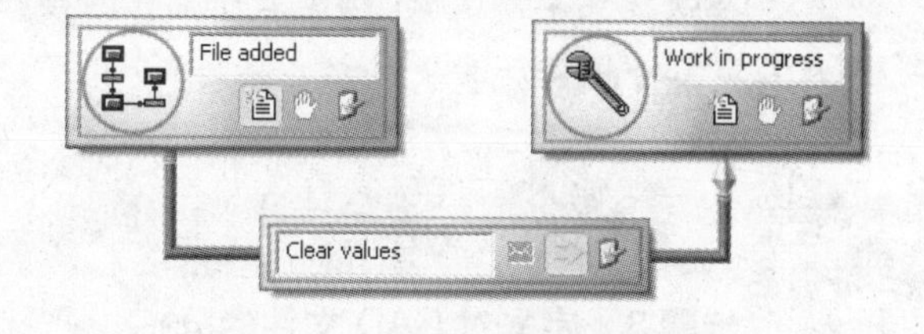

图7-88 通过自动变换更新变量

如果用户在自动变换中设置了条件，则只有满足这些条件的文件才可以自动通过这个变换。

7.18 学习实例：分拣状态

在这个实例学习中，将在一个工作流程内添加一些内容，从而说明自动变换的作用。添加一个可以根据文件类型进行文件分拣的状态。这个状态的作用是将技术说明书转向另一个工作流程，而不是和CAD文件共用一个流程。

操作步骤

步骤1 创建一个新的工作流程

创建一个新的工作流程，将之命名为“Sorting”。

步骤2 添加状态和变换

在工作流程内添加相应的状态、变换和工作流程连接，如图7-89所示。

在此不对任何状态或变换进行权限设置，因为现在所需要做的是如何使文件能按照所设置的逻辑方式自动转入到正确的工作流程内。

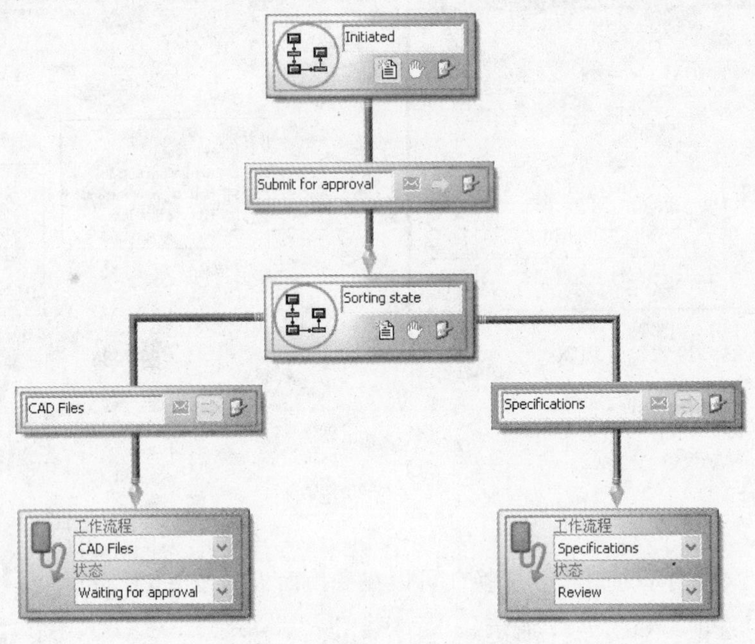

图 7-89　“Sorting” 工作流程

提示 工作流程连接可用于将文件从一个流程转移到另一个工作流程。

在快捷菜单内选择【新建工作流程连接】或者在工具条上单击图标添加一个工作流程连接。指定工作流程名称和开始状态。

注意 需要注意的是在输出一个包含有工作流程连接的工作流程时，工作流程连接和所关联的工作流程并不包含在输出文件内。

步骤 3　定义对 CAD 文件的分拣

希望将所有的 CAD 文件自动通过此变换转入到 CAD File 的工作流程。

在 CAD File 变换内：

- 勾选【自动】。
- 添加一个【或】条件，用于让所有 CAD 文件通过变换。
- 在变换的属性内，添加条件设定哪些文件可以通过变换，如图 7-90 所示。

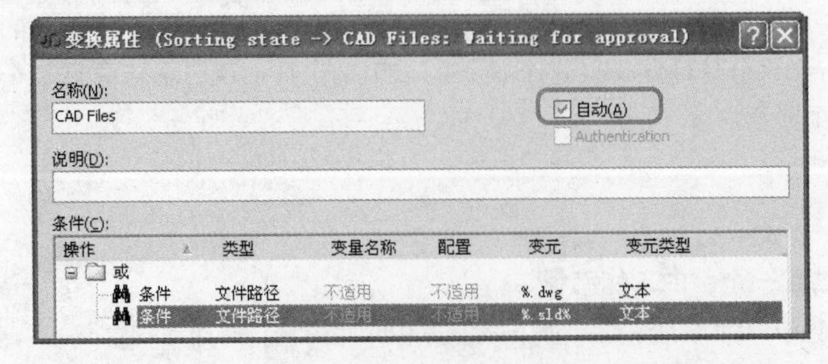

图 7-90　添加变换条件

步骤 4　定义对技术说明书分拣

希望将所有的技术说明书文件自动通过此变换转入到技术说明书的工作流程。

在Specifications变换内：

- 勾选【自动】。
- 在变换的属性内，添加条件设定哪些文件可以通过变换，如图7-91所示。

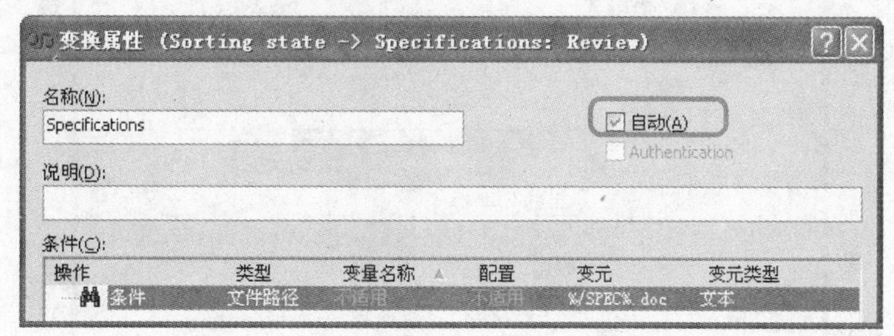

图7-91　定义对技术说明书分拣

步骤5　保存工作流程

在工作流程内，所有通过Submit for approval变换的文件会根据自身文件类型的不同被转入CAD Files流程或者Specifications(技术说明书)流程。对状态和变换进行相应的权限设置后，【保存】工作流程。

步骤6　测试更新后的流程

在对工作流程进行测试之前，需要删除在之前CAD Files流程和Specifications流程的内所定义的类别条件。

添加或检入文件的用户，必须要在设为自动的变换内拥有准许提交文件的权限，否则变换操作将不起作用。

7.19　工作流程通知

通过设置工作流程通知，当文件到达一个特定状态时，相关的用户或组会收到一封通知邮件。举例说明，一旦一个文件提交校对，则Document Control组内的所有成员将会收到一个通知，提醒他们现在有一个文件需要校对。

7.19.1　状态通知

状态通知是指检入/检出特定状态和位置的文件时，通知相关的用户或组。例如，当项目文件被工程师修改时，则需要告知项目经理。

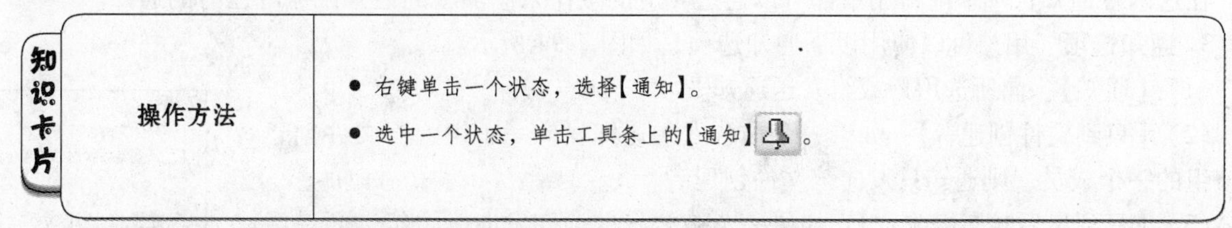

知识卡片	操作方法	● 右键单击一个状态，选择【通知】。 ● 选中一个状态，单击工具条上的【通知】。

1. 按项目的通知　在【按项目的通知】选项内，可添加新的状态通知。通过选择文件所在的库内文件夹来触发通知。所指定的用户或组则会收到通知，如图7-92所示。

除非对子文件夹单独进行设置，否则所有的子文件夹会使用相同的通知设置。

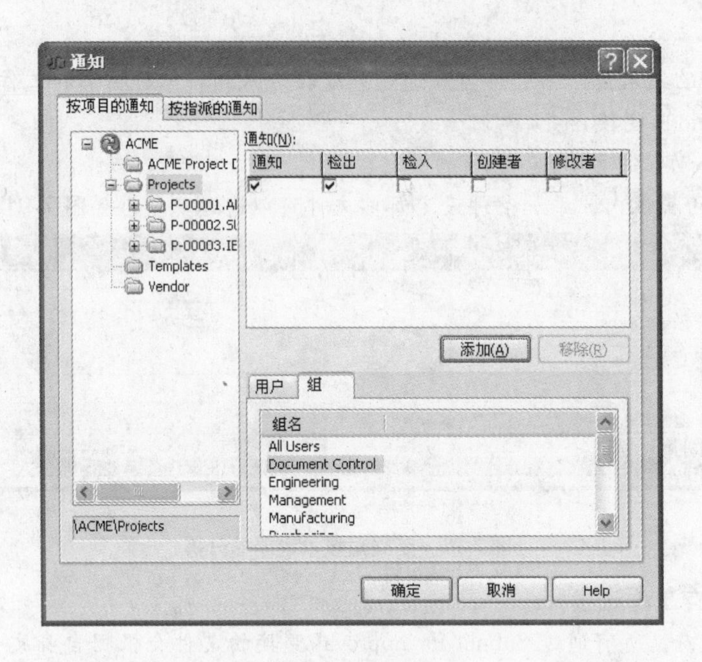

图 7-92　按项目的通知

2. 按指派的通知　【按指派的通知】显示指定给所选用户或组的所有通知，如图 7-93 所示。

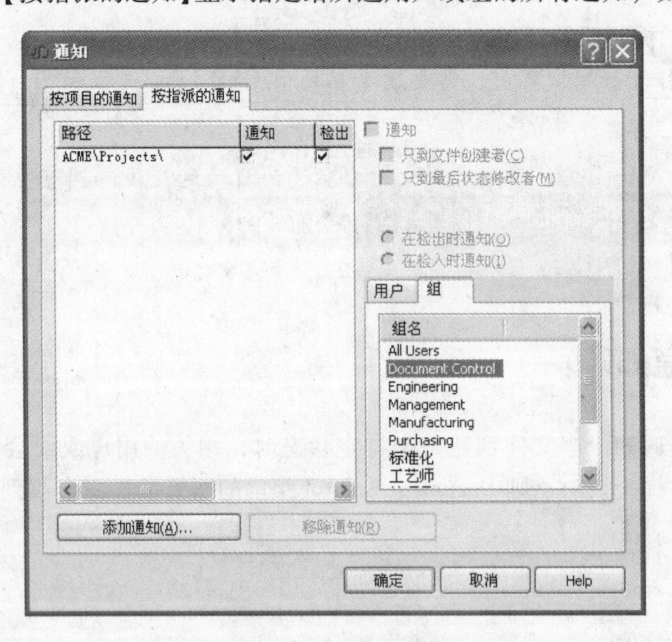

图 7-93　按指派的通知

在这两种通知选项卡内，用户都可以通过相应的按钮来添加新的通知或删除已有的通知。

3. 通知选项　用户可以使用以下通知选项，如图 7-94 所示。

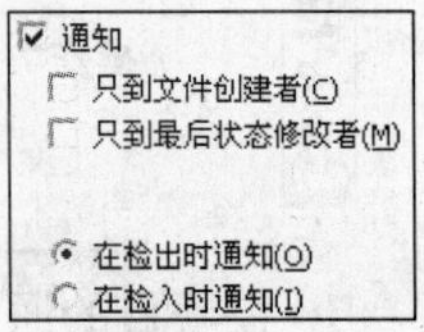

（1）【通知】：向所选用户或组发送通知。

（2）【只到文件创建者】：如果一个被触发的通知发向一个组，而文件创建者是该组的一个成员，则通知只发向该文件创建者。

（3）【只到最后状态修改者】：如果一个被触发的通知发向一个组，而最后修改文件的用户是该组的一个成员，则通知只发向该文件最后状态修改者。

（4）【在检出时通知】：（仅适用于状态通知）　如果检出处于指定状态内的文件，则会发送一个通知。

☑ 通知
☐ 只到文件创建者(C)
☐ 只到最后状态修改者(M)
◉ 在检出时通知(O)
○ 在检入时通知(I)

图 7-94　通知选项

（5）【在检入时通知】：（仅适用于状态通知）　如果检入处于指定状态内的文件，则会发送一个通知。

当一个用户收到一个状态通知时，邮件信息内会包含链接，指向触发该通知的文件，以及该文件的相关信息，如图 7-95 所示。

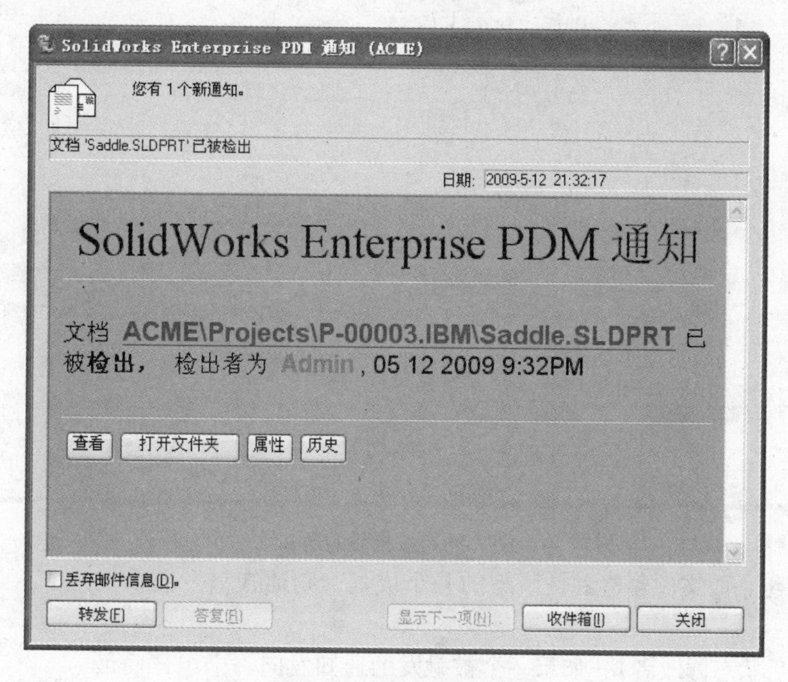

图 7-95 邮件信息通知

7.19.2 变换通知

变换通知可用于当文件状态改变时向指定用户或组发送通知。举例说明，当一个工程师的文件没通过审核而需要继续修改时，就会收到通知。

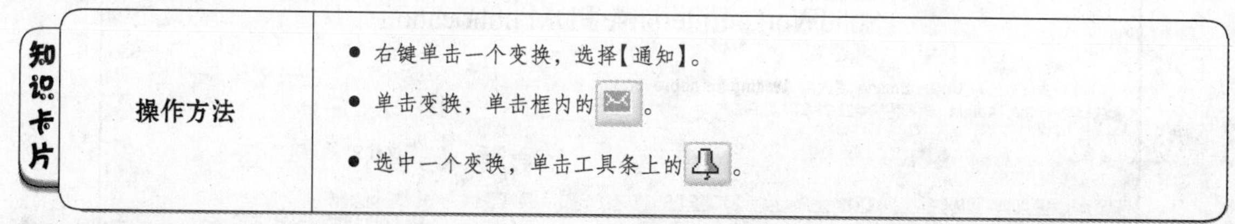

知识卡片	
操作方法	● 右键单击一个变换，选择【通知】。 ● 单击变换，单击框内的 [图标]。 ● 选中一个变换，单击工具条上的 [图标]。

1. 按项目的通知 在【按项目的通知】选项卡内，可添加新的变换通知。通过选择文件所在的库内文件夹来触发通知，所指定的用户或组则会收到通知。需注意的是除非对子文件夹单独进行设置，否则所有的子文件夹会使用相同的通知设置，如图 7-96 所示。

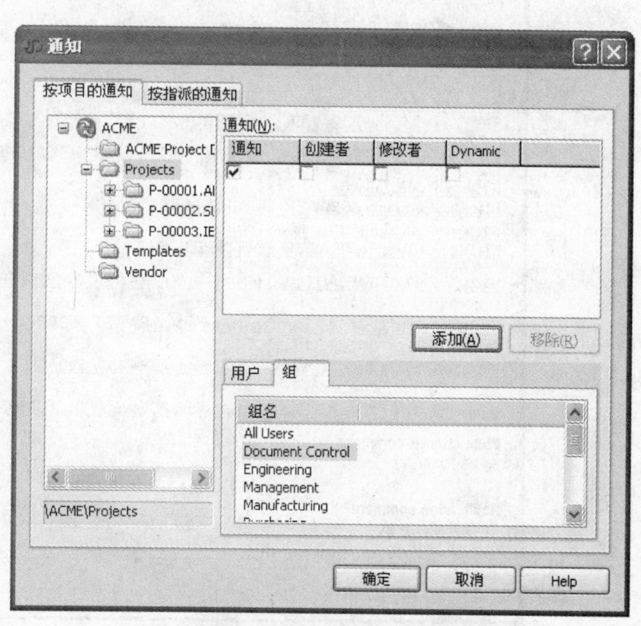

图 7-96 按项目的通知

2. 按指派的通知 【按指派的通知】显示指定给所选用户或组的所有通知，如图 7-97 所示。

在这两种通知选项卡内，用户都可以通过相应的按钮来添加新的通知或删除已有的通知。

3. 通知选项 用户可以使用以下的选项。

（1）【通知】：文件通过变换时向所选用户或组发送通知。

（2）【只到文件创建者】：如果一个被触

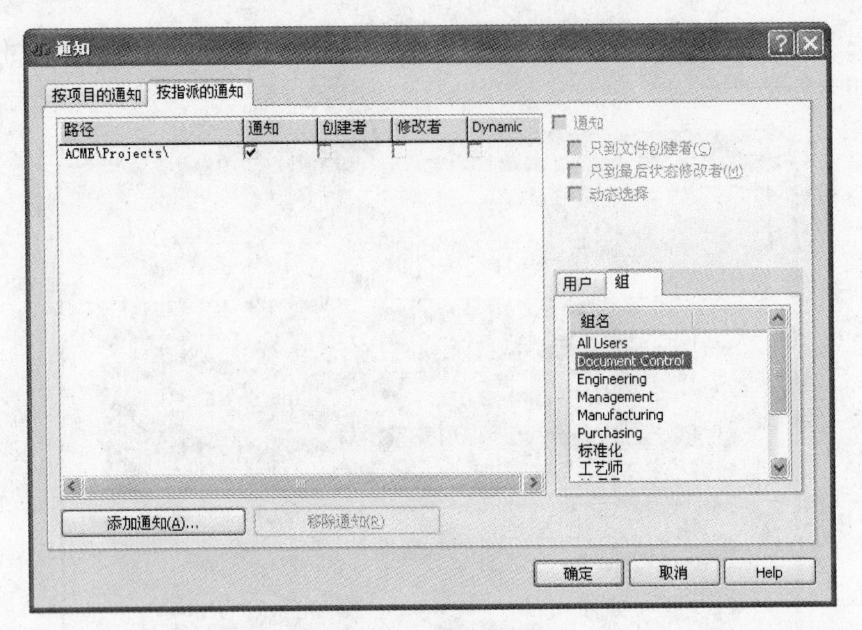

图 7-97　按指派的通知

发的通知发向一个组，而文件创建者是该组的一个成员，则通知只发向该文件创建者。

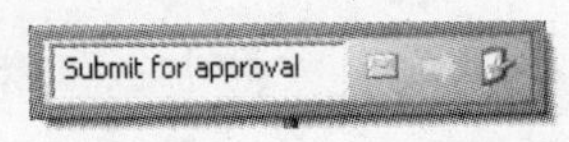

图 7-98　设置了通知的变换

(3)【只到最后状态修改者】：如果一个被触发的通知发向一个组，而最后修改文件的用户是该组的一个成员，则通知只发向该文件最后状态修改者。

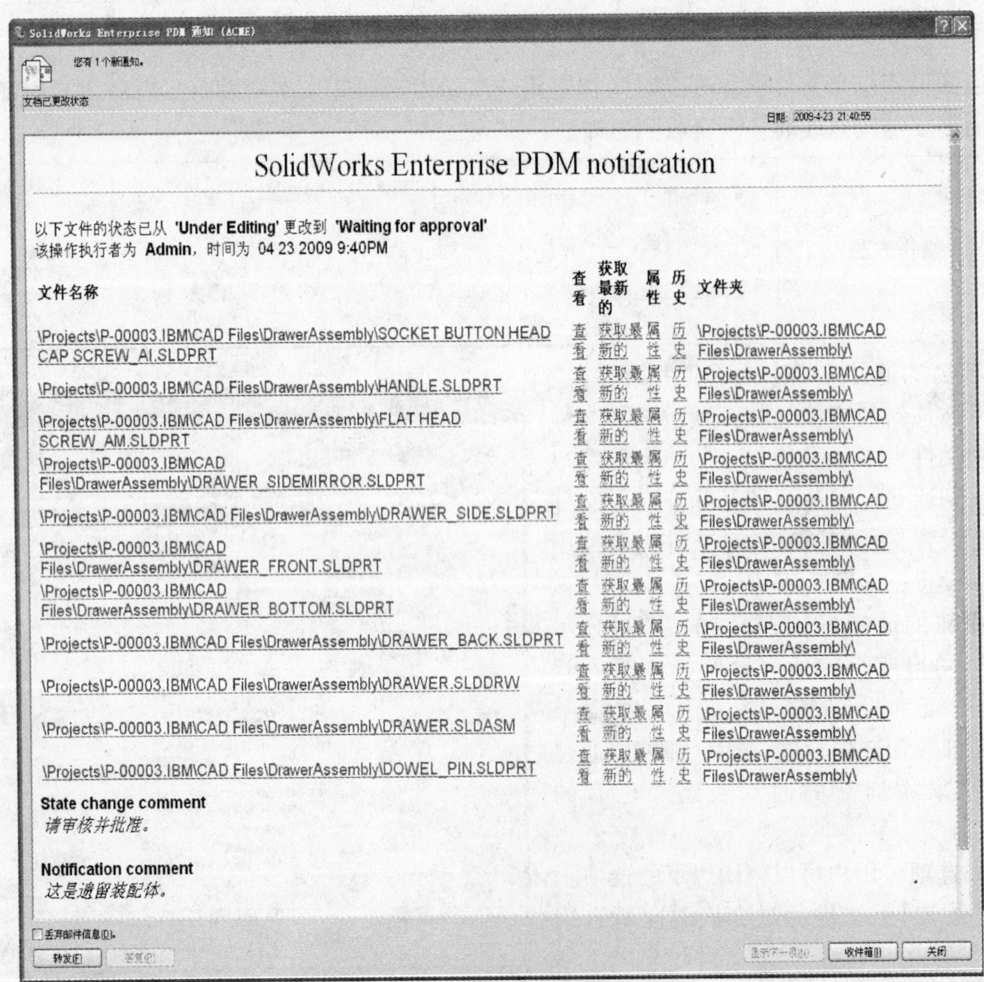

图 7-99　信息邮件通知

（4）【动态选择】：（仅适用于变换通知）执行状态更改的用户从进行变换对话框中选择通知收件人。用户还可以在通知中添加通知评论（与一般的评论字段隔开）。

当在一个变换上设置了通知，通知按钮改变颜色，表明处在激活状态，如图7-98所示。

当一个用户收到一个状态通知时，信息邮件内会包含链接，指向触发该通知的文件，以及该文件的相关信息，如图7-99所示。

7.20 私有状态

当文件被添加到文件库，在进入工作流程之前，处于登录用户的私有状态，此时其他用户无法在库内看到该文件。这样确保其他用户不会获取一个还没有完成的文件。例如，用户添加了文件后还对文件做了一些修改。

处于私有状态下的文件认为是被检出的，只有添加它的用户和Admin用户能够访问它。该文件至少被检入一次，才能被其他有足够权限的用户访问。当文件被检入后，会被指定相应的工作流程和文件类型。

例如，用户“Bob White”向文件库内添加了一些文件；这些文件当前处于私有状态并没有与任何的工作流程及文件类型进行关联。此时这些文件无法被其他用户访问，除了“Admin”，如图7-100所示。

名称	类别	大小	检出者	检出于	描述
DOWEL_PIN.SLDPRT		245 KB	Bob White	<MKT-JOYG-SWK> C:\ACME\Projects\...	
DRAWER.SLDASM		395 KB	Bob White	<MKT-JOYG-SWK> C:\ACME\Projects\...	
DRAWER.SLDDRW		406 KB	Bob White	<MKT-JOYG-SWK> C:\ACME\Projects\...	
DRAWER_BACK.SLDPRT		215 KB	Bob White	<MKT-JOYG-SWK> C:\ACME\Projects\...	
DRAWER_BOTTOM.SLDPRT		204 KB	Bob White	<MKT-JOYG-SWK> C:\ACME\Projects\...	
DRAWER_FRONT.SLDPRT		252 KB	Bob White	<MKT-JOYG-SWK> C:\ACME\Projects\...	
DRAWER_SIDE.SLDPRT		266 KB	Bob White	<MKT-JOYG-SWK> C:\ACME\Projects\...	
DRAWER_SIDEMIRROR.SLDPRT		154 KB	Bob White	<MKT-JOYG-SWK> C:\ACME\Projects\...	
FLAT HEAD SCREW_AM.SLDPRT		463 KB	Bob White	<MKT-JOYG-SWK> C:\ACME\Projects\...	
HANDLE.SLDPRT		192 KB	Bob White	<MKT-JOYG-SWK> C:\ACME\Projects\...	
SOCKET BUTTON HEAD CAP SCR...		601 KB	Bob White	<MKT-JOYG-SWK> C:\ACME\Projects\...	

图7-100 私有状态下的文件类别

一旦Bob检入这些文件，则会被指定相应的状态和类型。所有有访问权限的用户此时将可以使用这些文件，如图7-101所示。

名称	类别	大小	检出者	检出于	描述
DOWEL_PIN.SLDPRT	CAD Files	245 KB			
DRAWER.SLDASM	CAD Files	395 KB			
DRAWER.SLDDRW	CAD Files	406 KB			
DRAWER_BACK.SLDPRT	CAD Files	215 KB			
DRAWER_BOTTOM.SLDPRT	CAD Files	204 KB			
DRAWER_FRONT.SLDPRT	CAD Files	252 KB			
DRAWER_SIDE.SLDPRT	CAD Files	266 KB			
DRAWER_SIDEMIRROR.SLDPRT	CAD Files	154 KB			
FLAT HEAD SCREW_AM.SLDPRT	CAD Files	463 KB			
HANDLE.SLDPRT	CAD Files	192 KB			
SOCKET BUTTON HEAD CAP SCR...	CAD Files	601 KB			

图7-101 检入后的文件类别

7.21 学习实例：设置通知

用户将修改CAD文件工作流程，设置标准通知。

操作步骤

步骤1 修改工作流程

展开【工作流程】节点，打开CAD文件工作流程。

步骤2　设置通知

选择【Submit for approval】变换，并单击通知。

选择“Projects”文件夹，在【组】选项卡内，选择【Management】组并单击【添加】，则【通知】一列会自动勾选。

再选择【Document Control】组，并单击【添加】。除【通知】之外，勾选【Dynamic】列，如图7-102所示。

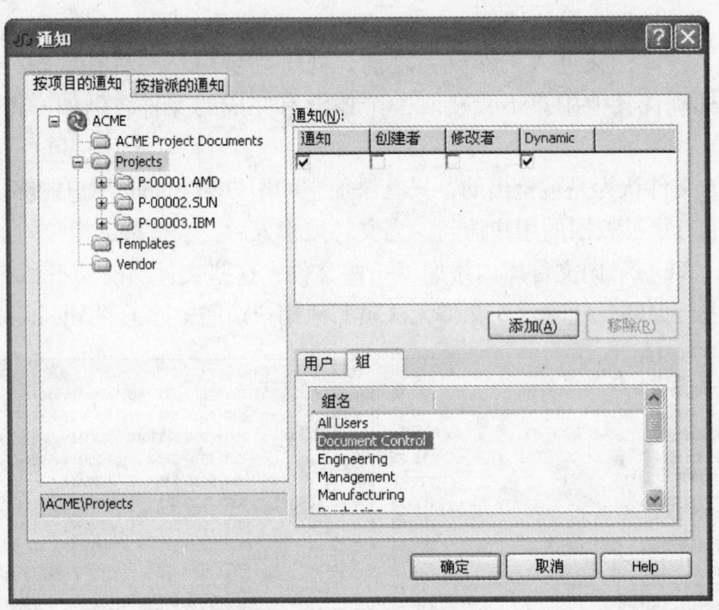

图7-102　设置通知

单击【确定】。

步骤3　设置其他通知

根据ACME安装规划设置其他通知，见表7-8。

表7-8　设置其他通知

通　知		
工作流程	**状　态**	**组或用户**
CAD文件	Waiting for approval	Management组 选择一个Document Control组的用户
	Approved	Management组 Engineering组 Manufacturing组 Purchasing组
	Under Change	Management组 选择一个Engineering组的用户
	Change pending approval	Management组 选择一个Document Control组的用户

步骤4　测试通知

用“Admin”用户登录库。

在某个项目文件夹下创建一个SolidWorks零件文件并检入。

右键单击这个文件，选择【更改状态】/【Submit for approval】，在弹出的对话框内选择【Jack Montgomery】接收通知，如图7-103所示。

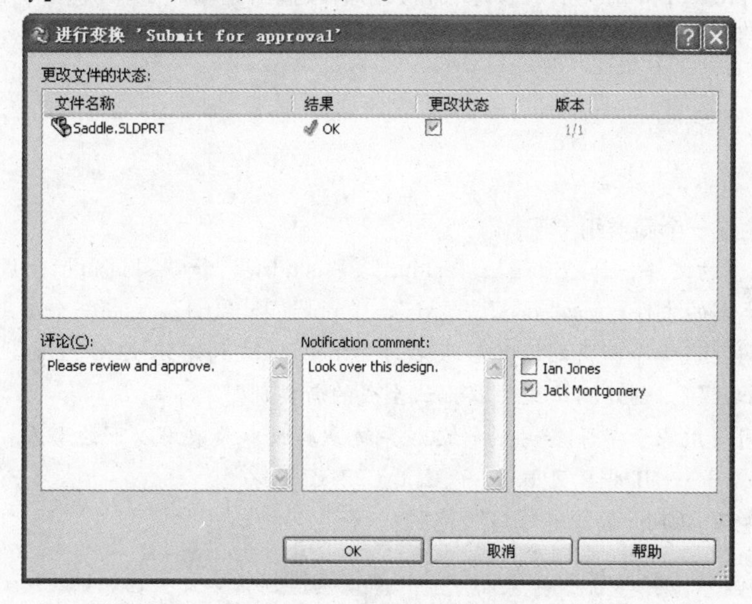

图7-103 更改状态后的通知设定

先注销当前用户，然后用“Jack Montgomery”用户登录。

打开并查看通知，如图7-104所示。

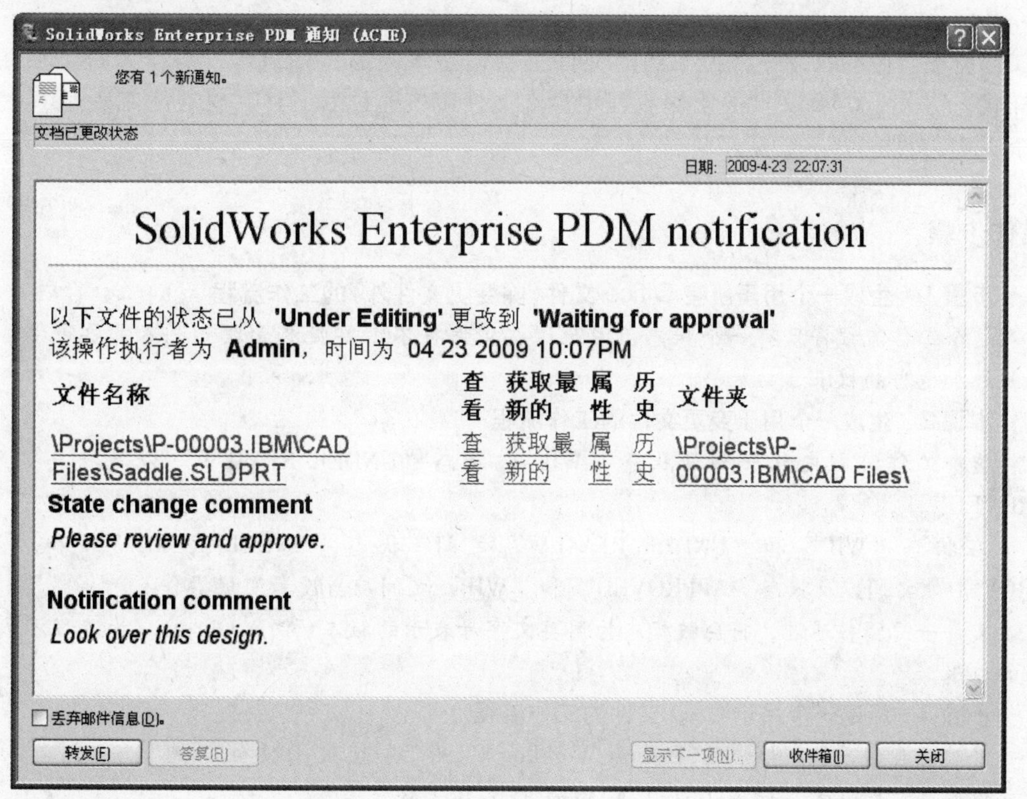

图7-104 信息邮件通知

练习　类别、修订版和工作流程

SolidWorks Enterprise PDM 的类别、修订版和数据输入输出是构成工作流程的几个要素。在本练习中将创建工作流程要用到的类别、修订版样式以及输入输出规则。

1. 类别

操作步骤

步骤 1　生成一个新类别

为 CAD 类型的文件，如“.dwg”、“.sldprt”、“.slddrw”和“.sldasm”生成一个类别。

为 Office 类别的文件，如“.doc”、“.xls”、“.ppt”和“.txt”生成一个类别。

为变更文件生成一个新类别，其后缀名为“.doc”，文件名以 ECO 或 ECN 或 ECR 开头（例如，“ECNxxxxx”）。创建测试文件以测试生成的新类别。

ACME 公司使用基于字母-数字的修订版系统，其版本号采用以下的形式：

A. 1、A. 2、A. 3、…、B. 1、B. 2、B. 3、…、C. 1、C. 2、C. 3、…。

步骤 2　生成 ACME 公司的修订版格式

提示　新建的修订版样式必须要与一个工作流程相关联，以便测试。

步骤 3　创建一个输出规则

创建一个输出规则，用于输出 SolidWorks 装配体的材料明细表信息。

新建一个文件夹“C:\Temp”（如果有需要）用于存放输出的 XML 文件。

2. 工作流程　在本练习中将为不同的文件类型创建不同的工作流程。各个流程会使用合适的修订版样式。另外，CAD 文件的工作流程中会在文件审核通过后，将其材料明细表（BOM）数据输出为一个 XML 文件。

操作步骤

步骤 1　生成一个用于所有 Office 文件（除变更文件外）的工作流程

这个工作流程将只有一个状态，因此这些文件将不需要版本管理，也不需要审核。为流程添加适当的权限。

步骤 2　生成一个用于变更文件的工作流程

这个工作流程内包含初始状态“WIP”，状态“UNDER REVIEW”以及状态“APPROVED”。

在状态“WIP”和“UNDER REVIEW”之间、状态“UNDER REVIEW”和“APPROVED”之间以及状态“APPROVED”和“WIP”之间应当设置变换操作。

文件一旦审核通过，将会被标志为用英文字母表示的版本（A、B、C、…）。为流程添加适应的权限。

步骤 3　新建一个用于 CAD 文件的工作流程

修改已在的默认审批流程（Default Workflow），用于管理 CAD 文件。

设置修订版样式，如 A. 1、A. 2、A. 3、…、B. 1、B. 2、B. 3 等。

需确认设置了适当的变量，以便在数据卡上显示修订版更新信息。同时确保递增修订版操作处于正确操作顺序位置上。

设置一个ERP输出规则，当SolidWorks装配体发布时自动执行输出。

在文件提交校对(Submitted for approval)时，向“Document Control”组成员发送一个通知。为流程添加适当的权限。

第8章　文件类型和设置

学习目标

- 了解及设置文件类型选项
- 了解及设置用户和组的选项

8.1　文件类型

文件类型决定了文件与其参考引用的文件之间的关系，以及特定扩展名的文件行为方式。

如何管理文件类型设置：

(1) 在管理工具内展开文件库，并展开【文件类型】节点，如图8-1所示。

(2) 从列表中选择一个文件类型，单击右键并选择【属性】，如图8-2所示。

图8-1　文件类型

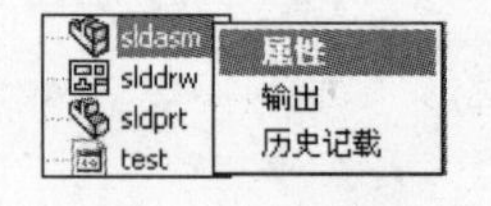

图8-2　查看属性

(3)【文件类型属性】对话框显示如下，如图8-3所示。

1)【不为此文件类型显示"子父"】：当用户对此类型的文件执行"检出"、"获取"或"包含"等命令后，参考树中不会显示子父。有关详细信息，请参阅显示此文件类型为"子父"(工程图)选项，如图8-4所示。

2)【不允许为此文件扩展名复制文件名称】：如果勾选这个选项，则对于这种文件类型(扩展名)的文件，用户将不能检入两个或多个的同名文件。

勾选【不为此文件类型显示"子父"】，将不再显示这种文件类型的子父关系文件，如图8-5所示。

3)【显示此文件类型为"子父"(工程图)】：如果CAD文件存在有参考引用，则可以通过勾选【显示此文件类型为"子父"(工程图)】，使参考引用文件在参考引用对话框内显示为子父(蓝色)。当用户对带参考引用的文件进行"检出"、"获取"或"包含"等操

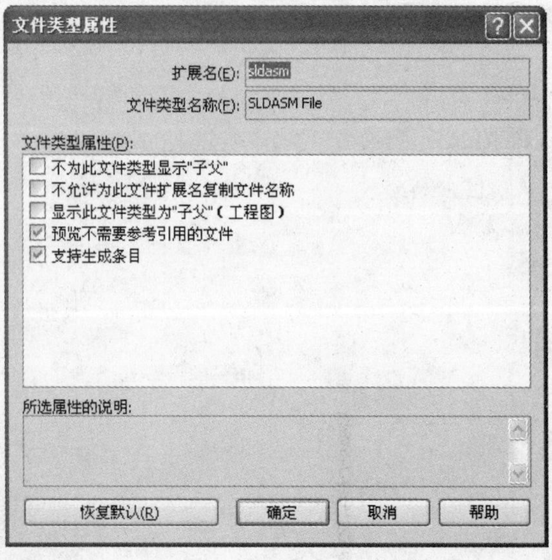

图8-3　文件类型属性

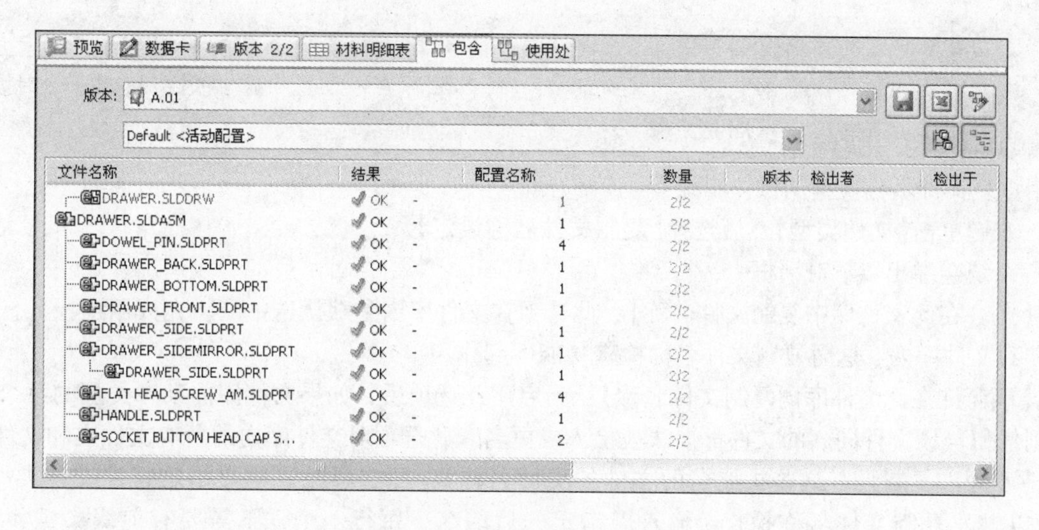

图 8-4　参考树中显示子父关系

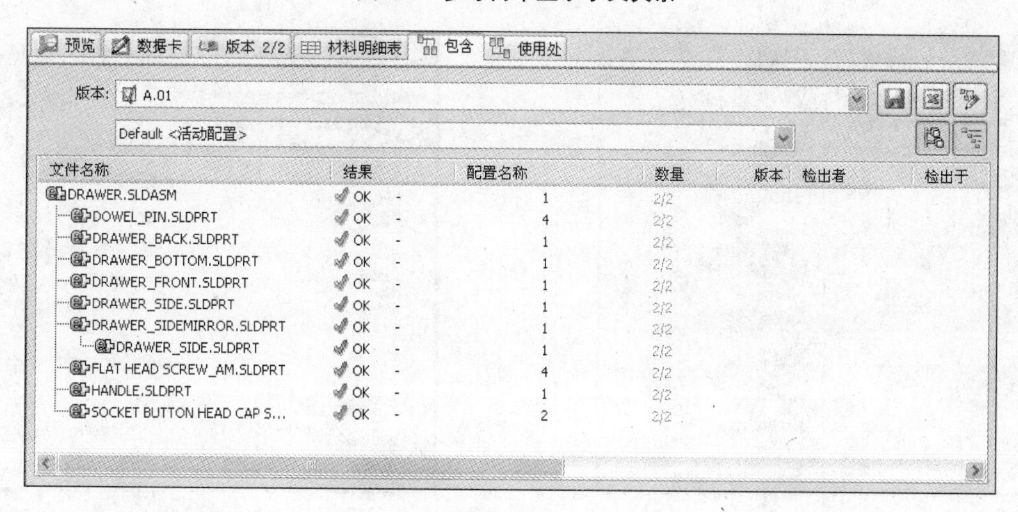

图 8-5　参考树中不显示子父关系

作时，若对此类型文件勾选了【显示此文件类型为“子父”(工程图)】，则参考引用会在结构树中显示。

4)【预览不需要参考引用的文件】：默认情况下，在资源管理器处于【预览】选项卡，当选中了一个有参考引用关系的 CAD 文件(工程图、装配体等)时，系统对文件进行预览，如果在本地缓存内没有相关参考引用文件的副本(或者使用工作于最新版本选项时却要获取老版本)，系统将整个引用关系树内的文件复制到本地缓存区。

一些预览应用程序是可以不需要调用所有本地的引用文件即可对工程图和装配体进行预览。通过勾选【预览不需要参考引用的文件】，当对父文件进行预览时，引用文件并不会自动被调入缓存。只有当文件被打开或者对之进行其他操作时参考文件才会被调入缓存，这个选项只影响预览。

5)【支持生成条目】：保留为未来版本使用。允许从此类型的文件生成条目。

6)【恢复默认】：单击【恢复默认】可以将所选文件扩展名设置恢复到默认设置状态。

在一个文件库内可以启用重复文件名称检查。一旦启用，则不允许用户检入两个或多个重名的文件(即文件名必须唯一)。

当使用以下的命令时会激活重名文件检查：

- 初次检入/撤消检出。
- 重命名。
- 恢复(从已删除的文件)。

提示

激活重名文件检查设置会作用于整个文件库内所有该文件类型的文件。如果用户计划支持不同文件夹内拥有多个重名的文件存在，则在采用这个设置时需要慎重处理。这时推荐使用文件模板来处理唯一性文件命名。

启用重复文件名称检查的操作步骤：

（1）右键单击【文件类型】然后选择【复制文件名称设定】。

（2）系统会弹出以下对话框。

1）【允许在此文件库中复制文件名称】：此选项在文件库内是默认选中的。允许用户检入任意多个同名文件到文件库内，这时复制文件名称检查功能不起作用。

2）【不允许在此文件库内复制文件名称】：当启用此选项后，如果文件库内某一类型的某个文件已存在，则任何与该文件同名的文件都无法被检入或更名。此选项对文件库内的所有文件夹和文件有效。

3）【不允许复制具有这些扩展名的文件的文件名称】：此选项允许用户指定特定文件类型（后缀名），可以触发复制文件名称检查。输入需指定的后缀名，每行一个，不需要有前缀（. 或 * .），如图 8-7 所示。

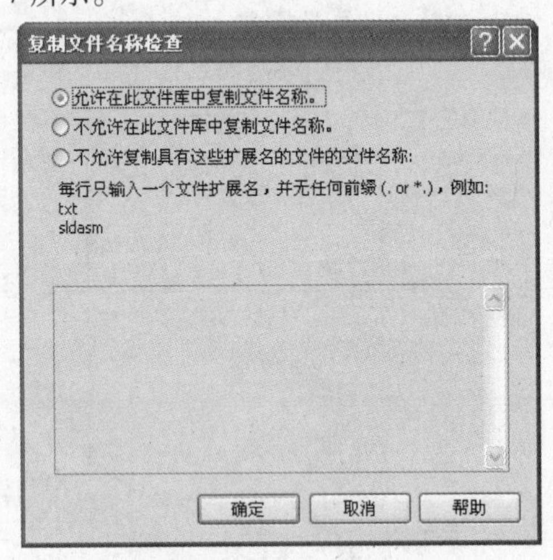

图 8-6　复制文件名称检查

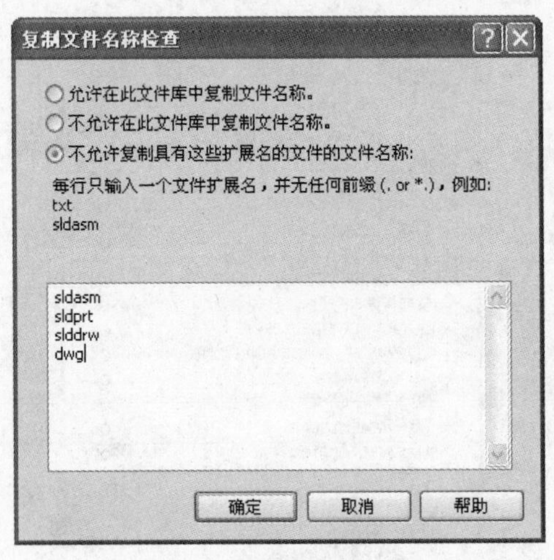

图 8-7　指定不可以重名的特定文件类型

单击【确定】。

提示

当为所有或者某些指定文件类型启用了复制文件名称检查后，检查会在启用之刻开始生效，并不会检查文件库内已有的，或已检入的文件是否有重名。

如果启用了复制文件名称检查，则无论何时用户试图检入一个文件名非唯一的文件，在检入对话框内会显示一个警告标志。用户要解决此问题必须重命名该文件，才能将该文件成功检入到库内，如图 8-8 所示。

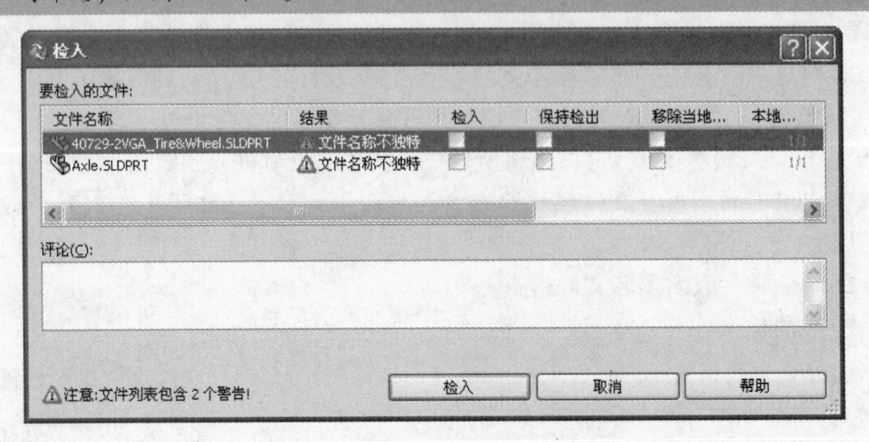

图 8-8　带警告标志的检入对话框

8.2　用户设置

通过修改用户设置，可以对 SolidWorks Enterprise PDM 客户端行为进行多种方式定制。在库内的每个用户的设置是独立的。用户从不同系统上登录到库会得到属于自己的相同设置。只有拥有【可管理用户】权限的用户才可以修改用户设置(例如,“Admin”用户默认情况下有此权限)。

可以使用以下几种方式来修改用户设置：

(1) 具体针对某个用户的设置，展开【用户】，右键单击一个用户，然后从快捷菜单内选择【设置】。

(2) 右键单击【用户】，然后在快捷菜单内选择【设置】，可以对所有用户进行相同设置。

(3) 右键单击一个组名然后在快捷菜单内选择【设置】，可以对该组所有成员进行相同设置。

每个用户都可以通过管理工具查看关于自己的帐号的设置情况，但却不能修改它。展开【用户】，右键单击自己的用户名称，然后从快捷菜单内选择【设置】。在设置对话框内有以下几个选项卡，如图 8-9 所示。

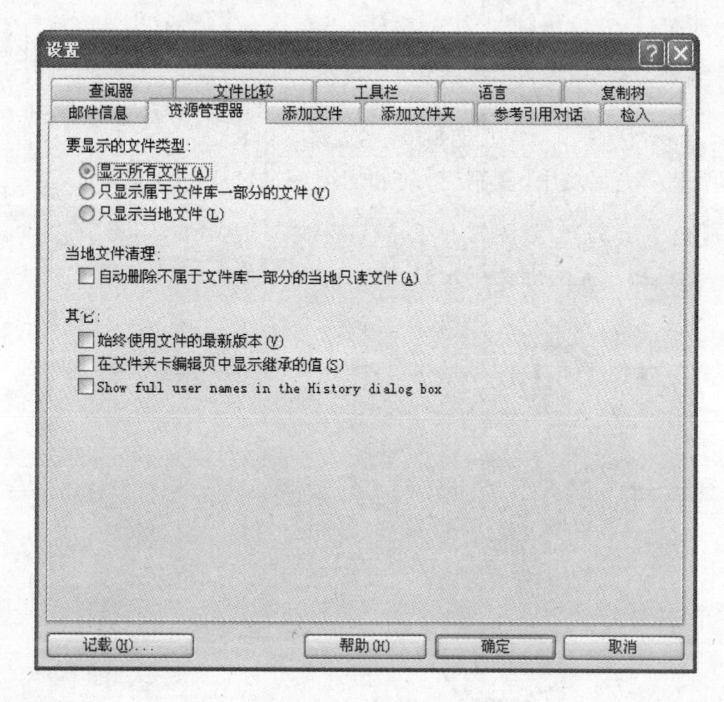

图 8-9　设置对话框

1)【邮件信息】选项卡：影响用户从内置邮件信息系统接收/发送通知时的提示方式。

2)【资源管理器】选项卡：影响用户登录到文件库内，库文件的显示方式。

3)【添加文件】选项卡：影响如何处理应用程序在库内保存的文件。

4)【添加文件夹】选项卡：影响如何处理应用程序在库内生成文件夹。

5)【参考引用对话】选项卡：影响检出或更改父文件的状态时，如何处理文件参考引用。

6)【检入】选项卡：可以指定当用户检入参考引用了工程图的文件时，Enterprise PDM 如何定位和处理这些工程图，如图 8-10 所示。

7)【查阅器】选项卡：当在文件菜单中选择【查看】选项时，查阅器设置决定使用哪个外部程序查看所选文件。这些设置并不会影响系统内置的预览栏。

8)【文件比较】选项卡：决定使用哪个外部程序进行文件或文件版本的比较。

9)【工具栏】选项卡：定义在 Windows 资源管理器中的工具栏中显示哪些按钮。

10)【语言】选项卡：设置用户的使用界面语言。

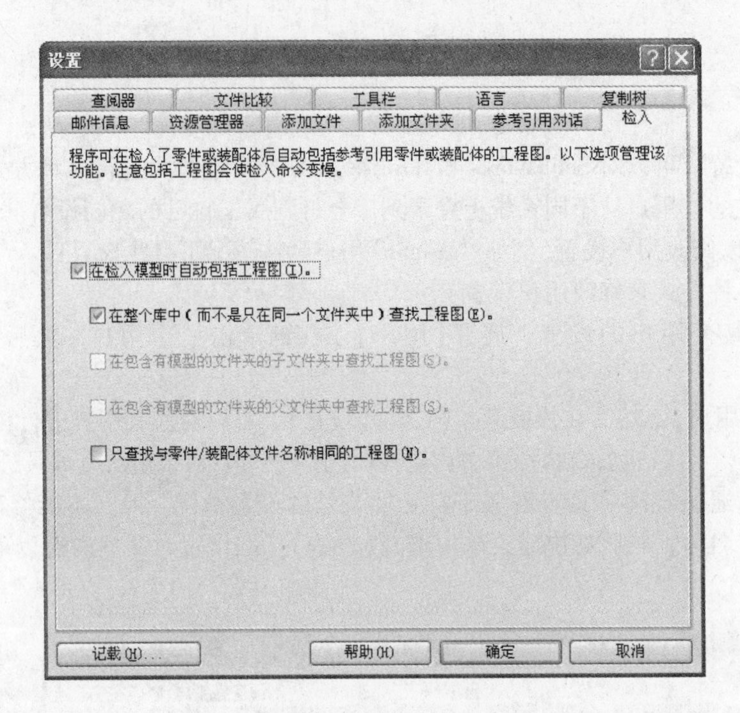

图 8-10　检入选项卡

11）【复制树】选项卡：决定使用【复制树】时如何影响文件中的变量。

注意

所有选项的完整说明文件可单击【帮助】获得，或者参考产品安装 CD 内 “Support\Guides” 文件夹下的 “Administration Guide” 文件。

附　　录

附录 A　复制库

A.1　复制库概述

SolidWorks Enterprise PDM 使用一个数据库服务器和一个存档服务器处理文件库内的文件数据和相关操作。当一个客户端机器通过文件库视图登录到一个文件库，并对库内文件进行浏览，查看文件数据卡以及搜索文件等操作时，这些信息需要在客户端和数据库服务器之间进行传递。当一个客户端通过使用例如“获取”或者“检出”等命令向存放有物理文件(例如图纸文件,文档文件等)的文件库请求将文件复制到本地视图(缓存)时，文件会从存档服务器内发送到客户端机器。传送这些文件的时间取决于文件大小以及网络连接速度。在一个局域网(LAN)环境内，文件传输速度一般而言是非常快的，因为存档服务器与客户端机器在同一个网段内。但是如果文件库是通过广域网(WAN)方式在不同的办公室之间进行共享，则会因严重依赖于网络速度而令性能急速下降。来自数据库服务器的信息数据(因为只传送很小的文本数据,所以速度较快)以及物理文件(根据文件的大小传送时间可能会从几秒到几小时不等)都需要通过广域网(WAN)进行传送。

如图 A-1 所示是一个常见的 SolidWorks Enterprise PDM WAN 环境下，三个不同的办公室通过统一的数据库服务器及存档服务器进行通信的情形。

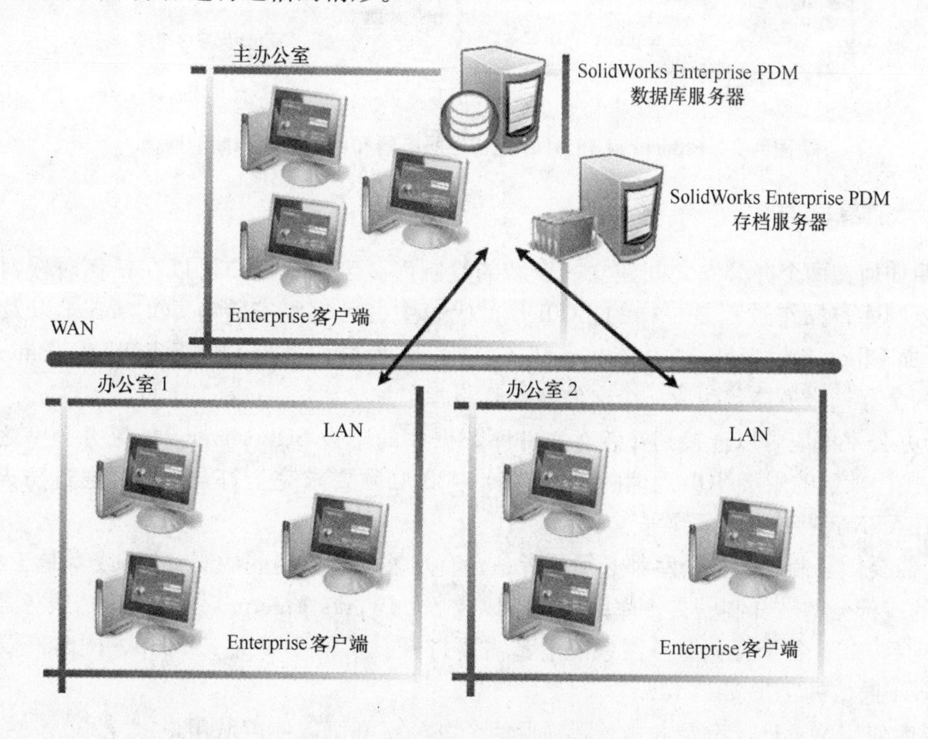

图 A-1　Enterprise PDM 的通信

利用文件库的复制功能，可以在每个办公室设置本地的存档服务器，复制中枢文档服务器的文件库，平衡数据经由相对较慢的 WAN 之间进行传输。当任一个办公室的客户端机器对文件库进行操作时，信息数据仍是由中枢数据库服务器发出，但物理文件却是从最近的存储有文件副本的存档服务器读取。如果一个存档文件已经被复制过，则文件会从 WAN 网内的各办公室内的当地存档服务器内读取。如果一个办公室内的存档服务器上新添加了一个文件而且还没有被复制到其他存档服务器内时，则在其他办公室内任一台客户端机器第一次读取该文件时，该文件会自动被复制到该办公室内的存档服务器上，同一办公室内的其他客户端机器只需要从本地存档服务器上读取该文件即可。

如图 A-2 所示是一个常见的 SolidWorks Enterprise PDM WAN 环境内，不同的办公室内的本地存档服务器与中枢数据库服务器之间，以及作为复制库的各存档服务器之间进行通信的情形。

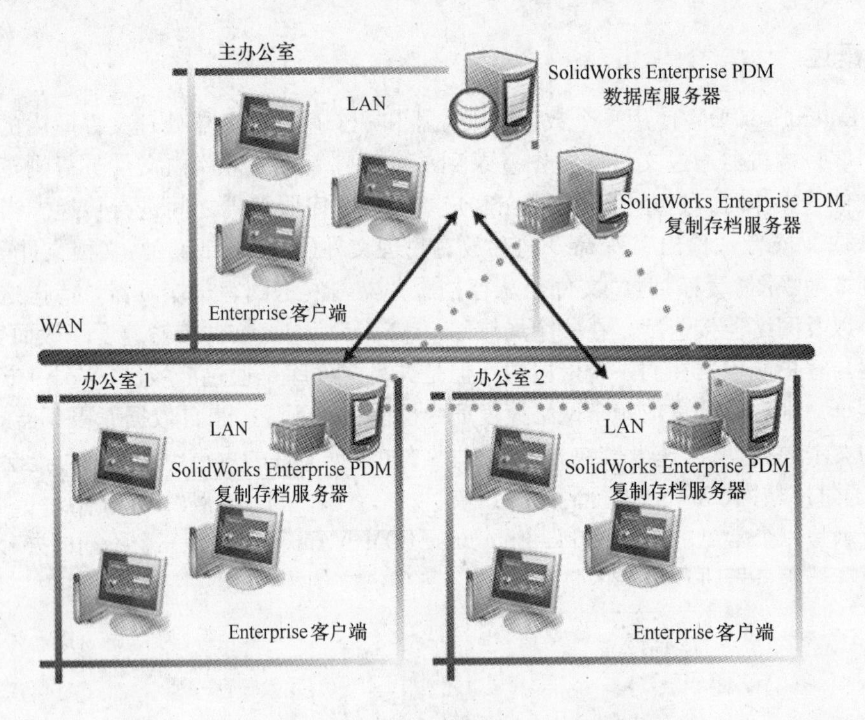

图 A-2　Enterprise PDM 本地存档服务器和中枢数据库间的通信

A.2　建立一个复制库

下面说明如何在两个办公室之间建立一个新的复制库。当然，用户可以在任何时候对一个已有的库建立一个复制库，操作过程是一样的。Office A 代表主办公室，安装有 SQL server 以及存档服务器 SRV-MAIN，而 Office B 代表另一个办公室，仅安装有一个存档服务器 SRV-SolidWorks Enterprise PDM1。我们将在这两个存档服务器各生成一个文件库的复制库。

- 两个办公室都应可以连接到安装有文件库数据库的中央 SQL server。如果办公室之间需要通过 WAN 进行连接，默认的用于 SQL 通信的 TCP 端口 1433 必须要求完全打开，即可通过防火墙进行双向通信。需要在 VPN 连接中正确配置安全选项。
- 每个需要做复制库的办公室都必须要有一台有足够的硬盘空间的服务器(或者是工作站)，可用于存储所有的或部分的被复制的文件库内的文件以及 SolidWorks Enterprise PDM 存档服务器软件。如果使用 WAN 连接方式，各个存档服务器系统上都需要打开默认的 TCP 端口 3030，同时需要打开默认的用于 SQL server 通信的 TCP 端口 1433。
- 如果库使用 Windows 登录方式，则确保两个办公室都可以使用域用户。

更多内容请参考 SolidWorks Enterprise PDM Replication Guide。该文件在 SolidWorks Enterprise PDM 安装 CD 内的“Support\Guides”文件夹内。

附录 B　映射变量

B.1　映射变量概述

用户需要建立块/属性变量映射，以便将数据卡变量映射到存在 SolidWorks Enterprise PDM 库中的文件自身内嵌的数据。

当正确建立了变量映射后，文件内的属性值会被自动读取并在文件数据卡内显示为所对应的变量的值。这种映射是完全双向的，意味着如果在文件数据卡内对某个存在映射关系的变量值进行更改，则会立即更新文件本身内的属性值。在某些情况下如果一个属性是只读的，则该属性只能单向从文件读取，传给数据卡变量。

不同的文件类型使用不同的块/属性名称。以下内容将讲述几种 SolidWorks Enterprise PDM 变量与所支持的文件类型进行变量映射的实例。

需要说明的是可能还有其他的文件类型没有在本教程内提到。

B.2　MS Office 文件

大多数的 Office 文件类型内存在两种属性，即文件预定义属性【例如标题(Title)、摘要(Summary)等】以及用户自定义属性，这两种属性都支持变量映射。

1. 常见文件扩展名　doc、xls、ppt、pub、mpp。

2. 属性映射　见表 B-1。

表 B-1　属性映射

块　名　称	属 性 名 称
Summary	Title、Subject、Author、Keywords、Comments、Template、Last Saved By、Revision Number、Total Editing Time、Last Printed、Created、Last Saved、Page Count、Word Count、Char Count、Application Name、Security
DocSummary	Category、Presentation Target、Bytes、Lines、Paragraphs、Slides、Notes、Hidden Slides、MMClips、ScaleCrop、HeadingPairs、TitlesofParts、Manager、Company、Links Dirty
CustomProperty	属性名称由用户自定义

3. 例子　在文件数据卡内显示一个文件的 Summary 内容。

通过对 Office 文件的 Summary 内容进行变量映射，可以将其显示在 SolidWorks Enterprise PDM 的文件数据卡内。

(1) 打开变量编辑器生成一个名为“Page Count”的新变量。在属性区内，选择或输入块名称为“Summary”，然后在属性名称框内输入“Page Count”。同样需要指定使用这个变量映射的文件类型的扩展名(例如 doc、xls、ppt、pub、…)，如图 B-1 所示。

(2) 在 doc 文件数据卡内添加一个编辑框控件，将之与变量“Page Count”进行关联。在编辑框属性面板内勾选只读，这样文件页数只能从文件本身导入到数据卡内(该文件属性不会因数据卡而更新)，如图 B-2 所示。

(3) 当向文件库内添加一个文件时，文件页数(page count)会从文件属性中读取并在该文件的数据卡上显示，如图 B-3 所示。

4. 例子　映射自定义属性并在文件的页眉显示。

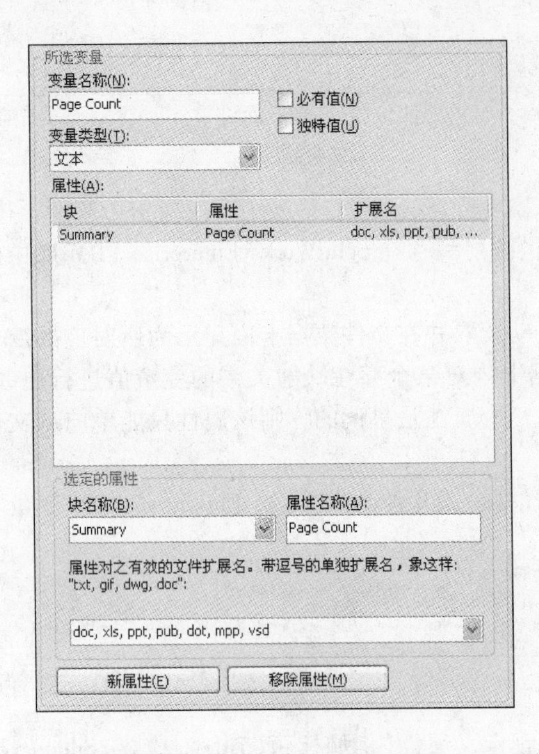

图 B-1　Page Count 变量设置

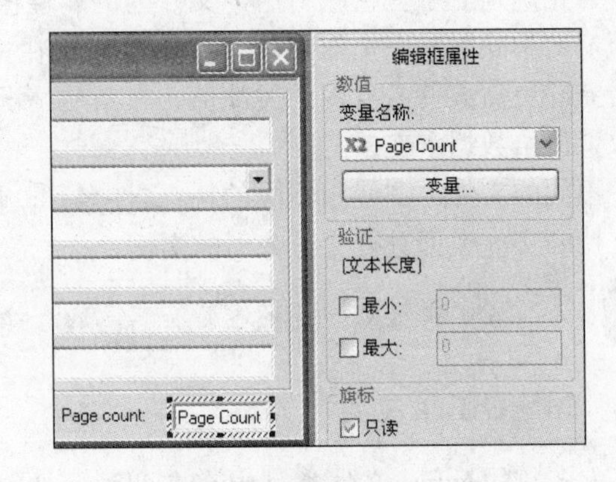

图 B-2　关联数据卡控件

通过对 Office 文件用户自定义属性内容进行变量映射，用户可以在文件自身得到和显示从文件数据卡上输入的信息。

打开变量编辑器生成一个名为“Project ID”的新变量。在属性区内，选择或输入块名称为“CustomProperty”，然后在属性名称框内输入“Project ID”。同样还需要指定使用这个变量映射的文件类型的扩展名，如图 B-4 所示。

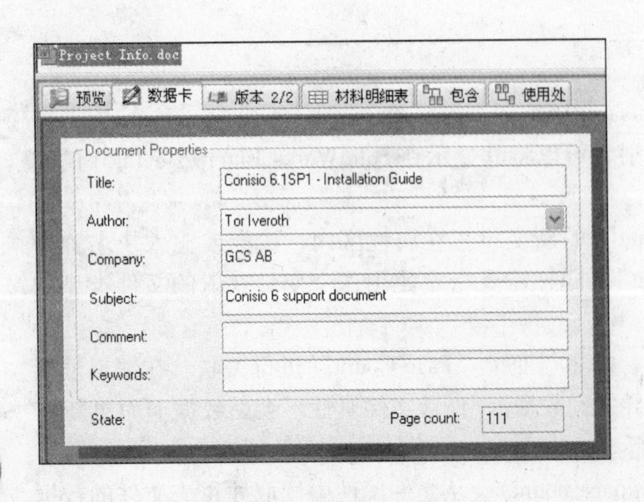

图 B-3　显示文件页数

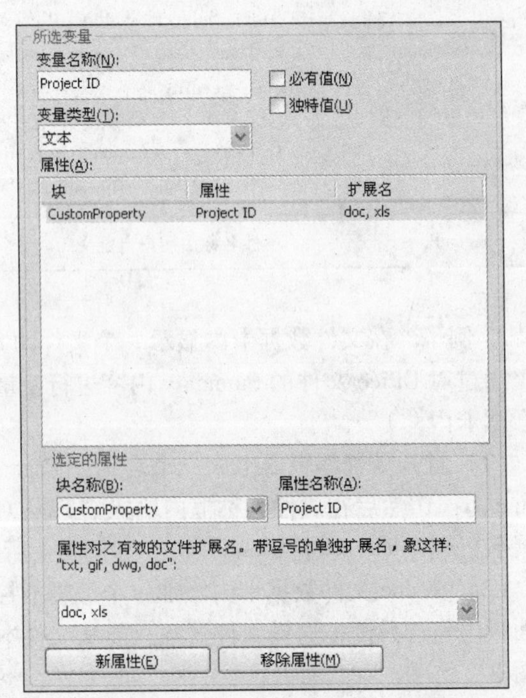

图 B-4　“Project ID”变量设置

（1）修改 doc 文件数据卡并添加一个编辑框控件，将之与“Project ID”变量进行关联，如图 B-5 所示。

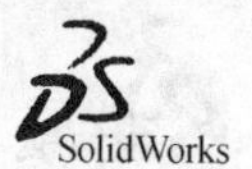

（2）在文件库内生成一个新的文件，在数据卡页面内输入相应的信息，如图 B-6 所示。

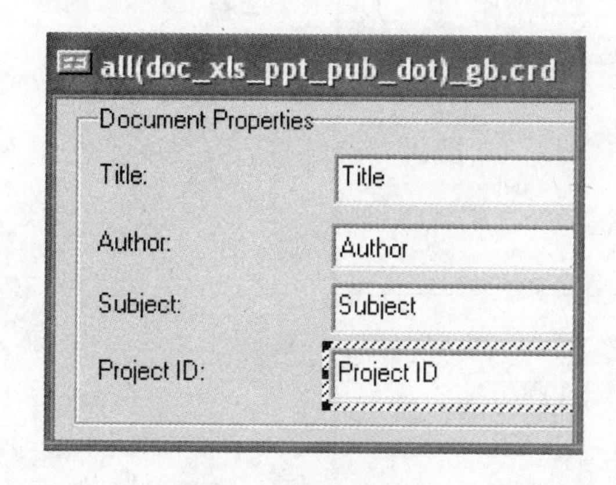

图 B-5　关联数据卡控件

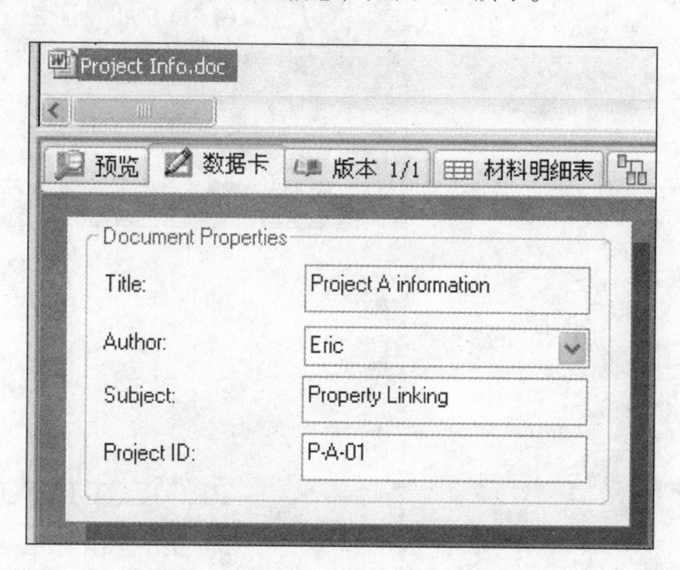

图 B-6　在数据卡输入“Project ID”内容

（3）当在 Microsoft Word 内打开该文件时，在文件属性内会显示用户在文件数据卡内所输入的内容。在自定义属性栏内会显示出一个新添加的“Project ID”属性，如图 B-7 所示。

（4）要想在文档页眉或主体内使用文件属性值，用户需要插入域并关联到属性值。将光标移到需要显示该属性值的位置，然后选择【插入】/【域】。找到域名【DocProperty】，然后在域属性栏内选择【Project ID】，如图 B-8 所示。

（5）属性值会自动在文件的域内显示出来，如图 B-9 所示。

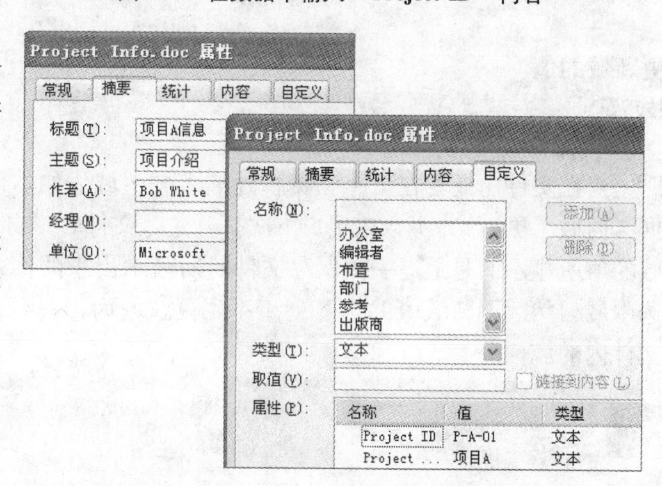

图 B-7　文件中显示【Project ID】属性内容

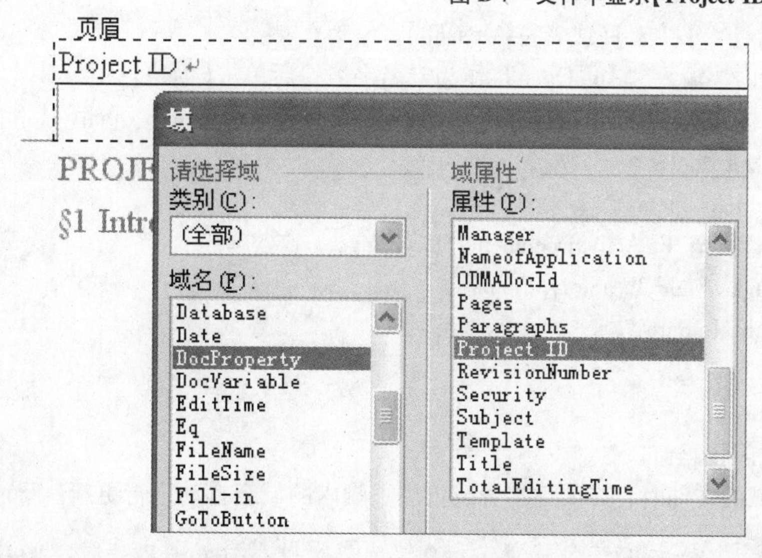

图 B-8　选择【Project ID】域属性

（6）需注意的是如果更新了文件数据卡内的值，必需刷新(Ctrl + A 或按 F9) Word 页的内容，才能

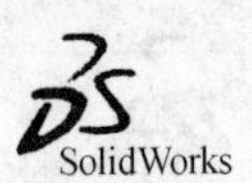

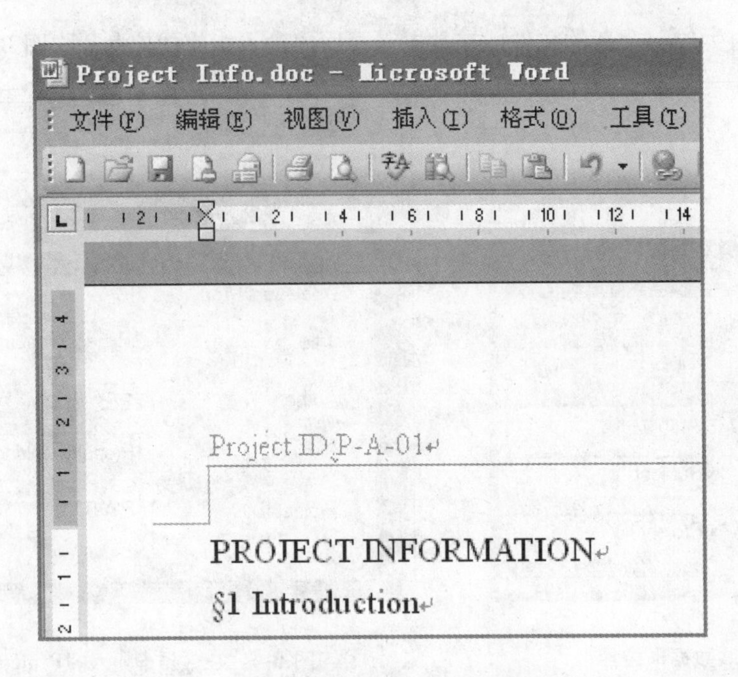

图 B-9 显示 Project ID 值

更新域的值。

技巧 可以参考下面的内容，生成一个自动刷新域的宏。

当在文件内或者在页眉和页脚处插入域，域值如本值(该值已在 SolidWorks Enterprise PDM 文件数据卡内做了更新)并不会在用户下次打开这个文件时，自动更新为最新的文本或数据。在大多数情况下域的值所显示的是最近一次保存文件时所显示出来的值，即有可能是旧的值。为了更新域，用户需要选中域，然后更新域(F9)。相对于手工更新域而言，可以生成一个宏，用于每次打开文件时自动更新文件内的域。

提示 下面所示的宏需要添加到“normal. dot”模板全局模块处。它将在所有的文件上运行，而不管这些文件是否使用该模板生成。

1）打开 Microsoft Word 软件。
2）选择【工具】/【宏】/【宏】(或者按 Alt + F8)。
3）在宏名一栏内，输入“AutoOpen”作为宏名字，然后单击【创建】。
4）在代码窗口内，输入下面的宏代码(将之插入到“Sub Document _ Open( )”和“End Sub”之间)：

```
Dim aStory As Range
  Dim aField As Field
  For Each aStory In ActiveDocument. StoryRanges
    For Each aField In aStory. Fields
      aField. Update
    Next aField
  Next aStory
```

5）保存后并关闭代码窗口。

下次打开含有域的文件时，在文件本身或页眉页脚内的域会自动进行更新。

提示 当域被更新后，该文件已被修改或更新过，所以当关闭文件时，Word 会提示是否需要保存新的修改。

B.3　AutoCAD 文件

变量可以映射到 AutoCAD 文件已定义块的属性值(例如 title 块)。指向不同布局的变量会在文件数据卡的不同的选项卡内显示。

1. 常见文件扩展名　dwg、dxf。

2. 属性映射　见表 B-2。

表 B-2　属性映射

块　名　称	属　性　名　称
块名称由用户自定义	属性名称由用户自定义

3. 例子　映射工程图文件的 title 块。

(1) 首先在工程图文件 title(标题栏)块内找出要使用的块和属性名(标志)，如图 B-10 所示。

(2) 打开变量编辑器，修改或生成名为“Drawing Number”的变量。在属性区内，选择或输入块名称为“TITLE_1”，然后在属性名称框内输入“DRAW_NO”。同样还需要输入使用这个块的 AutoCAD 文件扩展名，如图 B-11 所示。

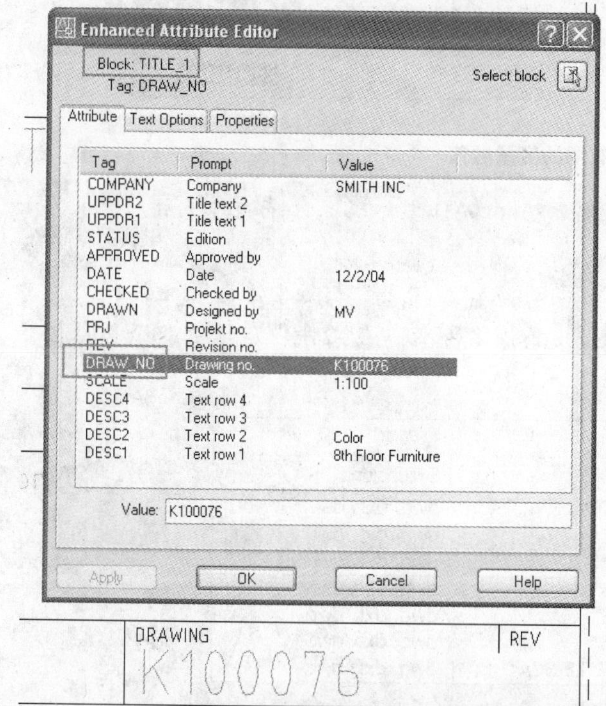

图 B-10　找出块和属性名

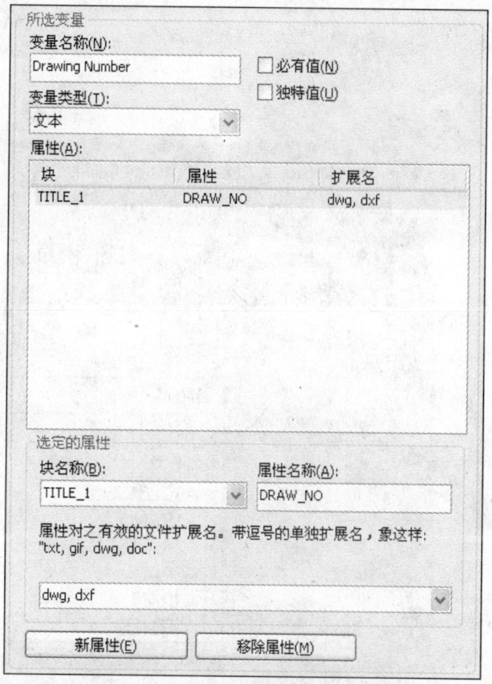

图 B-11　“Drawing Number”变量设置

(3) 在 AutoCAD 文件数据卡内添加或修改“Drawing number”框，将之与“Drawing number”变量进行关联。更新所有与工程图块 title 内的信息进行关联的变量，如图 B-12 所示。

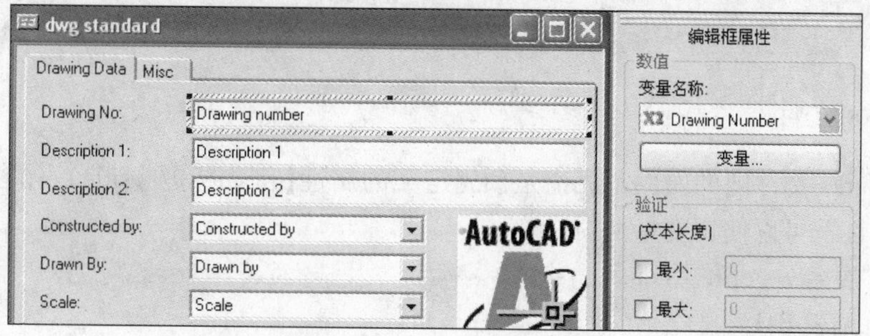

图 B-12　关联数据卡控件

当添加一个工程图到文件库内，用于.dwg文件类型的数据卡会读取并显示出文件的title块内的信息。如果工程图文件内包含多个布局(layout)，这些布局在数据卡内会以选项卡的方式显示，变量会显示在其所属的特定的某个选项卡内，如图B-13所示。

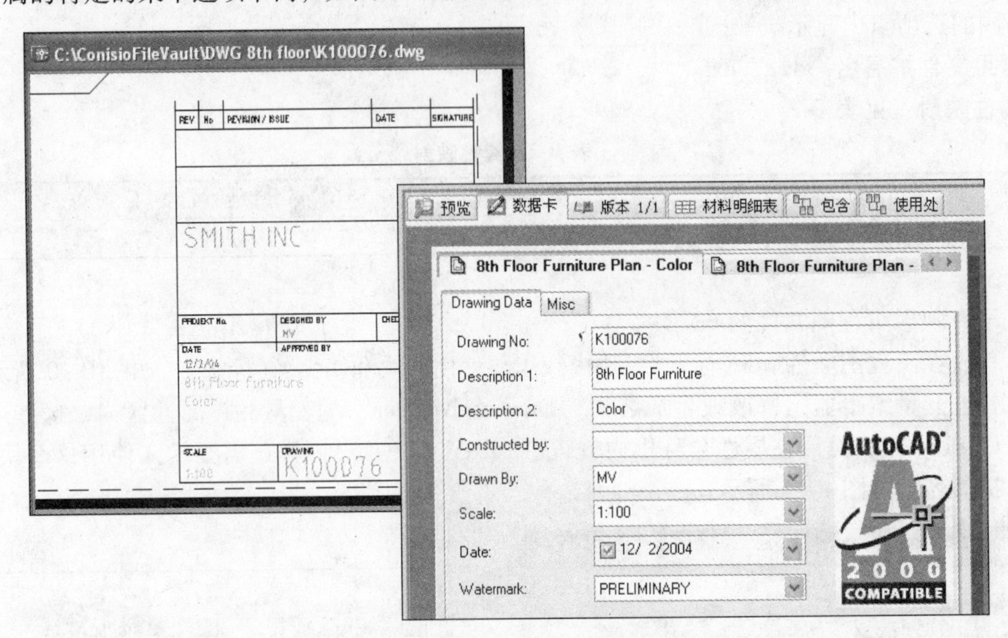

图 B-13　显示与布局的变量数值

提示

● SolidWorks Enterprise PDM在读取或写入AutoCAD文件属性时并不需要用户的机器上已安装或者运行AutoCAD程序。

● 在一个文件内，可能会有多个不同名的块，引用相同的属性，添加该文件到文件库时，只需要在属性一框内简单地添加额外的块/属性名即可。在文件内应该对一个属性值生成一个唯一的变量映射，如图B-14所示。

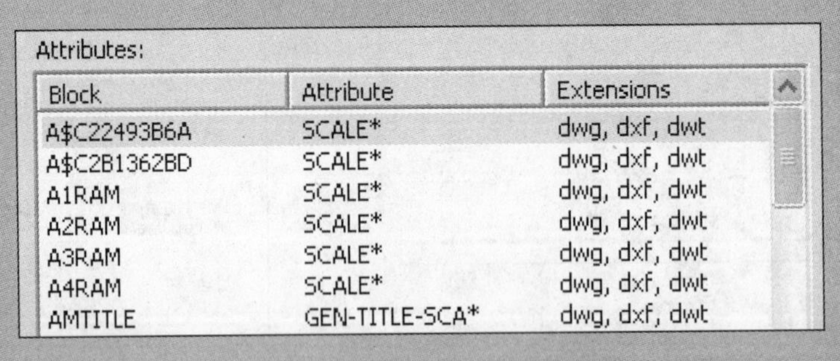
Attributes:

Block	Attribute	Extensions
A$C22493B6A	SCALE*	dwg, dxf, dwt
A$C2B1362BD	SCALE*	dwg, dxf, dwt
A1RAM	SCALE*	dwg, dxf, dwt
A2RAM	SCALE*	dwg, dxf, dwt
A3RAM	SCALE*	dwg, dxf, dwt
A4RAM	SCALE*	dwg, dxf, dwt
AMTITLE	GEN-TITLE-SCA*	dwg, dxf, dwt

图 B-14　属性值变量映射

● 在变量编辑器内指定属性名称时，可以使用通配符(*)。

● 尽量避免在定义块/属性名称时发生拼写错误。同时删除所有不需要用到的文件块/属性映射。

B.4　SolidWorks文件

所有在SolidWorks文件内的属性，无论是预先定义的属性【例如标题(Title)，作者(Author)等】或者是用户自定义的属性都可以使用变量映射。

1. 常见文件扩展名　sldprt、sldasm、slddrw。

2. 属性映射　见表B-3。

表 B-3　属性映射

块　名　称	属 性 名 称
Summary	Title、Subject、Author、Keywords、Comments
CustomProperty	The attribute names are custom defined

3. 例子　映射 SolidWorks 自定义属性。

（1）首先决定哪些 SolidWorks 的属性值需要在 SolidWorks Enterprise PDM 内进行变量映射，如图 B-15 所示。

（2）打开变量编辑器，生成或修改一个用于属性映射的变量。举例说明，可以使用名为“Drawing Title”的变量去与 SolidWorks 内的自定义属性“DWG _ TITLE”相关联，即映射块“CustomProperty”内的“DWG _ TITLE”属性值。确认输入了正确的 SolidWorks 文件扩展名，如图 B-16 所示。

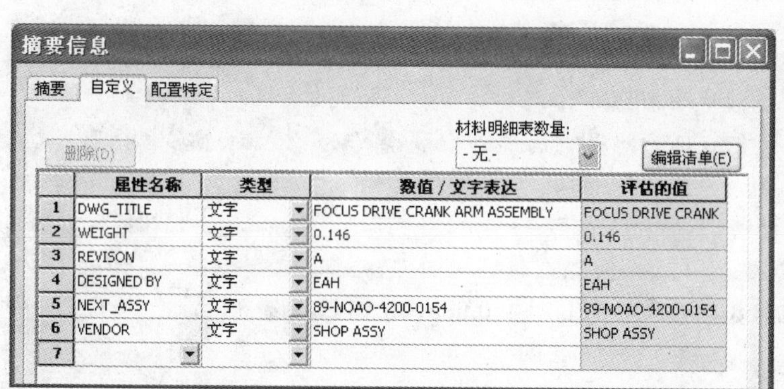

图 B-15　SolidWorks 自定义属性

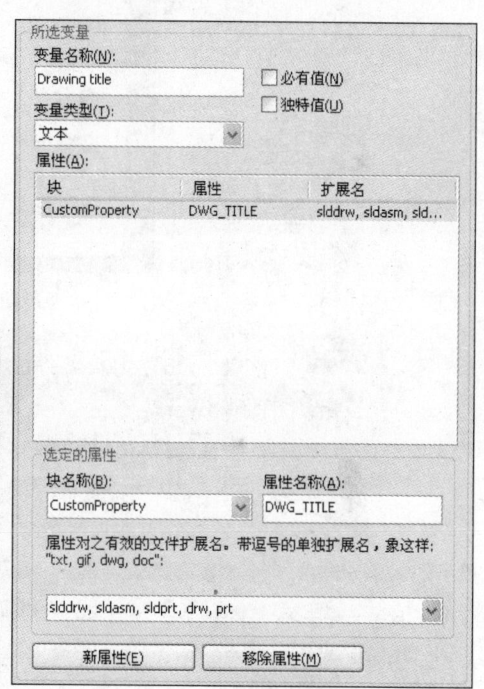

图 B-16　“Drawing Title”变量设置

在这个例子中，将建立如表 B-4 所示的变量映射。

表 B-4　变量映射

变 量 名 称	SW 属性名称	块　名　称	属 性 名 称
Drawing Title	DWG _ TITLE	CustomProperty	DWG _ TITLE
Weight	WEIGHT	CustomProperty	WEIGHT
Revision	REVISION	CustomProperty	REVISION
Designed By	DESIGNED BY	CustomProperty	DESIGNED BY
Next Assembly	NEXT _ ASSY	CustomProperty	NEXT _ ASSY
Vendor	VENDOR	CustomProperty	VENDOR

（3）使用新定义的变量，更新 SolidWorks 文件数据卡，如图 B-17 所示。

（4）当添加文件到文件库内时，数据卡内会显示出文件内的自定义属性值，如图 B-18 所示。

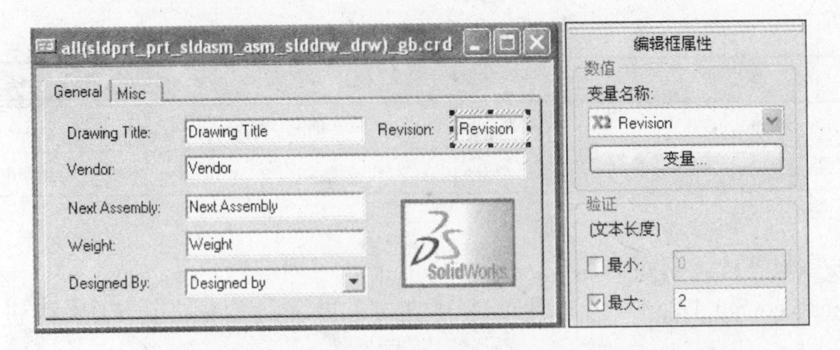

图 B-17　关联数据卡控件

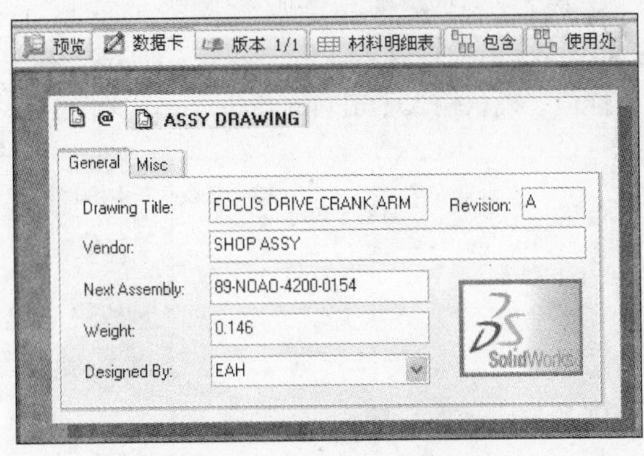

图 B-18　显示自定义属性值

提示

- 管理 SolidWorks 文件或者对 SolidWorks 的属性值进行读取和写入都不需要客户机器上安装有 SolidWorks 程序，也无需运行 SolidWorks。
- 如果 SolidWorks 文件内含有不同的配置，则文件配置会作为独立的选项卡的形式显示在数据卡内。任何特定配置属性值都会显示在相应的选项卡页面内。@选项卡表示指向文件内的自定义(Custom property)区，如图 B-19 所示。

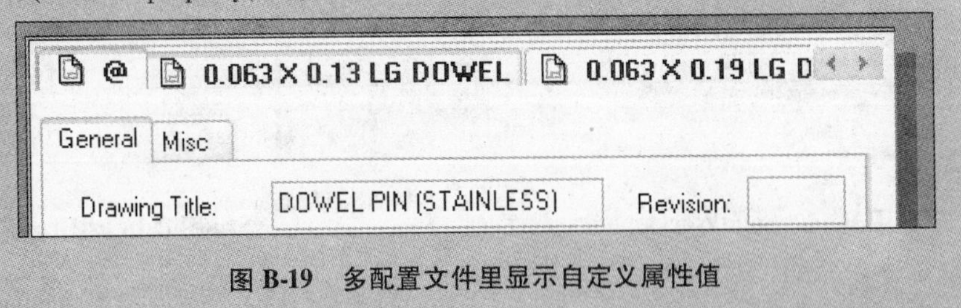

图 B-19　多配置文件里显示自定义属性值

B.5　Autodesk Inventor 文件

变量可以用于映射 Inventor 文件内的预定义的属性(例如零件编号、描述等)以及用户自定义的属性值。

1. 常见文件扩展名　iam、ipt、idw。

2. 属性映射　见表 B-5。

表 B-5　属性映射

块 名 称	属 性 名 称
DTProperties	PartNumber、Project、DateCreated、DateChecked、DateEngrApproved、CostCenter、CheckedBy、EngrApprovedBy、UserStatus、Materia、PartNumber、PartPropRevId、CatalogWebLink、Description、Vendor、DocSubType、ProxyRefreshDate (read-only)、DateMfgApproved、DocSubTypeName、MfgApprovedBy、PartIcon、Cost、Standard、Designer、Engineer、DesignStatus、Authority

（续）

块 名 称	属 性 名 称
Summary	Title、Subject、Author、Keywords、Comments、Revision Number
DocSummary	Category、Manager、Company
CustomProperty	属性名称由用户定义

3. 例子　映射“Inventor drawings”内的属性值。

首先查看 Inventor 文件的属性信息，再决定在 SolidWorks Enterprise PDM 对哪个工程图属性进行变量映射，如图 B-20 所示。

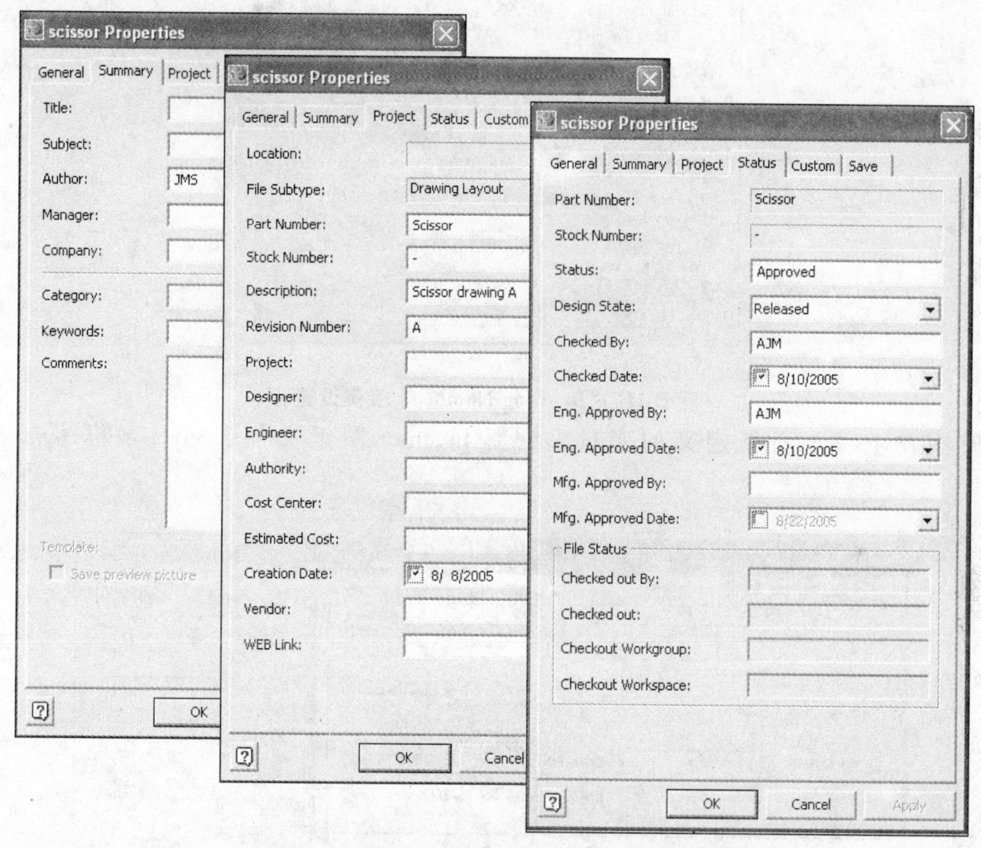

图 B-20　映射“Inventor drawings”内的属性值

打开变量编辑器，新建或修改用于属性映射的变量。举例说明，可以使名为“Drawing Number”的变量去与 Inventor 内的自定义属性“Part Number”相关联，即映射块“Dtproperties”内的“Partnumber”属性值。确认输入了正确的 Inventor 文件扩展名，如图 B-21 所示。

4. 例子　在这个例子中，建立如表 B-6 所示的变量映射。

表 B-6　变量映射

变 量 名 称	属 性 名 称	Block 名称	属 性 名 称
Designed by	Author	Summary	Author
Drawing number	Part Number	DTProperties	PartNumber
Description	Description	DTProperties	Description
Revision	Revision	Summary	Revision Number
Date	Creation Date	DTProperties	DateCreated
Drawing status	Status	DTProperties	UserStatus
Checked by	Checked By	DTProperties	CheckedBy
Checked date	Checked Date	DTProperties	DateChecked
Approved by	Eng. Approved By	DTProperties	EngrApprovedBy
Approved date	Eng. Approved Date	DTProperties	DateEngrApproved

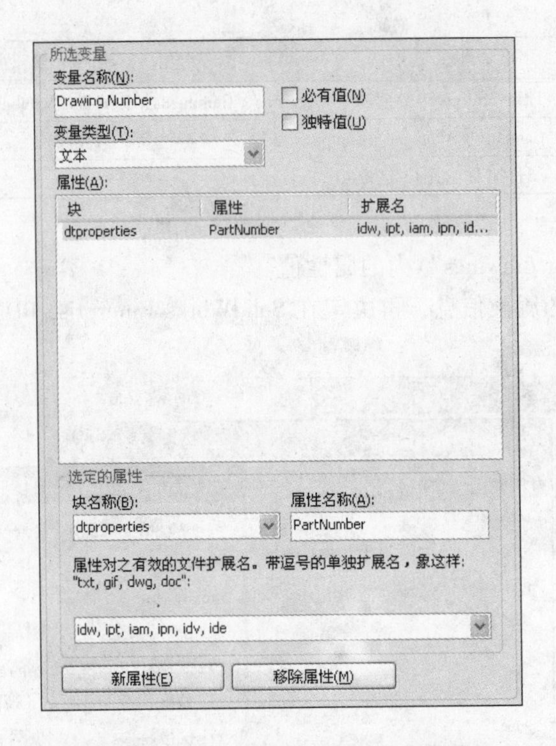

图 B-21 “Drawing Number”变量设置

(1) 使用在上一步所新定义的变量，更新 Inventor 图纸文件(.idw)数据卡，如图 B-22 所示。

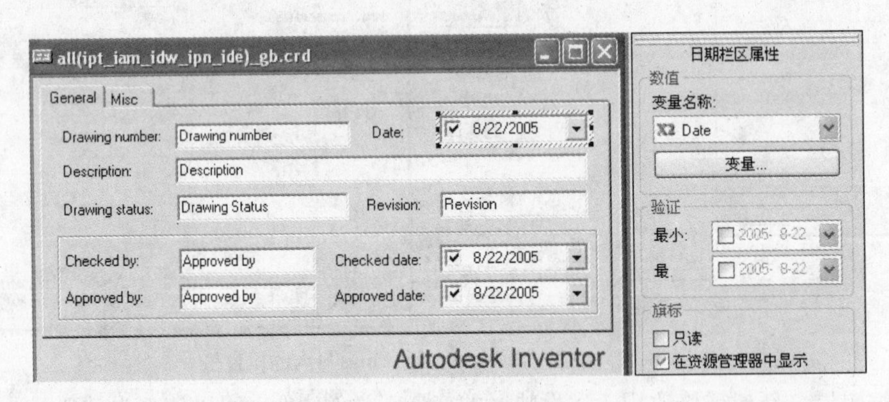

图 B-22 关联数据卡控件

(2) 当添加一个文件到文件库内时，idw 文件数据卡会显示出从该文件读取的 title 块信息(属性)，如图 B-23 所示。

提示

要对 Inventor 文件的属性进行读取或写入，则至少需要在客户机器上安装完整的 Inventor，或者是 Design Assistant 组件。但是，并不要求运行上述的程序。

B.6 Solid Edge 文件

所有 Solid Edge 内的属性，无论是预先定义的属性【例如标题(Title),作者(Author)等】或者是用户自定义的属性都可以使用变量映射。

1. 常见文件扩展名 dft、par、asm、psm、pwd。

2. 属性映射 见表 B-7。

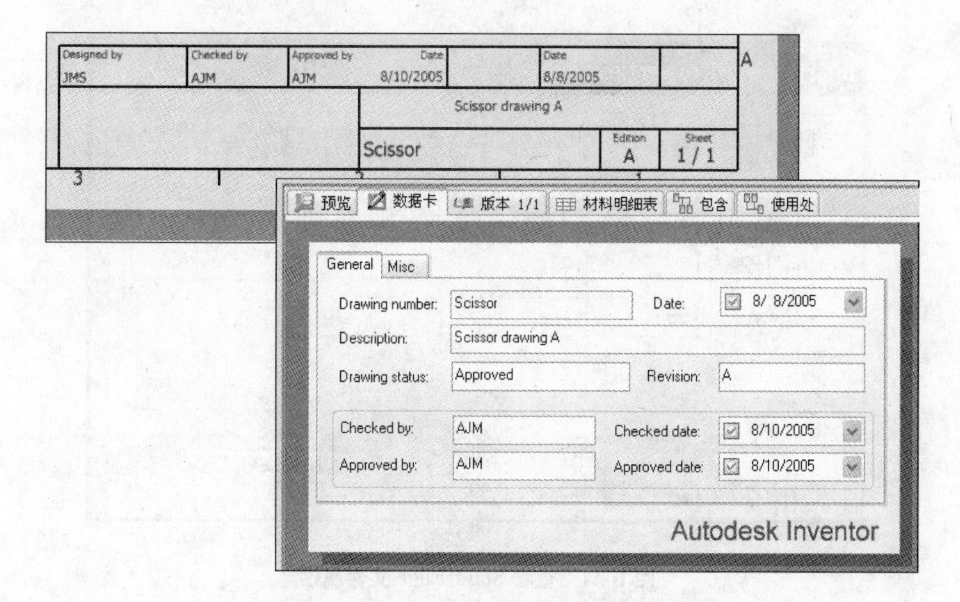

图 B-23　显示 title 块信息属性

表 B-7　属性映射

块名称	属性名称
SummaryInformation	Application Name、Author、Comments、Creation Date、Keywords、Last Author、Last Print Date*、Last Save Date、Number of characters*、Number of pages*、Number of words*、Revision Number*、Security*、Subject、Template、Title、Total Editing Time*
ExtendedSummary Information	CreationLocale、Name of Saving Application、Status、Username
DocumentSummary Information	Category、Company、Format*、Manager、Number of bytes*、Number of hidden slides*、Number of lines*、Number of multimedia clips*、Number of notes*、Number of paragraphs*、Number of slides*
MechanicalModeling	Material
ProjectInformation	Document Number、Project Name、Revision
Custom	属性名称由用户自定义

Solid Edge 并不会总是自动更新这些属性(在上表内标志为 * 的属性)。这需要用户使用手工的方式更新，或者使用其他程序或插件。

3. 例子　对 Solid Edge 的自定义属性进行映射。

(1) 首先查看 Solid Edge 文件的属性信息，再决定需要在 SolidWorks Enterprise PDM 内对哪些属性进行变量映射，如图 B-24 所示。

(2) 打开变量编辑器，生成或修改属性映射的变量。举例说明，可以使用名为“Density”的变量去与 Solid Edge 内的自定义属性“Density”相关联，即映射块“Custom”内的“Accuracy”属性值。确认输入了正确的 Solid Edge 文件扩展名，如图 B-25 所示。

(3) 使用新定义的变量名，更新 Solid Edge 文件的文件数据卡，如图 B-26 所示。

当添加一个 Solid Edge 文件到文件库时，文件数据卡内会显示出所读取的文件属性值，如图 B-27 所示。

提示　只有在用户机器上安装了 Solid Edge 程序，才可以在 PDMWorks Enterprise 内对 Solid Edge 文件属性进行管理，包括添加、解除锁定、读取以及写入等。

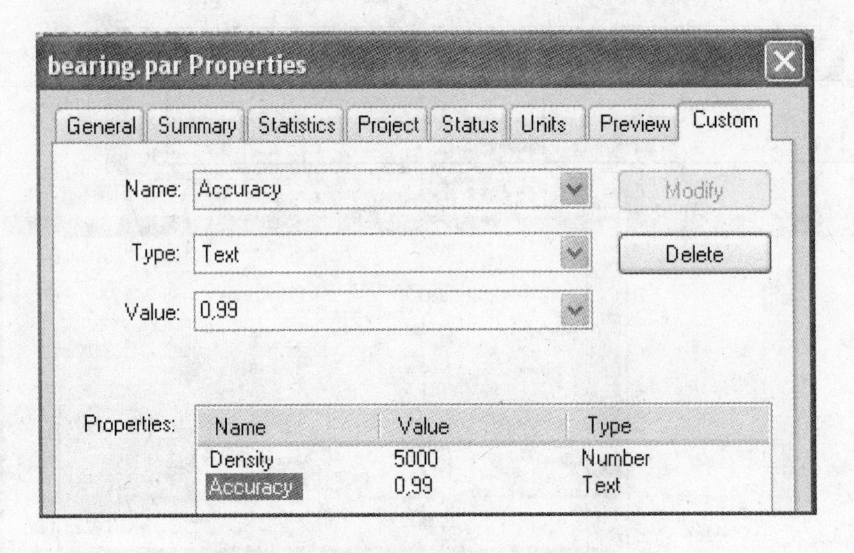

图 B-24　查看 Solid Edge 文件属性

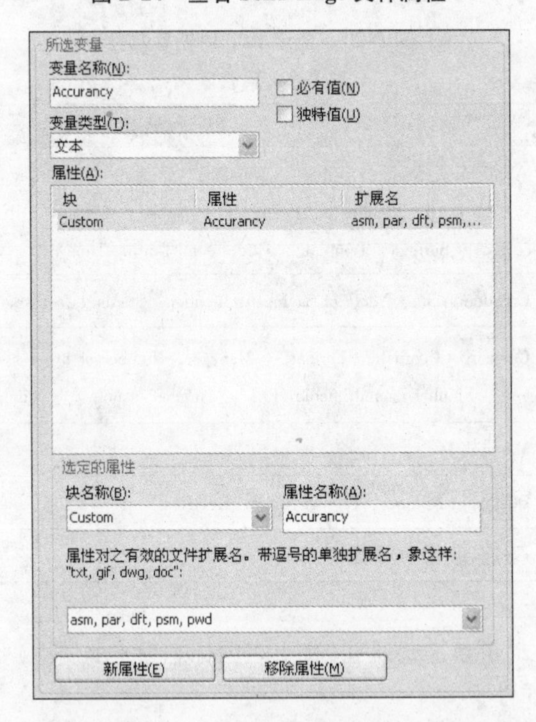

图 B-25　"Accuracy" 变量设置

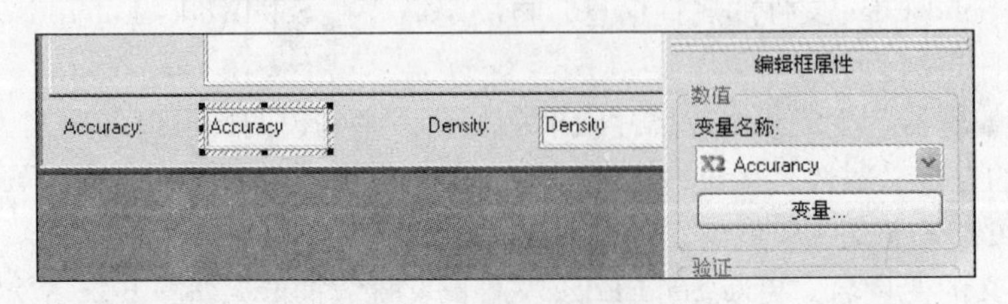

图 B-26　关联数据卡控件

B.7　CALS Raster 文件

变量能被映射到存储在 CALS raster 格式文件的嵌入的表头信息。

1. 常见文件扩展名　cal、gp4、cg4、mil。

2. 属性映射　见表 B-8。

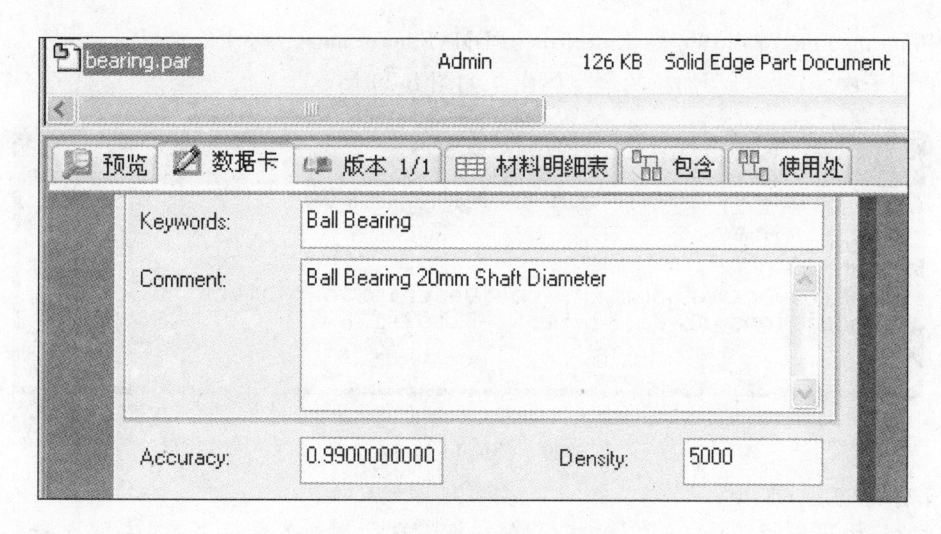

图 B-27　显示读取的文件属性

表 B-8　属性映射

块　　名	属 性 名 称
Cals	属性名称在 CalsPlugin. ini 文件内自定义

SolidWorks Enterprise PDM 针对 CALS 格式的文件所设的默认数据卡及卡变量只能读取 CALS 文件内一些常用的表头标记信息(例如宽度、高度、注释等)。大多数情况下变量需要重新定义才能读取所有存储在 CALS 文件内的表头信息。

3. 表头标记名称　在一个 CALS 文件表头内寻找标记名称(在不知道标记名称的情况下)最简单的方法是使用 16 位进制文本编辑器打开该文件。如图 B-28 所示，使用 16 位进制文本编辑器打开一个 CALS 文件，在图片内使用不同的颜色标记来显示表头标记是如何定义的。

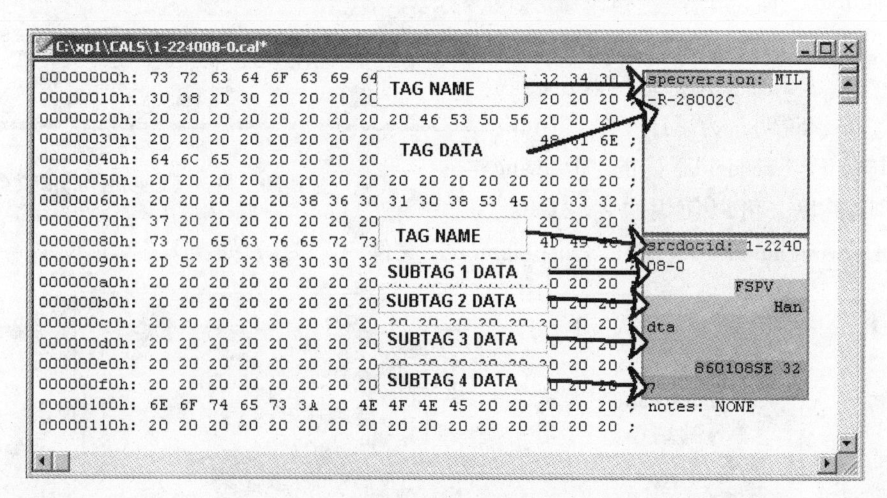

图 B-28　CALS 文件表头

（1）在设置数据卡变量时，指向 CALS 文件的表头标记所使用的块名为 Cals。

（2）表头标记位于每个 CALS 文件的起始位置，为 ASCII 格式，占用 128 字节的文本。

（3）一个标记由一个带冒号的名字开始，这是设置数据卡变量时所使用的属性名。名字之后是标记内的数据部分，该部分的信息可以通过 SolidWorks Enterprise PDM 内的数据卡读取并更新。在上面的例子中，蓝色方框是第一个标记，名称为“specversion”，内容为“MIL-R-28002C”。

如果需要将 CALS 文件内的子标记的内容与文件数据卡相关联，则需要编辑客户端机器上用于 CALS 文件的 Calsplugin. ini 文件。Calsplugin. ini 文件位于 SolidWorks Enterprise PDM 安装目录内：“...\\Program Files\SolidWorks Enterprise PDM\FileFormats”。

在以下的例子中，每一行用加粗的数字标出，如图 B-29 所示。

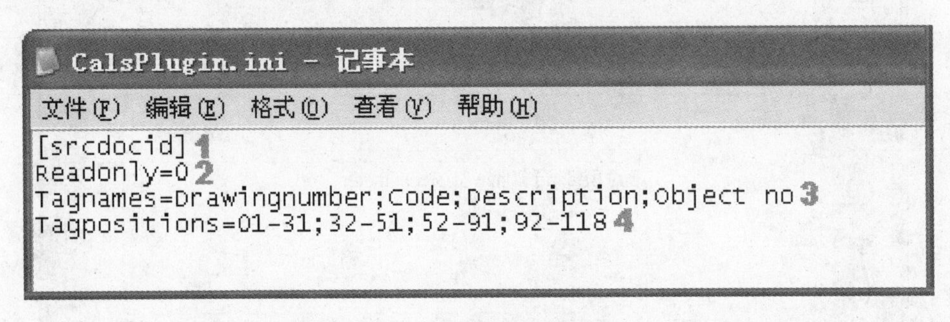

图 B-29 Calsplugin. ini 文件

每个表头标记的定义如下：

行 1：在这行内显示的是 CALS 文件内定义的主标记名称，参考前面“表头标记名称”说明。

行 2：字符串“read-only”开关变量为“0”，表示可以通过文件数据卡来更新内容(为 1 表示只读)。

行 3：每个子标记的名称必须唯一，使用分号隔开。这些子标记名称可以与文件数据卡内的变量进行关联。

行 4：子标记的信息记录在主标记内的固定位置。在此输入每一个子标记的位置，位置之间使用分号隔开。在上面的例子内，子标记名为“Drawingnumber”的内容将会在标记“srcdocid”内的固定位置的 01-31 处找到。

4. 例子 显示 CALS 内的“Drawing number”。

修改 Calsplugin. ini 文件，定义 CALS 文件的“Drawing number”标记的名称和位置，如图 B-30 所示。

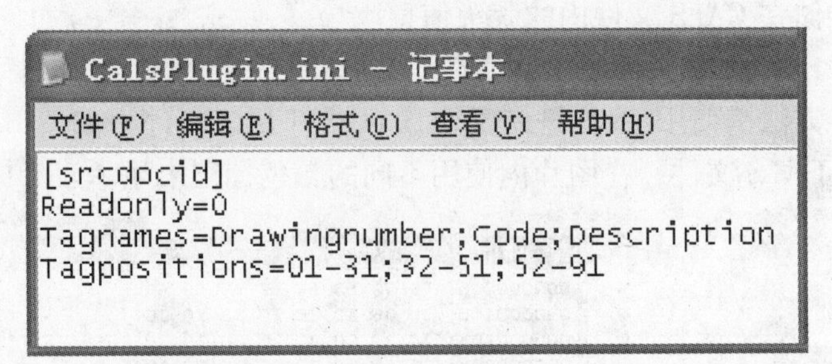

图 B-30 修改 Calsplugin. ini 文件

(1) 打开变量编辑器，添加或修改作为映射表头的变量。举例说明，为了让变量“Drawing Number”与标记“srcdocid”内的“Drawing number”子标记关联，可以使用块名“Cals”以及属性名“Drawing number”(需在“Calsplugin. ini”文件内定义)，如图 B-31 所示。

所选变量
变量名称(N): Drawing Number
必有值(N)
独特值(U)
变量类型(T): 文本
属性(A):

块	属性	扩展名
Cals	Drawingnumber	cal, cg4, gp4, mil

图 B-31 “Drawing Number”变量设置

(2) 在 CALS 文件数据卡内添加变量“Drawing Number”，如图 B-32 所示。

(3) 在库中添加一个 CALS 文件时，标记“Drawing Number”的内容会显示在文件数据卡内，如图 B-33 所示。

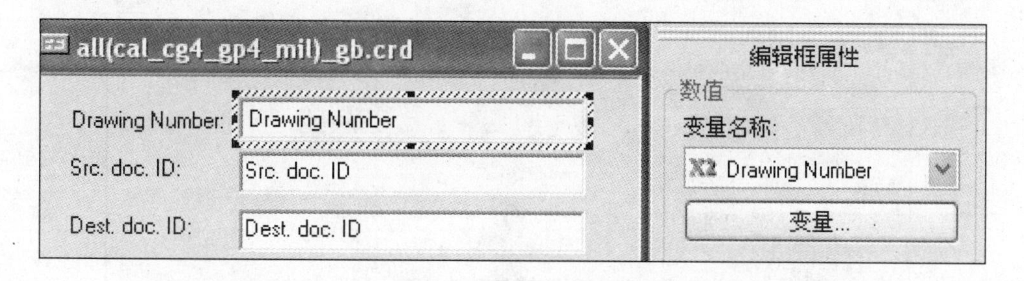

图 B-32　关联数据卡控件

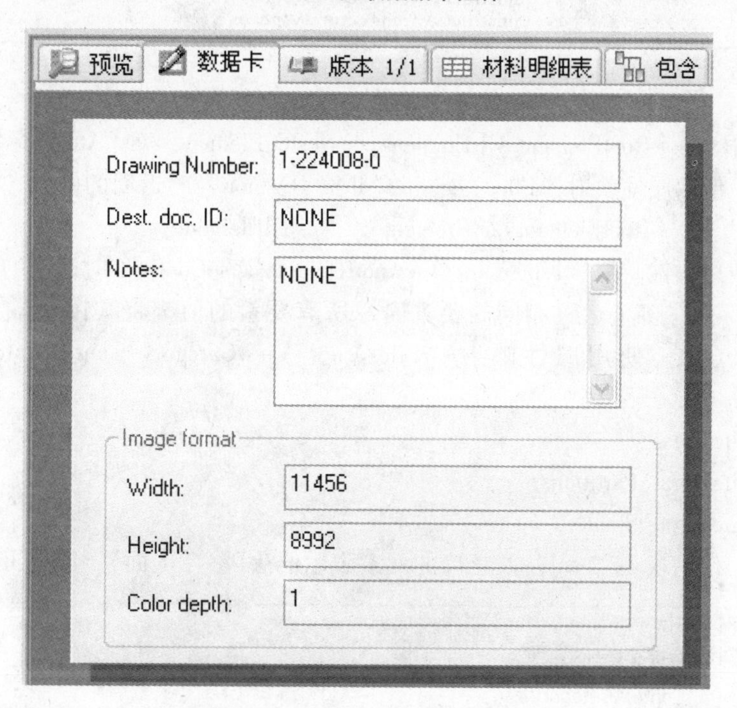

图 B-33　显示“Drawing Number”内容

提示　确保将修改后的 CalsPlugin. ini 文件分发到所有需要管理 CALS 格式的客户端机器。

B. 8　XML 文件

使用变量映射读写 XML 文件内的值。

1. 常见文件扩展名　xml。

2. 属性映射　见表 B-9。

表 B-9　属性映射

块　名	属 性 名 称
xml	属性名由用户自定义

在对 XML 文件中的值做变量映射时，使用的块名为“xml”。按下面的说明对属性进行命名，如图 B-34 所示。

1. 根属性　语法：[RootElement]/@[Attribute]。

在这个例子中，使用属性映射“File/@ Name”时返回的值为“01 Ceilings”。

2. 元素标记　语法：[RootElement]/[Element]。

在这个例子中，使用属性映射“File/Description”时返回的值为“Sample”。

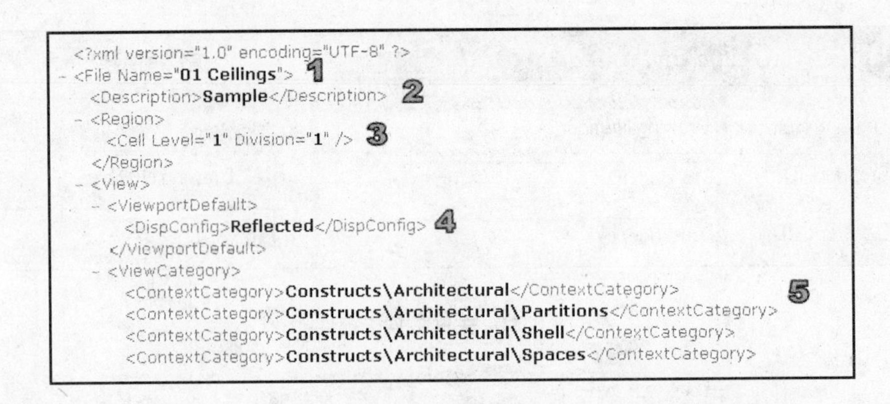

图 B-34 XML 文件

3. 内嵌属性 语法：[RootElement]/[Element]/[NestedElement]/@[Attribute]。

在这个例子中，使用属性映射“File/Region/Cell/@Division”时返回的值为“1”。

4. 内嵌元素 语法：[RootElement]/[Element]/[NestedElement]。

在本例子中，使用属性映射“File/View/ViewportDefault/DispConfig”时返回的值为“Reflected”。

5. 多个元素值 存在多个名称相同的要素时，所有要素的值都将被读取(在多行编辑框内每行一个)。在这个例子中，使用属性映射“File/View/ViewCategory/ContextCategory”将返回列表包含：

Constructs\Architectural

Constructs\Architectural\Partitions

Constructs\Architectural\Shell...

在定义变量时，使用块名“xml”及正确的元素表示语法(参考上面)，如图 B-35 所示。

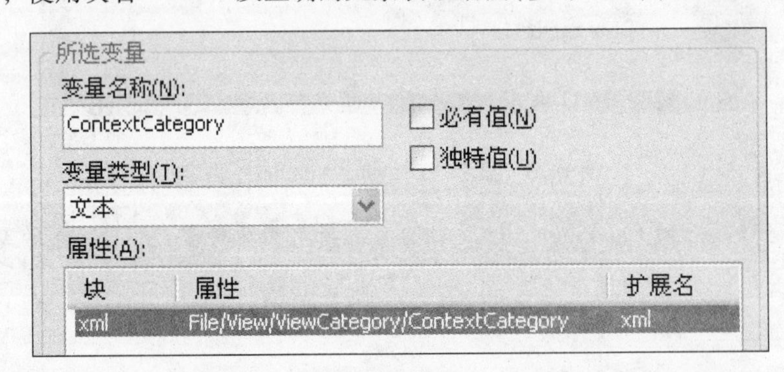

图 B-35 “ContextCategory”变量设置

添加一个 XML 文件时，显示的文件数据卡，如图 B-36 所示。

B.9 Outlook MSG 文件

变量可用于映射 Outlook 文件内的预定义属性，以便显示 Outlook 邮件文件的内容信息。

1. 常见文件扩展名 msg。

2. 属性映射 见表 B-10。

表 B-10 属性映射

块 名	属 性 名
msg	SENDER_NAME、SENT_REPRESENTING_NAME、DISPLAY_TO、DISPLAY_CC、SUBJECT、BODY、CREATION_TIME、LAST_MODIFICATION_TIME、CLIENT_SUBMIT_TIME、MESSAGE_DELIVERY_TIME、ATTACHMENTS

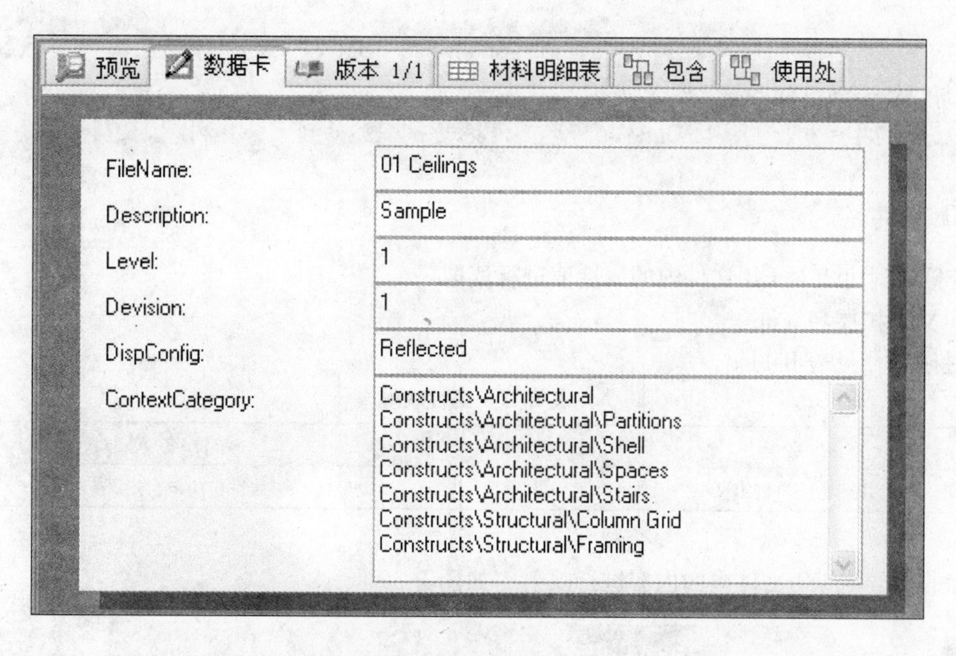

图 B-36　显示 XML 文件数据卡

3. 例子　要映射邮件发送人的名字，可以使用块名“msg”，属性名为“SENDER _ NAME”，如图 B-37 所示。

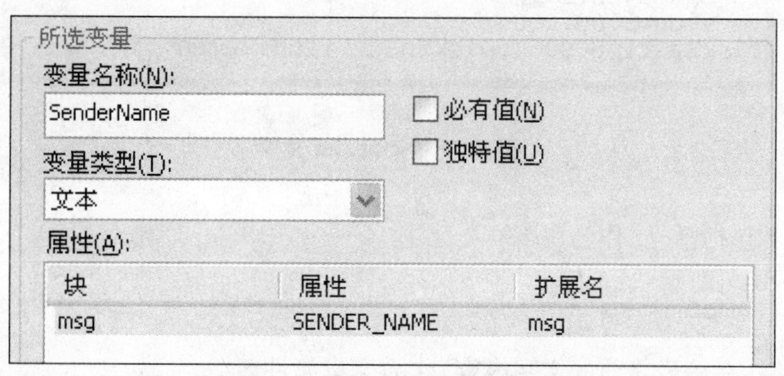

图 B-37　“Sender Name”变量设置

提示　当库中添加一个 Outlook 邮件文件时，显示的文件数据卡页面，如图 B-38 所示。

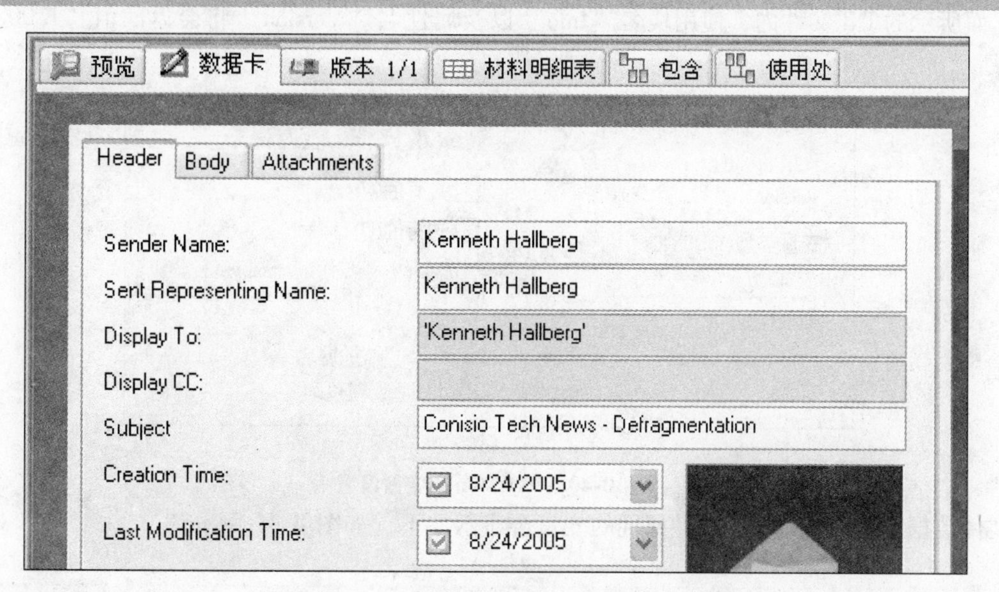

图 B-38　显示 Outlook 邮件文件数据卡

提示

- 当添加 MSG 文件到 SolidWorks Enterprise PDM 时，要进行属性映射，则系统必须安装有 Microsoft Outlook。
- 用户可以直接从 Outlook 的界面内拖动一个邮件到文件库内。

B.10 INI 文件

通过变量映射可以对 INI 文件内的属性值进行读取。

1. 常见文件扩展名 ini。

2. 属性映射 见表 B-11。

表 B-11 属性映射

块 名 称	属 性 名 称
块名由用户自定义	属性由用户自定义

按下面的指导对 INI 文件内的内容进行映射，如图 B-39 所示。

图 B-39 Setup. ini 文件

1. 块名称

使用头部内容(不包括括号)作为块名。

在这个例子中，块名即是“Info”。

2. 属性名称

使用 ini 内的属性(在等号之前的文字内容)作为变量属性名。

在这个例子中，使用属性名“InfoName”将会返回值“INTL”。

3. 例子 映射 INI 文件属性。

在上面所示的 INI 文件内，使用块名“Info”以及属性名“Version”将会返回值“1.00.000”，如图 B-40 所示。

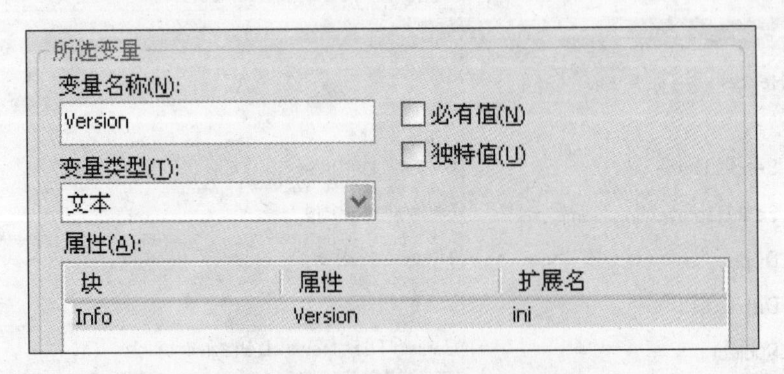

图 B-40 “Version”变量设置

在文件数据卡内，映射 INI 文件属性的变量会显示如下，如图 B-41 所示。

图 B-41　显示 INI 文件数据卡

读者信息反馈表

感谢您购买《SolidWorks® Enterprise PDM 管理教程》(2009 版)一书。为了帮助我们了解 SolidWorks 图书的使用情况，从而编写出更适合读者需要的 SolidWorks 图书，让更多的用户能轻松使用 SolidWorks 软件，请您抽出宝贵的时间完成这份调查表的填写，您填写的任何一项内容都会给我们以重要启示。

姓　名		所在单位		
性　别		所从事工作(或专业)		
通信地址			邮　编	
联系电话			E-mail	

1. 您需要哪种形式的 SolidWorks 图书?

□ 手册(工具书)　□ 实例讲解式　□ 任务/步骤式　□ 图解式

□ 其他＿＿＿＿＿＿＿＿＿＿＿＿

2. 您选择 SolidWorks 图书时，在作者方面，主要考虑哪个因素?

○ SolidWorks 公司原著(引进版)　○ 国内作者自编　○ 其他＿＿＿＿

3. 您选择 SolidWorks 图书时，主要选择哪些出版社的图书?

□ 机械工业　□ 清华大学　□ 电子工业　□ 人民邮电　□ 其他＿＿＿＿

4. 您选择 SolidWorks 图书时，在内容方面，主要考虑哪些因素?

□ 内容实用　□ 知识先进　□ 配套齐全　□ 编写方式　□ 其他＿＿＿＿

5. 您选择 SolidWorks 图书时，希望图书的定价在哪个范围?

○ 20 元以下　○ 20～30 元　○ 30～40 元　○ 40 元以上

6. 如果图书配备光盘，您希望光盘中包含哪些内容?

□ 课后练习题的讲解及答案　□ 图书相关素材及实例　□ 教师讲课 PPT

□ 教学建议　□ 案例的操作视频　□ 其他＿＿＿＿＿＿＿＿

7. 在众多的三维设计软件中，你最喜欢使用哪个设计软件?

○ Pro/Engineer　○ SolidWorks　○ UG　○ CATIA　○ 其他＿＿＿＿＿

8. 您认为目前市场上此类图书有哪些优点和不足?

9. 您对我们的图书/SolidWorks 软件有哪些意见和建议?

非常感谢您抽出宝贵的时间完成这张调查表的填写并回寄给我们。我们将以真诚的服务回报您对我们的关心和支持。

如果您有相关图书的编写意向，也请与我们联系，愿我们能有更多的合作机会。

请联系我们——

地址：北京市西城区百万庄大街 22 号机械工业出版社　技能教育分社　**邮编：**100037

联系电话：(010)88379534；88379083；68329397(传真)

咨询、投稿信箱：jnfs@ mail. machineinfo. gov. cn，xt@ cmpbook. com